AR交互动画与H5交互页面

AR交互动画识别图

电阻展示

电容和电感展示

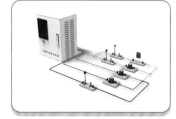

三相电路实验操作与演示

两个线圈磁场耦合演示

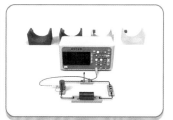

**以U型槽内的物体滑动类比
二阶电路的工作状态**

操作演示

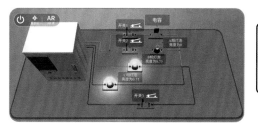

AR 交互动画操作演示·示例 1

操作演示视频

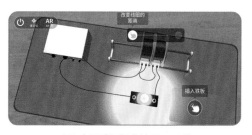

AR 交互动画操作演示·示例 2

H5交互页面二维码

集总参数电路和
分布参数电路的判断

最大功率传输

正弦交流电路参数
改变对响应的影响

功率因数提高

三相电路的中性点
电压和负载电压

非正弦周期信号
傅里叶级数分解及
非正弦周期电路的响应

电容和电感的
充放电

二阶电路的4种
工作状态

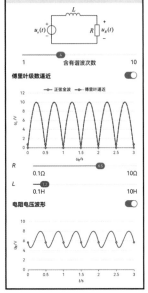

H5交互页面操作演示·示例

使用指南

01 扫描二维码下载"人邮教育AR"App安装包，并在手机或平板电脑等移动设备上进行安装。

下载 App 安装包

02 安装完成后，打开App，页面中会出现"扫描AR交互动画识别图"和"扫描H5交互页面二维码"两个按钮。

"人邮教育 AR"App 首页

03 单击"扫描AR交互动画识别图"或"扫描H5交互页面二维码"按钮，扫描书中的AR交互动画识别图或H5交互页面二维码，即可操作对应的"AR交互动画"或"H5交互页面"，并且可以进行交互学习。H5交互页面亦可通过手机微信扫码进入。

特别说明

本书所有AR交互动画和H5交互页面的创意与设计均由西安交通大学邹建龙副教授完成，学习更多AR交互动画和H5交互页面可参考邹建龙副教授主编的教材《电路（慕课版 支持AR+H5交互）》（ISBN：978-7-115-60484-2）。

电 路

高等学校电子信息类
基础课程名师名校系列教材

电路分析基础

微课版 | 支持AR+H5交互

葛玉敏 / 主编　于歆杰 / 主审

冉慧娟　刘欣　谢庆　孙海峰 / 副主编

人民邮电出版社

北京

图书在版编目（CIP）数据

电路分析基础：微课版：支持AR+H5交互 / 葛玉敏主编. -- 北京：人民邮电出版社，2023.8
高等学校电子信息类基础课程名师名校系列教材
ISBN 978-7-115-61718-7

Ⅰ．①电… Ⅱ．①葛… Ⅲ．①电路分析－高等学校－教材 Ⅳ．①TM133

中国国家版本馆CIP数据核字(2023)第079575号

内 容 提 要

本书内容符合教育部高等学校电工电子基础课程教学指导分委员会制定的电路分析基础课程的教学基本要求。本书共 11 章，内容包括电路的基本概念和基本约束、电阻电路的等效分析、电阻电路的方程分析方法、电路定理、简单非线性电阻电路、正弦稳态电路的相量法基础、周期信号电路的稳态分析、正弦稳态下的频率特性与谐振、耦合电感与变压器、双口网络、线性动态电路的时域分析。

在本书中，除专业知识外，每章还包含"思考多一点""探索多一点""诗词遇见电路"等内容，将自然科学与人文科学有机融合，帮助读者在学习工科专业知识的同时提升哲学素养，传承中华优秀传统文化；配套中文、英文两版慕课，满足读者的国际化学习需求；此外，融入典型且丰富的例题和习题，有助于读者巩固所学的理论知识。

本书可作为高等院校电子信息类、自动化类、计算机类等专业的教材，也可供相关领域的技术人员学习使用，还可作为相关研究人员的参考书。

◆ 主　　编　葛玉敏
　 副主编　冉慧娟　刘　欣　谢　庆　孙海峰
　 主　　审　于歆杰
　 责任编辑　王　宣
　 责任印制　王　郁　陈　犇

◆ 人民邮电出版社出版发行　　北京市丰台区成寿寺路 11 号
　 邮编　100164　电子邮件　315@ptpress.com.cn
　 网址　https://www.ptpress.com.cn
　 三河市祥达印刷包装有限公司印刷

◆ 开本：787×1092　1/16　　　　　　彩插：1
　 印张：16.5　　　　　　　　　　　2023 年 8 月第 1 版
　 字数：427 千字　　　　　　　　　2025 年 1 月河北第 5 次印刷

定价：69.80 元

读者服务热线：(010)81055256　印装质量热线：(010)81055316
反盗版热线：(010)81055315
广告经营许可证：京东市监广登字 20170147 号

推荐序

　　这本由葛玉敏老师主编的《电路分析基础（微课版　支持AR+H5交互）》不是一本特别"板"的教材。

　　由于电路分析基础课程有比较完整的知识体系，而且知识点与数学和物理的关系比较密切，因此大多数电路分析基础课程的教材都写得比较严谨，但同时也给读者带来了比较刻板的印象：读者需要认真阅读，勾画重点，整理笔记，揣摩例题，完成习题。当然这并没有什么不妥，但是这类教材在改善读者阅读体验方面有待提升。

　　在本书中，葛玉敏老师团队从如下两方面对相对成熟的电路分析基础课程的教学内容进行了调整。

　　其一是在教材中开展了"润物细无声"的教材育人，在课程中进行了"如盐在水"的课程育人。本书各章都包含"思考多一点""探索多一点"等形式新颖的部分，不仅就电路分析的相关概念和方法进行研讨，还恰如其分地延伸到与之关联的人生问题和哲学问题。阅读本书，并不会觉得牵强，而是有种令人豁然开朗之感。此外，各章"诗词遇见电路"部分还将中华优秀传统文化与电路分析进行结合，每首由编者完成的诗词，都是对本章或全书内容的合理总结；仔细揣摩其中的文字，既能感受中文之美，又能对本章或全书内容进行完整复习，可谓一举两得。

　　其二是例题较为贴心。本书例题的选择兼顾简单问题和综合性问题，能够做到由浅入深。更为重要的是，编者对很多例题求解过程的处理方式都从学习者的角度入手，提供了多种解法供读者参详、比较。学习电路分析基础课程经常会遇到的问题：能听懂、能看懂，但是做不对。本书针对这一问题进行了积极改进。

　　此外，本书还针对重点和难点知识及典型习题提供了丰富的微课视频，供读者进行拓展性学习，并且有利于院校教师开展因材施教与混合式教学改革。

　　相信本书以学习者为中心的特点会使其得到读者的喜爱，从而成为一本优秀的电路分析基础课程教材。

于歆杰

清华大学　教授

教育部高等学校工科基础课程教学指导委员会秘书长

2023年元旦于北京

前　言

写作初衷

党的二十大报告中提到："培养造就大批德才兼备的高素质人才，是国家和民族长远发展大计。功以才成，业由才广。"教育工作者要时刻牢记"为党育人，为国育才"。为党育人，这里的"人"应具备正确的世界观、人生观、价值观，应能够把个人理想同中华民族伟大复兴的中国梦紧密结合起来，立大志、明大德；为国育才，这里的"才"应该在学习专业知识之后，具有正确认识问题、分析问题和解决问题的能力，成大才、担大任。"人才"的"人"与"才"是缺一不可的两个方面，二者的内涵不同，一个人的德行缺失，是无法用其技术上的专长来进行弥补的。"人"之一面，决定了我们前进的方向，而"才"之一面，决定了我们沿着这个方向能走多远。如果"人"没有做好，没有正确的信仰，那么越有"才"，引起的后果可能就越严重。

因此，教育的核心使命是"育人"，这一使命不应仅由教师在课堂上履行，教材也应承担起来，但是目前针对电路分析基础课程鲜有此类教材。为此，编者综合考虑多学科融合编成本书。

本书内容

本书共11章。第1~5章主要介绍电阻电路，内容包括电路的基本概念和基本约束、电阻电路的等效分析、电阻电路的方程分析方法、电路定理、简单非线性电阻电路；第6~10章主要介绍交流稳态电路，内容包括正弦稳态电路的相量法基础、周期信号电路的稳态分析、正弦稳态下的频率特性与谐振、耦合电感与变压器、双口网络；第11章介绍线性动态电路的时域分析。

本书各章内容学时建议如表1所示。

表1　本书各章内容学时建议

章名		学时建议一（32学时）	学时建议二（56学时）
第1章	电路的基本概念和基本约束	4学时	6学时
第2章	电阻电路的等效分析	2学时	3学时
第3章	电阻电路的方程分析方法	2学时	4学时
第4章	电路定理	3学时	5学时
第5章	简单非线性电阻电路	1学时	2学时
第6章	正弦稳态电路的相量法基础	2学时	4学时
第7章	周期信号电路的稳态分析	7学时	11学时
第8章	正弦稳态下的频率特性与谐振	2学时	3学时
第9章	耦合电感与变压器	3学时	6学时

续表

章名	学时建议一（32学时）	学时建议二（56学时）
第10章　双口网络	2学时	4学时
第11章　线性动态电路的时域分析	4学时	8学时

本书特色

1　依据读者学习规律，合理构建知识体系

学习规律是从简到繁、从易到难，教材的编写也应按照学习规律谋篇布局。对电路的元件组成而言，动态电路比电阻电路复杂；对电路的激励形式而言，交流电路比直流电路复杂；对电路的过程状态而言，暂态过程比稳态过程复杂。本书在安排章节时充分考虑到读者的阅读感受，由电阻电路到动态电路，由直流电路到交流电路，由稳态分析到暂态分析，知识讲解从易到难，符合读者学习规律。

2　编排丰富例题习题，助力读者巩固所学

编者为书中重点和难点知识配套编排了丰富的典型例题，而且针对例题的解题过程尤为注重求解思路，有利于读者对相关问题分析方法的深刻理解。此外，本书各章最后均编排了丰富的习题供读者练习，进而巩固读者所学的理论知识；同时，编者针对各章习题中的典型习题录制了详细的微课视频加以讲解，帮助读者高效自学。

3　有机结合自然科学和人文科学，扎实提升综合素养

在工科教育中融入哲学，绝不是生拉硬拽；相反，哲学可以帮助读者在认知问题时从单一上升到普遍，这种概括能力使读者能更好地运用自然科学。细细想来，其实自然科学天然闪烁着哲学的光芒。本书除了介绍电路分析的相关专业知识外，还在每章中增加了"思考多一点""探索多一点"等内容。在"思考多一点"中，提出与本章内容相关联的对人生问题、哲学问题的思考；在"探索多一点"中，给出编者对这些问题的回答，将电路知识所折射的诸如事物的两面性、矛盾性、规律性等辩证唯物主义和历史唯物主义的观点呈现给读者。

在工科教育中融入文学，在进行工科专业教育的同时传承中华优秀传统文化，这件事也并非天方夜谭。本书创造性地增加了"诗词遇见电路"这一内容，通过中华经典诗词的形式对每章的专业知识进行归纳总结，让工科教材展现出人文的灵动性，有助于读者坚定文化自信、提升审美层次、陶冶心灵情操、充盈精神世界。

4　提供优质慕课微课，系统打造新形态教材

为了符合读者的学习习惯，拓宽读者的国际视野，本书配套了中文"电路分析基础"、英文

"Fundamentals of Circuit Analysis"两版慕课视频资源，做到了对本书知识的全覆盖。读者可以通过"学堂在线"平台搜索观看。慕课视频中创造性地加入了学生身份的动画人物"小跳"与教师进行互动，进而提升读者的课堂体验感和学习积极性。

为了使读者更加高效地开展自学，编者针对书中的重点和难点知识，录制了深入细致的微课视频（针对部分抽象知识点还录制了实验视频），读者可以扫描书中微课视频二维码进行观看；同时，为便于读者顺利应用所学的电路分析方法，编者针对每章的典型习题录制了详细的讲解视频，助力读者巩固所学的理论知识。

5 配套立体化教辅资源，全方位服务教师教学

在新工科教育背景下，编者为本书配套建设了以下4类教辅资源。

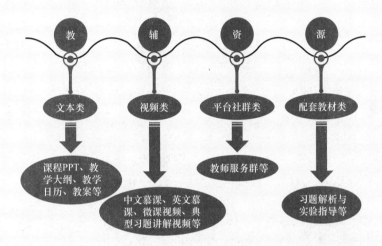

高校教师可以通过"人邮教育社区"（www.ryjiaoyu.com）下载相关资源，并获取慕课等的相关链接，进而灵活开展线上线下混合式教学。需要特别说明的是，用书教师可以通过"教师服务群"免费申请样书、获取教辅资源、咨询教学问题、与编者及同行教师交流教学心得等。

AR交互动画与H5交互页面使用指南

AR交互动画是指将含有字母、数字、符号或图形的信息叠加或融合到读者看到的真实世界中，以增强读者对相关知识的直观理解，具有虚实融合的特点。H5交互页面是指将文字、图形、按钮和变化曲线等元素以交互页面的形式集中呈现给读者，帮助读者深刻理解复杂事物，具有实时交互的特点。

为了使书中的抽象知识与复杂现象能够生动形象地呈现在读者面前，编者精心打造了与之相匹配的AR交互动画与H5交互页面，以帮助读者快速理解相关知识，进而实现高效自学。

读者可以通过以下步骤使用本书配套的AR交互动画与H5交互页面：

（1）扫描二维码下载"人邮教育AR"App安装包，并在手机或平板电脑等移动设备上进行安装；

（2）安装完成后，打开App，页面中会出现"扫描AR交互动画识别图"和"扫描H5交互页面二维码"两个按钮；

（3）单击"扫描AR交互动画识别图"或"扫描H5交互页面二维码"按钮，扫描书中的AR交互动

下载App安装包

画识别图或H5交互页面二维码，即可操作对应的"AR交互动画"或"H5交互页面"，并且可以进行交互学习。H5交互页面也可通过手机微信扫码进入。

编者团队

本书由葛玉敏担任主编，冉慧娟、刘欣、谢庆、孙海峰担任副主编。本书第1章和第9章由孙海峰编写，第2章、第3章和第10章由冉慧娟编写，第4章和第8章由葛玉敏编写，第5章和第11章由谢庆编写，第6章和第7章由刘欣编写；各章的"思考多一点""探索多一点""诗词遇见电路"均由葛玉敏编写；全书由葛玉敏统稿。

特别说明

本书所有AR交互动画和H5交互页面的创意与设计均由西安交通大学邹建龙副教授完成，学习更多AR交互动画和H5交互页面可参考邹建龙副教授主编的教材《电路（慕课版　支持AR+H5交互）》（ISBN：978-7-115-60484-2）。

本书例题中的公式单独编号，不与正文中的公式连续编号。例如，例1-3中的公式编号为（1-3-x），下画线上的数字代表例题号，x代表该例题中的公式序号，即第x个公式。

致　谢

本书在目录、样章、全稿编写环节均组织开展了专家评审，编者由衷地感谢北京邮电大学俎云霄教授、北京交通大学黄辉教授、重庆邮电大学徐昌彪教授等对本书目录与样章所给予的宝贵评审意见，由衷地感谢清华大学于歆杰教授和北京交通大学黄辉教授审阅全书并提出细致的完善建议，特别感谢于歆杰教授为本书作序，由衷感谢华北电力大学梁贵书教授在本书编写过程中给予编者的指导和帮助。

教材只是一种知识作品，需要教师依据各自不同的教情，将主观意见作用于客观情况，在教学实践中做进一步的加工与延展；也需要读者借助但不依赖它，在它的基础上博览群书，融入自己的理解并形成观点，如此，教材才能真正发挥作用。

由于编者水平有限，书中难免存在表达欠妥之处，因此，编者由衷地希望广大读者朋友和专家学者能够拨冗提出宝贵的修改建议。修改建议可以直接发送到编者的电子邮箱：geyumin0505@163.com。

编　者

2023年春于河北保定

目 录

第1章
电路的基本概念和基本约束

1.1 实际电路和电路模型 2
1.2 电路的基本物理量 3
 1.2.1 电流 3
 1.2.2 电压 4
 1.2.3 功率 5
1.3 基尔霍夫定律 6
 1.3.1 电路术语 6
 1.3.2 基尔霍夫电流定律 7
 1.3.3 基尔霍夫电压定律 8
1.4 电路元件 10
 1.4.1 电阻元件 10
 1.4.2 电感元件 11
 1.4.3 电容元件 12
 1.4.4 独立电源 15
 1.4.5 受控电源 16
习题1 20

第2章
电阻电路的等效分析

2.1 等效的概念 25
2.2 电阻（导）串/并联和电桥平衡 25
2.3 电源等效变换 29
2.4 星形网络和三角形网络 33
2.5 输入电阻 36
习题2 39

第3章
电阻电路的方程分析方法

3.1 支路分析法 43

3.2 节点分析法 44
3.3 网孔分析法 49
习题3 56

第4章
电路定理

4.1 叠加定理 61
4.2 替代定理 65
4.3 戴维南定理和诺顿定理 67
4.4 最大功率传输定理 72
4.5 对偶原理 74
习题4 76

第5章
简单非线性电阻电路

5.1 非线性电阻 80
5.2 直流工作点的图解法 83
5.3 小信号分析法 85
习题5 91

第6章
正弦稳态电路的相量法基础

6.1 正弦量 93
6.2 复数基础 95
 6.2.1 复数的形式 95
 6.2.2 复数的运算 96
6.3 相量 99
 6.3.1 概念 99
 6.3.2 线性及微分特性 100
6.4 基尔霍夫定律的相量形式 102
6.5 阻抗和导纳 103

6.5.1　元件VAR的相量形式 103

6.5.2　阻抗和导纳的概念 105

6.5.3　阻抗和导纳的性质 108

习题6 110

第 7 章
周期信号电路的稳态分析

7.1　正弦稳态电路 113

7.1.1　正弦稳态电路的分析 113

7.1.2　正弦稳态电路的功率 116

7.2　三相电路 125

7.2.1　概念 125

7.2.2　对称三相电路 127

7.2.3　不对称三相电路 131

7.2.4　三相电路的功率 133

7.3　非正弦周期信号稳态电路 135

7.3.1　非正弦周期信号的傅里叶级数展开 136

7.3.2　非正弦周期信号的有效值和平均功率 138

7.3.3　非正弦周期信号稳态电路的分析 140

习题7 144

第 8 章
正弦稳态下的频率特性与谐振

8.1　正弦稳态下的频率特性 148

8.1.1　网络函数 148

8.1.2　频率特性 148

8.1.3　滤波电路 151

8.2　谐振 152

8.2.1　串联谐振 152

8.2.2　并联谐振 156

习题8 160

第 9 章
耦合电感与变压器

9.1　耦合电感及其伏安特性方程 163

9.2　耦合电感的去耦等效电路 167

9.2.1　二端去耦等效电路 167

9.2.2　三端去耦等效电路 168

9.2.3　四端去耦等效电路 169

9.2.4　含受控源的去耦等效电路 170

9.3　含耦合电感电路的分析方法 170

9.3.1　去耦等效法 170

9.3.2　回路分析法 172

9.4　空芯变压器 173

9.5　理想变压器 175

习题9 179

第 10 章
双口网络

10.1　双口网络及其参数方程 183

10.2　双口网络的连接 194

10.3　双口网络的等效电路分析法 195

10.4　双口网络的端口分析法 198

习题10 203

第 11 章
线性动态电路的时域分析

11.1　动态电路的经典分析法 206

11.1.1　动态电路的方程 206

11.1.2　初始值的确定 209

11.1.3　一阶动态电路方程的解 213

11.2　直流一阶线性动态电路的三要素法 214

11.3　线性动态电路的零输入响应和零状态响应 219

11.4　阶跃响应和冲激响应 227

11.5　二阶线性动态电路的零输入响应 235

习题11 244

附录　诗词遇见电路之全书总结 248

参考文献 250

资源索引

⚡ AR 交互动画识别图

电阻展示 10

电容和电感展示 11

三相电路实验操作与演示 131

两个线圈磁场耦合演示 167

以U形槽内的物体滑动类比二阶电路的

工作状态 235

📚 H5 交互页面二维码

集总参数电路和分布参数电路的判断 2

最大功率传输 72

正弦交流电路参数改变对响应的影响 108

功率因数提高 120

三相电路的中性点电压和负载电压 131

非正弦周期信号傅里叶级数分解及非正弦

周期电路的响应 136

电容和电感的充放电 206

二阶电路的4种工作状态 236

📹 微课视频二维码

绪论 1

KCL及其推广 7

KVL及其推广 8

受控源 16

实际电源模型等效变换 30

星–三角变换 33

含受控源电路的输入电阻的计算 36

节点电压法（1） 45

节点电压法（2） 47

网孔电流法（1） 50

网孔电流法（2） 52

叠加定理 64

戴维南定理 68

最大功率传输定理 72

非线性电阻电路的直流工作点 83

小信号分析法 86

交直流之争 92

元件VAR的相量形式 103

阻抗和导纳（1）...........................105
阻抗和导纳（2）........................... 108
相量法求解正弦稳态电路 113
正弦稳态电路的有功功率 117
正弦稳态电路的无功功率 118
正弦稳态电路的视在功率和功率因数 119
正弦稳态电路的复功率......................122
对称三相电路 127
单相等值电路 129
三相电路的功率 133
谐波分析法 140

谐振频率的求解方法 158
耦合电感及其方程 163
含耦合电感电路的去耦分析法 170
含耦合电感电路的回路分析法 172
双口网络的等效电路 196
端口分析法 198
线性一阶动态电路的经典解法 213
三要素法 214
单位阶跃响应 229
冲激响应 232

实验视频二维码

参考方向实验视频 3
独立电压源特性实验视频 15

确定耦合电感同名端实验视频 164
二阶动态电路响应实验视频 235

习题视频二维码

题1-6视频讲解 21
题1-23视频讲解 23
题2-3视频讲解 39
题2-10视频讲解 41
题3-6视频讲解 57
题3-10视频讲解 59
题4-6视频讲解 76
题4-18视频讲解 78
题5-4视频讲解 91
题5-10视频讲解 91
题6-6视频讲解 111

题6-8视频讲解 111
题7-4视频讲解 145
题7-9视频讲解 145
题8-1视频讲解 160
题8-8视频讲解 161
题9-8视频讲解 179
题9-17视频讲解 181
题10-3视频讲解 203
题10-14视频讲解 204
题11-6视频讲解 245
题11-26视频讲解 247

第 **1** 章

电路的基本概念和基本约束

电路的基本概念和基本约束是电路分析的基础，通过对本章的学习，读者可以了解电路分析的入门知识并为后续的学习奠定基础。本章主要内容包括实际电路和电路模型、电路的基本物理量、基尔霍夫定律及电路元件等。

绪论

💡 思考多一点

（1）为便于问题的分析和解决，本书的研究对象均为由实际电路抽象而成的电路模型。在这个抽象过程中，要保留哪些物理性质，舍去哪些物理性质，这涉及实际问题中主要矛盾和次要矛盾的划分。但主要矛盾和次要矛盾是一成不变的吗？实际电路的电路模型是唯一固定的吗？比如由导线缠绕而成的线圈，在什么情况下仅考虑它的电阻性？在什么情况下要同时考虑电阻性和电感性？甚至在什么情况下其电容性也不可忽略？相信读者在学习建立电路模型的过程中，对于主要矛盾和次要矛盾的转化会有更深的理解。

（2）基尔霍夫电流定律（Kirchhoff's current law，KCL）和基尔霍夫电压定律（Kirchhoff's voltage law，KVL）是德国物理学家基尔霍夫（Kirchhoff）于1845年提出的，有效解决了电器设计中复杂电路的求解问题，因此他被称为"电路求解大师"。基尔霍夫提出这两个定律的时候只有21岁，这段励志的故事应该引起青年读者的思考：青春的底色是什么？青年人要秉持怎样的态度走好人生之路？当垂垂老矣，面对自己在岁月中绘就的人生画卷，是否能感到无愧于己，无愧于家，无愧于国？

1.1　实际电路和电路模型

实际电路是指由电器件或电工设备按照预期目的连接而形成的电流通路。电器件和电工设备包括电阻器、电感器、电容器、二极管、三极管、电动机、发电机和变压器等。日常生活中，实际电路多种多样，功能各异，大到高电压远距离电力输电线路，小到芯片上的集成电路，但它们都遵循相同的基本规律。

实际电路的构成一般包括电源、中间环节和负载3个部分。电源是指电路中提供电能或电信号的电工设备和电器件，通常也称为激励，由激励产生的电压和电流称为响应。负载是指消耗电能的电工设备和电器件。连接电源和负载的中间部分称为中间环节。根据不同的应用场合，实际电路主要实现电能的传输与分配、信息的传递与处理两大功能。

电路分析主要是指计算和分析电路中各部分的电压、电流及功率，一般不涉及电路内部发生的物理过程。研究的对象不是实际电路而是实际电路的模型，主要研究过程是先对实际电路进行近似和假设，建立合适的理想化模型，然后对该模型列写方程进行定性或者定量分析，最后得到分析结果。电路分析过程如图1-1所示。

图 1-1　电路分析过程

以手电筒电路为例，具体说明由实际电路到电路模型的分析思路。图1-2（a）所示为实际手电筒电路，由电池、开关、灯泡和导线连接而成，电池为电源，灯泡为负载。其电路模型如图1-2（b）所示，电池的模型用理想电源 E_s 和电阻元件 R_0 串联近似表示，反映了将电池内化学能转换为电能及电池本身耗能的物理过程；开关模型用接通电阻为零、断开电阻为 ∞ 的理想开关近似表示；灯泡的模型用电阻 R 近似表示，反映了电能转换为热能和光能这一物理现象；导线模型用电阻为零的理想导线近似表示。

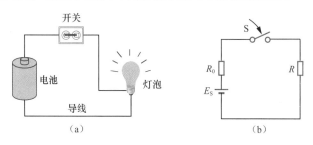

图 1-2　实际手电筒电路与电路模型

由实际电路抽象为电路模型，是对实际电器件建模的过程。需要注意的是，同一个电器件在不同的应用场合会得到不同的模型。例如，一个线圈，在直流情况下可用电阻作为其模型；在低频交流情况下可用电阻和电感的串联进行建模；在高频交流情况下则必须考虑寄生电容的影响，所以其模型是在电阻和电感串联的基础上再并联一个电容。由此可见，模型选取恰当与否，直接决定了其是否能比较真实地反映实际情况。在对实际电路进行建模时并不是越复杂越好，太复杂会因计算量大而造成分析困难，太简单则可能导致计算结果误差过大，所以建模时要综合考虑模型精确度和计算量之间的关系。

电路模型分为集总参数电路模型和分布参数电路模型两种。当实际电路的几何尺寸 d 远小于电路工作时电磁波的波长 λ，即 $d \ll \lambda$ 时，电磁波在电路中传播的时间可以忽略，此时空间因素不予考虑，电路中的电信号仅为时间的函数，电路可以近似为由理想电路元件构成的电路模型。这种电路称为集总参数电路，否则称为分布参数电路。理想电路元件也称为集总参数元件。由理想电

集总参数电路
和分布参数
电路的判断

路元件互连而成的电路模型称为集总参数电路模型。

例如，我国电力系统工频为50Hz，电磁波的传播速度近似为光速，即 $v \approx c = 3 \times 10^8 \text{m/s}$ ，则电磁波的波长为

$$\lambda = \frac{v}{f} \approx \frac{3 \times 10^8}{50} = 6 \times 10^6 (\text{m}) = 6000 (\text{km})$$

工频下除电力系统传输线以外，绝大多数电路的尺寸都远远小于6000km，因此一般都能作为集总参数电路进行处理。电子电路中常含有高频信号，高频信号下电磁波的波长可能很小，所以不能认为只要电路尺寸小就属于集总参数电路。

理想电路元件的特点是没有空间大小，用于表征单一电磁现象，具有精确的特性方程。如用理想电源元件表征具备提供能量能力的电器元件或设备，用理想电阻元件表征电路的耗能特性，用理想电容元件表征电路的电场效应，用理想电感元件表征电路的磁场效应等。当电路元件有 n 个端子与外电路相连时，称为 n 端元件。

本书以集总参数电路为研究对象进行电路分析。

1.2　电路的基本物理量

电路中常用的物理量包括电流、电压、电荷、磁链、功率和能量等。本书重点介绍电流、电压和功率3个物理量。

1.2.1　电流

电荷的定向移动形成电流。电流的定义为单位时间内通过导体横截面的电荷量，用 i 或 I 表示，数学表达式为

$$i = \frac{\mathrm{d}q}{\mathrm{d}t} \tag{1-1}$$

电流的国际单位制单位为安培（A）。较大的电流可以使用 kA 、MA 等作为单位；较小的电流可以使用 mA 、μA 等作为单位。

电流是有方向的，规定正电荷移动的方向为电流的正方向。但在对复杂电路进行分析时，事先确定电流的实际方向往往是十分困难的。因此，有必要引入一个事先假定的方向，在此方向下进行方程列写、求解等分析工作。这个事先假定的方向称为参考方向。

参考方向
实验视频

图1-3表示某个电路的一部分，其中矩形框表示一个二端网络。流过此二端网络的电流为 i ，其实际方向有可能是由a到b，也有可能是由b到a。图中的箭头方向为指定的参考方向。在此方向下，当计算出的数值大于零时，表明参考方向与实际方向相同；当计算出的数值小于零时，表明参考方向与实际方向相反。电流的参考方向一般用箭头表示，也可以用双

图 1-3　电流的参考方向

下标表示，例如，i_{ab} 表示参考方向为由a到b。由此可见，参考方向不同会对电流代数值的正负产生影响，但参考方向和代数值相结合反映出的本质是相同的。

大小和方向都不随时间变化的电流称为恒定电流或直流电流（direct current，DC或dc），一

般用 I 表示，否则称为时变电流，用 i 或 $i(t)$ 表示。大小和方向随时间按周期规律变化且一个周期内平均值为零的时变电流，称为交流电流（alternating current，AC或ac）。

1.2.2　电压

电压是用来表征电场力移动电荷时做功能力的物理量。电场力将单位正电荷由a移动到b所做的功，称为a和b两点之间的电压，用 u 表示，数学表达式为

$$u = \frac{\mathrm{d}W}{\mathrm{d}q} \tag{1-2}$$

电压的国际单位制单位为伏特（V）。较大的电压可以使用 kV、MV 等作为单位；较小的电压可以使用 mV、μV 等作为单位。

在电路中选定一点作为参考点，即零电位点（或接地点），那么，电路中任意一点p到该参考点的电压称为p点的电位。电路中各点电位的大小与参考点的选择有关，参考点不同，则电位值不同。电路中a和b两点之间的电压 u_{ab} 等于两点的电位之差，即

$$u_{ab} = u_a - u_b \tag{1-3}$$

显然，该电压值与参考点的选择无关。所以，电位是相对量，而电压是绝对量。

电动势与电压既有区别又有联系，a和b两点之间的电动势是指电路中的非电场力将单位正电荷由a移动到b所做的功，用 e 表示，通常用来描述电源。电路中有时电源和负载的判定并不直观，甚至随工况不同，二者还会发生转换，因此在电路分析中一般只研究元件的电压。

如果正电荷由a移动到b时电场力所做的功为正，说明a点电位比b点电位高，由a到b为电压降的方向；如果正电荷由a移动到b时电场力所做的功为负，说明a点电位比b点电位低，由a到b为电压升的方向。一般把电压降的方向规定为电压的正方向。在对复杂电路进行分析前，很难预知电位的高低，因此，分析电压前也需要指定其参考方向。

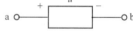

图 1-4　电压的参考方向

图1-4表示某个电路的一部分，其中矩形框表示一个二端网络。此二端网络的电压为 u，其实际方向有可能是由a到b，也有可能是由b到a。图中的"+""−"表示指定的电压参考方向，在此方向下，当计算出的数值大于零时，表明参考方向与实际方向相同；当计算出的数值小于零时，表明参考方向与实际方向相反。电压的参考方向一般用正、负极性表示，也可以用双下标表示，例如，u_{ab} 表示a点为假定的高电位点，b点为假定的低电位点，参考方向为由a到b。

与电流类似，大小和方向都不随时间变化的电压称为恒定电压或直流电压，一般用 U 表示，否则称为时变电压，用 u 或 $u(t)$ 表示。大小和方向随时间按周期规律变化且一个周期内平均值为零的时变电压，称为交流电压。

由于电压和电流的参考方向是任意假定的，因此同时在端口标注电压和电流的参考方向时，会出现图1-5所示的4种情况。观察发现，图1-5（a）和图1-5（b）中，电流箭头由电压的"+"指向"−"，称为关联参考方向；图1-5（c）和图1-5（d）中，电流箭头由电压的"−"指向"+"，称为非关联参考方向。

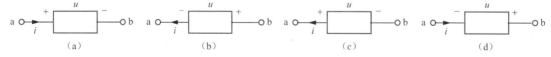

图 1-5　关联参考方向和非关联参考方向

例1-1 如图1-6所示电路，电压和电流参考方向均已标出，试判断元件 A 和元件 B 的电压和电流参考方向是否关联。

解：对于元件 A，其电流参考方向由电压的"−"指向"＋"，故为非关联参考方向；对于元件 B，其电流参考方向由电压的"＋"指向"−"，故为关联参考方向。

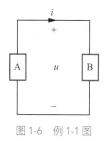

图1-6 例 1-1 图

1.2.3 功率

单位时间内电路元件吸收或者提供的能量称为功率，用 p 表示，数学表达式为

$$p = \frac{\mathrm{d}W}{\mathrm{d}t} \tag{1-4}$$

功率 p 的国际单位制单位为瓦特（W）。

由于能量不易测量，因此将式（1-4）改写为

$$p = \frac{\mathrm{d}W}{\mathrm{d}q} \times \frac{\mathrm{d}q}{\mathrm{d}t} \tag{1-5}$$

将式（1-1）和式（1-2）代入式（1-5），得

$$p = ui \tag{1-6}$$

式（1-6）为常用的功率计算公式。在直流电压和直流电流下，功率不随时间变化，常用 P 表示，即

$$P = UI$$

当正电荷在电场力作用下从元件的高电位端移动到低电位端时，电场力做功，电荷失去电能，元件吸收电能。因此有如下结论。

（1）关联参考方向下，$p = ui$ 表示元件吸收的功率，如果计算值为正，表示该元件实际吸收功率，该元件在电路中作为负载使用；如果计算值为负，表示该元件实际发出功率，该元件在电路中作为电源使用。

（2）非关联参考方向下，$p = ui$ 表示元件提供的功率，用此公式计算元件功率时，所得结论与结论（1）相反。

（3）非关联参考方向下，可以通过在功率计算公式中加负号以抵消非关联带来的影响，即 $p = -ui$，用此公式计算元件功率时，所得结论与结论（1）相同。

例1-2 在图1-6所示电路中，已知 $u = 3\mathrm{V}$，$i = -5\mathrm{A}$。试求：（1）元件 A 和元件 B 吸收的功率；（2）元件 A 和元件 B 提供的功率。

解：（1）元件吸收的功率。

元件 A：电压和电流为非关联参考方向，$p_{\mathrm{A}} = -ui = -[3 \times (-5)]\mathrm{W} = 15\mathrm{W}$，吸收 15W 功率。

元件 B：电压和电流为关联参考方向，$p_{\mathrm{B}} = ui = [3 \times (-5)]\mathrm{W} = -15\mathrm{W}$，吸收 −15W 功率（实际提供15W 功率）。

（2）元件提供的功率。

元件 A：电压和电流为非关联参考方向，$p_A = ui = [3 \times (-5)]\text{W} = -15\text{W}$，提供 -15W 功率（实际吸收15W功率）。

元件 B：电压和电流为关联参考方向，$p_B = -ui = -[3 \times (-5)]\text{W} = 15\text{W}$，提供15W功率。

以上结果表明，无论采用结论（1）所述吸收功率的求解公式，还是结论（2）所述提供功率的求解公式，均不会改变元件实际是吸收功率还是提供功率的事实，且上述两种情况下均有 $p_A + p_B = 0$ 成立，表明电路满足功率守恒。读者也可采用结论（3）自行求解例1-2。

由式（1-4）可知，如果元件吸收的功率为 p，则在 t_0 到 t 时间段，元件消耗的电能为

$$W(t) = \int_{t_0}^{t} p\,\mathrm{d}t = \int_{t_0}^{t} ui\,\mathrm{d}t \tag{1-7}$$

能量的国际单位制单位为焦耳（J）。

1.3　基尔霍夫定律

集总参数电路是由集总参数元件相互连接而成的，其遵循的基本定律就是基尔霍夫定律，包括基尔霍夫电流定律和基尔霍夫电压定律。该定律由德国科学家基尔霍夫于1845年提出。为了便于叙述，先介绍电路术语，再引入基尔霍夫定律。

1.3.1　电路术语

支路：电路中的每一个二端元件或者元件的串/并联组合。

节点：支路与支路的连接点。

显然，支路划分的不同，会影响到节点的选取。在图1-7所示的电路中，每个元件均可以被当作一条支路，此时该电路共有6条支路，a、b、c、d这4个节点。若把元件1和元件2的串联组合，以及元件5和元件6的并联组合分别当作一条支路，则该电路共有4条支路，b、c、d这3个节点。

支路电压与支路电流：支路两端的电压称为支路电压，流过支路的电流称为支路电流。如图1-7中的3号支路，支路电压为 u_3，支路电流为 i_3，二者通常取关联参考方向。

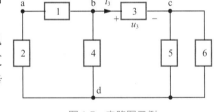

图 1-7　电路图示例

路径：任意两个节点之间的通路。如图1-7中，节点a到节点b的路径可以是元件1，也可以是元件2、4，还可以是元件2、5、3或2、6、3。

回路：由支路形成的闭合路径。如图1-7中，如果每个元件作为一条支路，则元件1、2、4，元件3、4、5，元件5、6，元件1、2、3、6等均构成回路。而当元件5、6被当作一条支路时，元件5、6不再构成回路。

平面电路：能够画在平面（或球面）上，且可避免支路在空间交叉的电路。

网孔：平面电路中，内部不含支路的回路称为网孔。显然，网孔是回路，而回路不一定是网孔。图1-7中如果每个元件作为一条支路，则元件1、2、4，元件3、4、5，元件5、6均可以构成网孔。

1.3.2　基尔霍夫电流定律

基尔霍夫电流定律（KCL）描述支路电流的关系，文字表述如下。

在集总参数电路中，任一时刻，对任一节点，流入（或流出）该节点的所有支路电流的代数和恒等于零。

数学表达式为

$$\sum i_k = 0 \qquad (1\text{-}8)$$

KCL方程涉及各支路电流的代数和，因此除规定各支路电流的参考方向外，还应规定正方向。若规定流出节点的电流取正，则流入节点的电流取负；若规定流入节点的电流取正，则流出节点的电流取负。

例1-3 已知某节点所连各支路电流的参考方向如图1-8所示，列写该节点的KCL方程。

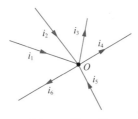

图 1-8　例 1-3 图

解：设流入节点的电流取正，流出节点的电流取负，则该节点KCL方程为

$$i_1 + i_2 - i_3 - i_4 + i_5 - i_6 = 0 \qquad (1\text{-}3\text{-}1)$$

式（1-3-1）可改写为

$$i_1 + i_2 + i_5 = i_3 + i_4 + i_6 \qquad (1\text{-}3\text{-}2)$$

式（1-3-2）表明，流出节点的支路电流等于流入该节点的支路电流。因此，KCL也可理解为，对于任一集总参数电路，在任一时刻，对任一节点，流出该节点的支路电流恒等于流入该节点的支路电流，数学表达式为

$$\sum i_1 = \sum i_o$$

例1-4 已知各支路电流参考方向如图1-9所示，列写各节点的KCL方程。

解：图1-9中共4个节点，设各支路电流均取流入节点为正，流出节点为负。

对节点①列写KCL方程：$i_1 - i_2 - i_6 = 0$。

对节点②列写KCL方程：$i_2 - i_3 - i_4 = 0$。

对节点③列写KCL方程：$i_3 - i_5 + i_6 = 0$。

对节点④列写KCL方程：$-i_1 + i_4 + i_5 = 0$。

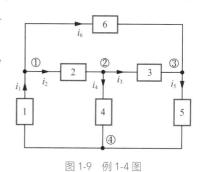

图 1-9　例 1-4 图

将例1-4中节点①、节点②和节点③的KCL方程相加可得方程 $i_1 - i_4 - i_5 = 0$ ，与节点④的KCL方程相同。事实上，将例1-4中任意3个节点的KCL方程相加均可得第4个节点的KCL方程。由此可知，上述4个KCL方程中只有3个方程是彼此独立的。可以证明，对于一个含有 n 个节点的电路，其独立的KCL方程数为 $(n-1)$ 。对电路中的独立节点列写的KCL方程彼此独立。

KCL不仅适用于节点，还可以推广到电路中任一闭合面，即集总参数电路中任一闭合面相交的所有支路电流的代数和等于零。闭合面又称为广义节点或超节点，电流由面内穿出闭合面流向面外称为流出，反之称为流入。

例1-5 图1-10中虚线为电路中的一个闭合面，试证明： $i_A + i_B + i_C = 0$ 。

证明：由1、2、3支路构成的电路为闭合面，各支路电流参考方向及节点编号分别如图1-11所示。

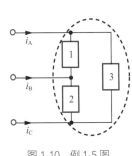

图 1-10 例 1-5 图

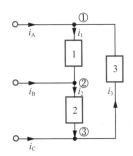

图 1-11 例 1-5 解图

设流入节点取正，流出节点取负，分别对节点①、节点②和节点③列写KCL方程

$$i_A = i_1 - i_3$$
$$i_B = i_2 - i_1$$
$$i_C = i_3 - i_2$$

将3个方程的等号左边和右边分别相加可得

$$i_A + i_B + i_C = 0$$

即闭合面相交的所有支路电流的代数和等于零。

1.3.3 基尔霍夫电压定律

KVL及其推广

基尔霍夫电压定律（KVL）描述支路电压的关系，文字表述如下。

在集总参数电路中，任一时刻，沿任一回路，该回路中所有支路电压的代数和恒等于零。

数学表达式为

$$\sum u_k = 0 \qquad (1-9)$$

"沿"字指明对回路列写KVL方程时要先选取一个绕向，顺时针或逆时针，另外KVL方程涉及支路电压的代数和，因此除规定各支路电压的参考方向外，还应规定在具体绕向前提下的正方向。若沿回路绕行方向支路电压降取正，则电压升取负；若沿回路绕行方向支路电压升取正，则电压降取负。

例1-6 已知某回路各支路电压参考方向如图1-12所示，列写该回路的KVL方程。

解：选取顺时针方向作为回路的绕行方向，设在此绕向下支路电压降取正，电压升取负，KVL方程为

$$-u_1+u_2+u_3-u_4=0 \qquad (1\text{-}6\text{-}1)$$

式（1-6-1）可改写为

$$u_1+u_4=u_2+u_3 \qquad (1\text{-}6\text{-}2)$$

式（1-6-2）表明，沿回路绕行方向，支路电压升之和恒等于支路电压降之和，数学表达式为

$$\sum u_{升}=\sum u_{降}$$

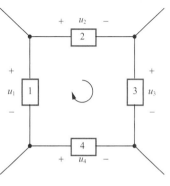

图1-12 例1-6图

例1-7 已知支路电压的参考方向以及所选回路如图1-13所示，列写回路 l_1、l_2、l_3、l_4 的KVL方程。

解：选取顺时针方向为回路绕行方向，沿回路绕行方向，支路电压降取正，支路电压升取负，得

$$-u_1+u_2+u_4=0$$
$$-u_4+u_3+u_5=0$$
$$-u_2+u_6-u_3=0$$
$$-u_1+u_6+u_5=0$$

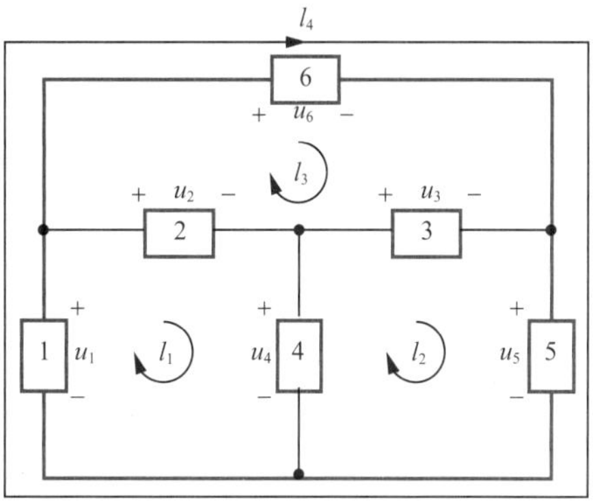

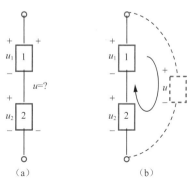

图1-13 例1-7图

将回路 l_1、回路 l_2 和回路 l_3 的KVL方程相加可得 $-u_1+u_6+u_5=0$，与回路 l_4 的KVL方程相同。事实上，将例1-7中任意3个回路的KVL方程相加均可得第4个回路的KVL方程。由此可知，上述4个KVL方程中只有3个方程是彼此独立的。可以证明，对于一个含有 n 个节点、b 条支路的电路，其独立的KVL方程个数为 $[b-(n-1)]$。对电路中的独立回路列写的KVL方程彼此独立。对于平面电路中的网孔，由于每个网孔都包含一个其他网孔未经过的支路，因此，全部网孔是一组独立回路。

KVL方程是对形成回路的电压列写的方程，因此只要参与方程的一组电压形成回路即可，不要求在电压之间必须存在一条真实支路，由不完全是真实支路形成的假想回路同样可以列写KVL方程。例如，图1-14（a）所示是某电路的一条支路，由两个元件构成，要想求支路电压 u，可用虚线与该支路构成一条假想回路，如图1-14（b）所示。选取顺时针方向为回路绕行方向，沿回路绕行方向，支路电压升之和等于支路电压降之和，即

$$u=u_1+u_2 \qquad (1\text{-}10)$$

特别要注意，KCL是求电流的一种重要方法，KVL是求

图1-14 支路与假想回路

电压的一种重要方法，这两类方程只关注电路的"拓扑"，即电路中支路的连接关系，与支路上元件的性质无关，因此称为"拓扑约束"。

1.4 电路元件

电路基本变量有电压 u、电流 i、电荷 q 以及磁链 ψ 等。分别考察4种函数 $f_1(u,i)=0$、$f_2(\psi,i)=0$、$f_3(q,u)=0$、$f_4(\psi,q)=0$，发现自变量前的系数具有特定的物理含义，反映一种确定的电磁性质，据此可以定义出相应的电路元件。

电流 i 作自变量，电压 u 作因变量，可以定义出电阻元件；电流 i 作自变量，磁链 ψ 作因变量，可以定义出电感元件；电压 u 作自变量，电荷 q 作因变量，可以定义出电容元件；电荷 q 作自变量，磁链 ψ 作因变量，可以定义出记忆电阻元件，简称忆阻。1971年华裔科学家蔡少棠从逻辑和公理的观点出发，预言了忆阻的存在。

本书仅讨论电阻、电感和电容这3类基本电路元件，以及独立电源元件和受控电源元件。

1.4.1 电阻元件

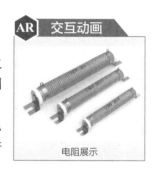

AR 交互动画

电阻展示

电阻元件是表征电阻现象的理想元件，通过描述电压 u 与电流 i 之间关系的函数表达式，即VAR方程，可以定义出电阻元件，并可绘制出 $u\text{-}i$ 平面上的伏安特性曲线。

如果伏安特性曲线是一条过原点的直线，则称此电阻元件为线性电阻元件，电路符号如图1-15（a）所示。不做特殊说明时，本书电阻元件均为线性电阻元件。德国物理学家欧姆（Ohm）提出了著名的欧姆定律，描述了线性电阻元件电压和电流之间的关系。当电压和电流取关联参考方向时，如图1-15（b）所示，欧姆定律表示为

$$u = Ri \tag{1-11}$$

式（1-11）中自变量的系数 R 为电阻值，是时域中表征电阻元件的参数，体现该元件对电流的阻碍作用，其国际单位制单位为欧姆（Ω）。阻值比较大的电阻可以使用 $k\Omega$、$M\Omega$ 等作为单位。除了表示参数外，R 也可以表示电阻元件。

将式（1-11）变形，得到

$$i = Gu \tag{1-12}$$

式（1-12）中 $G = R^{-1}$，称为线性电导，体现该元件对电流的导通作用，其国际单位制单位为西门子（S）。电阻和电导是对同一元件站在不同的物理角度（阻碍电流能力和导通电流能力）所做的定义。

如果电压、电流参考方向取非关联参考方向，如图1-15（c）所示，此时线性电阻元件满足

$$u = -Ri$$

或

$$i = -Gu$$

由于电压和电流的国际单位制单位分别是伏特和安培，因此常把电压和电流的关系称为VAR（volt ampere relation或voltage current relation，VAR或VCR，本书采用VAR）。线性电阻的VAR曲线如图1-16所示（$R \geqslant 0$）。

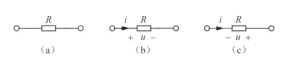

图 1-15　线性电阻的符号

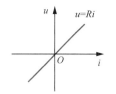

图 1-16　线性电阻的 VAR 曲线

当电压和电流取关联参考方向时，电阻元件消耗的功率为

$$p = ui = Rii = i^2R = \frac{u^2}{R} \geq 0$$

当电压和电流取非关联参考方向时，电阻元件消耗的功率为

$$p = -ui = -(-Ri)i = i^2R = \frac{u^2}{R} \geq 0 \tag{1-13}$$

式（1-13）中 R 是正实常数，故功率 p 恒为非负值，所以正值线性电阻元件是一种无源元件，反映了电路的耗能特性。若无特殊说明，本书以后提到的电阻元件均指正值线性电阻元件。

电阻元件从 t_0 到 t 的时间内吸收的电能为

$$W = \int_{t_0}^{t} p(t)\mathrm{d}t = \int_{t_0}^{t} i^2R\mathrm{d}t \geq 0$$

当一个线性电阻元件的电阻值趋于无穷大，即 $R \to \infty$ 时，则不论电压为何值，流过它的电流恒为零，VAR曲线与电流轴重合，这种电路状态称为"开路"。此时电阻线性电导为零，即 $G = 0$。电路符号及开路示意如图1-17所示。

当一个线性电阻元件的电阻值为零，即 $R=0$ 时，则不论电流为何值，它的端电压恒为零，VAR曲线与电压轴重合，这种电路状态称为"短路"。此时电阻线性电导趋于无穷大，即 $G \to \infty$。电路符号及短路示意如图1-18所示。

图 1-17　电路符号及开路示意 　　　　　　　图 1-18　电路符号及短路示意

1.4.2　电感元件

任何通有交变电流的导体周围都有磁场，通常把导线绕成线圈（以增强线圈内部的磁场），并称其为电感线圈，如图1-19所示。

电感元件是从实际电感线圈中抽象出来的理想化模型，具有存储磁场能量的功能。通过描述磁链 ψ 与电流 i 之间关系的函数表达式，即韦（伯）安（培）关系方程，可以定义出电感元件，并可绘制出 ψ-i 平面上的韦安关系曲线。

如果韦安关系曲线是一条过原点的直线，则称此电感元件为线性电感元件。不做特殊说明时，本书电感元件均为线性电感元件。当电流和磁链的参考方向满足右手螺旋定则时，有

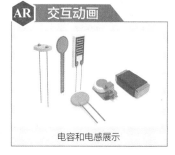

图 1-19　电感线圈

$$\psi = Li \tag{1-14}$$

式（1-14）中自变量的系数 L 为电感值，是时域中表征电感元件的参数，为正值常数，国际单位制单位为亨利（H）。电感值比较小的电感，可以用nH、mH等作为单位。除了表示参数外，L 也可以表示电感元件。

　　电感的符号如图1-20（a）所示，韦安关系曲线如图1-20（b）所示。由于磁链不易测量，因此韦安关系方程并不实用，需要找到电感元件的VAR方程。根据电磁感应定律，感应电压等于磁链的变化率。当电压、电流的参考方向与磁链的参考方向满足右手螺旋定则，且电压和电流的参考方向取关联参考方向时，如图1-20（c）所示，此时电感元件的感应电压为

$$u_L = \frac{\mathrm{d}\psi}{\mathrm{d}t} = \frac{\mathrm{d}\left(Li_L\right)}{\mathrm{d}t} = L\frac{\mathrm{d}i_L}{\mathrm{d}t}$$

于是得到电感元件的VAR为

$$u_L = L\frac{\mathrm{d}i_L}{\mathrm{d}t} \tag{1-15}$$

　　当电压和电流取非关联参考方向时，电感元件的VAR为

$$u_L = -L\frac{\mathrm{d}i_L}{\mathrm{d}t}$$

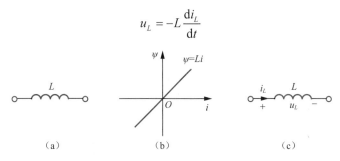

$$\begin{array}{ccc} \text{(a)} & \text{(b)} & \text{(c)} \end{array}$$

图 1-20　电感的符号、韦安关系曲线及电感电压、电流关联参考方向设置

　　式（1-15）为电感元件微分形式的VAR，它表明某时刻电感的电压与该时刻电流的变化率成正比，与该时刻的电流或该时刻之前的电流无关，因此电感元件又称为动态元件。由式（1-15）可知，在直流稳态电路中，由于电感电流为常数，因此电感电压为零，电感相当于短路。

　　将式（1-15）变形，可得到电感元件积分形式的VAR

$$i_L(t) = \frac{1}{L}\int_{-\infty}^{t} u_L(\tau)\,\mathrm{d}\tau = \frac{1}{L}\int_{-\infty}^{t_0} u_L(\tau)\,\mathrm{d}\tau + \frac{1}{L}\int_{t_0}^{t} u_L(\tau)\,\mathrm{d}\tau = i_L(t_0) + \frac{1}{L}\int_{t_0}^{t} u_L(\tau)\mathrm{d}\tau \tag{1-16}$$

式（1-16）表明，某一时刻 t 流过电感的电流不仅取决于该时刻的电压，还与该时刻之前的电压有关，体现出记忆性的特点，所以电感属于记忆元件。

　　一般规定在 $t = -\infty$ 时，电感无储能，$i(-\infty) = 0$，则在关联参考方向下，任意时刻 t 电感存储的能量为

$$W(t) = \int_{-\infty}^{t} p(\tau)\,\mathrm{d}\tau = \int_{-\infty}^{t} u_L(\tau)\,i_L(\tau)\,\mathrm{d}\tau = \int_{-\infty}^{t} L\frac{\mathrm{d}i_L}{\mathrm{d}\tau}\,i_L(\tau)\,\mathrm{d}\tau = \frac{1}{2}Li_L^2(t) \tag{1-17}$$

式（1-17）表明，电感在某一时刻的储能与该时刻电感电流的平方成正比。电感元件的能量以磁场能量的形式存在，所以它是一种储能元件。

1.4.3　电容元件

　　在两个相距很近的平行金属板中间夹一层绝缘物质——电介质，就组成一个非常简单的电容

器，即平行板电容器，如图1-21所示。几乎所有电容器都是平行板电容器的变形。在外电源作用下，两块极板上能分别存储等量的异性电荷，外电源撤去后，这些电荷靠电场力的作用互相吸引，又被介质绝缘阻挡不能中和，因而极板上的电荷能长久存储。

电容元件是从实际电容器中抽象出来的理想化模型，具有存储电场能量的功能。通过描述电荷 q 与电压 u 之间关系的函数表达式，即库（仑）伏（特）关系方程，可以定义出电容元件，并可绘制出 q-u 平面上的库伏关系曲线。

图1-21　平行板电容器

如果库伏关系曲线是一条过原点的直线，则称此电容元件为线性电容元件，不做特殊说明时，本书电容元件均为线性电容元件。当电压参考极性与极板存储电荷的极性一致时，有

$$q = Cu \tag{1-18}$$

式（1-18）中自变量的系数 C 为电容值，是时域中表征电容元件的参数，为正值常数，国际单位制单位为法拉（F）。法拉单位比较大，通常大地所带负电荷为50万库仑（C）左右，而地球上空存在带正电的电离层，它们之间的电压高达300kV，因此地球本身就形成一个大电容器，电容值大约在1.7F。电容值比较小的电容，可以用 μF、pF 等作为单位，如一个人在自由空间中的电容约为50pF。除了表示参数外，C 也可以表示电容元件。

电容的符号如图1-22（a）所示，库伏关系曲线如图1-22（b）所示。由于电荷不易测量，因此库伏关系方程并不实用，需要找到电容元件的VAR方程。当电容的电流和电压取关联参考方向时，如图1-22（c）所示，流过电容元件的电流为

$$i_C = \frac{\mathrm{d}q}{\mathrm{d}t} = \frac{\mathrm{d}(Cu_C)}{\mathrm{d}t} = C\frac{\mathrm{d}u_C}{\mathrm{d}t}$$

于是得到电容元件的VAR为

$$i_C = C\frac{\mathrm{d}u_C}{\mathrm{d}t} \tag{1-19}$$

当电压和电流取非关联参考方向时，电容元件的VAR为

$$i_C = -C\frac{\mathrm{d}u_C}{\mathrm{d}t}$$

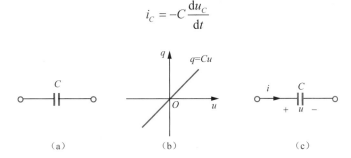

图1-22　电容的符号、库伏关系曲线及电容电压、电流关联参考方向设置

式（1-19）为电容元件微分形式的VAR，它表明某时刻电容的电流与该时刻电压的变化率成正比，与该时刻的电压或该时刻之前的电压无关，因此电容元件又称为动态元件。由式（1-19）可知，在直流稳态电路中，由于电容电压为常数，因此电容电流为零，电容相当于开路，这就是电容元件的"隔直"作用。

将式（1-19）变形，可得到电容元件积分形式的VAR

$$u_C(t) = \frac{1}{C}\int_{-\infty}^{t}i_C(\tau)\mathrm{d}\tau = \frac{1}{C}\int_{-\infty}^{t_0}i_C(\tau)\mathrm{d}\tau + \frac{1}{C}\int_{t_0}^{t}i_C(\tau)\mathrm{d}\tau = u_C(t_0) + \frac{1}{C}\int_{t_0}^{t}i_C(\tau)\mathrm{d}\tau \qquad （1\text{-}20）$$

式（1-20）表明，某一时刻t电容的电压不仅取决于该时刻的电流，还与该时刻之前的电流有关，体现出记忆性的特点，所以电容属于记忆元件。

一般规定在$t = -\infty$时，电容无储能，$u(-\infty) = 0$，则在关联参考方向下，任意时刻t电容存储的能量为

$$W(t) = \int_{-\infty}^{t}u_C(\tau)i_C(\tau)\mathrm{d}\tau = \int_{-\infty}^{t}C\frac{\mathrm{d}u_C}{\mathrm{d}\tau}u_C(\tau)\mathrm{d}\tau = \frac{1}{2}Cu_C^2(t) \qquad （1\text{-}21）$$

式（1-21）表明，电容在某一时刻的储能，与该时刻电容电压的平方成正比。电容元件的能量以电场能量的形式存在，所以它是一种储能元件。

例1-8　电路如图1-23（a）所示，其中端口ab所加电源$u_S(t)$随时间变化的波形如图1-23（b）所示。求：电容电流$i_C(t)$、功率$p(t)$及储能$W(t)$并绘制曲线。

解：图1-23（a）所示电压源随时间变化波形写成分段函数形式为

$$u_S(t) = \begin{cases} 0 & t < 0 \\ 3t & 0 \leqslant t < 1 \\ -3t+6 & 1 \leqslant t < 2 \\ 0 & t \geqslant 2 \end{cases} （单位：V）$$

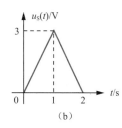

图1-23　例1-8图

图1-23（a）中电容电压$u_C(t)$即为电源电压$u_S(t)$，根据电容元件的VAR，电容电流表示为

$$i_C(t) = C\frac{\mathrm{d}u_C(t)}{\mathrm{d}t} = \begin{cases} 0 & t < 0 \\ 6 & 0 \leqslant t < 1 \\ -6 & 1 \leqslant t < 2 \\ 0 & t \geqslant 2 \end{cases} （单位：A）$$

电容功率随时间变化的函数表示为

$$p(t) = u_C(t)i_C(t) = \begin{cases} 0 & t < 0 \\ 18t & 0 \leqslant t < 1 \\ 18t-36 & 1 \leqslant t < 2 \\ 0 & t \geqslant 2 \end{cases} （单位：W）$$

电容存储的能量随时间变化的函数表示为

$$W(t) = \frac{1}{2}Cu_C^2(t) = \begin{cases} 0 & t < 0 \\ 9t^2 & 0 \leqslant t < 1 \\ 9(t-2)^2 & 1 \leqslant t < 2 \\ 0 & t \geqslant 2 \end{cases} （单位：J）$$

电容电流$i_C(t)$、功率$p(t)$及储能$W(t)$随时间变化的曲线如图1-24所示。

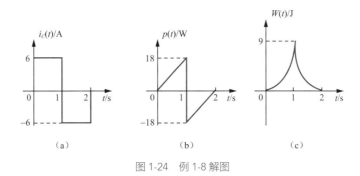

图 1-24 例 1-8 解图

1.4.4 独立电源

独立电源简称独立源，是从实际电源抽象出来的理想元件，根据其在电路中表现出电压独立性或是电流独立性，将独立源分为独立电压源和独立电流源两种类型。

独立电压源
特性实验视频

1. 独立电压源

独立电压源的电路符号如图1-25所示。独立电压源两端的电压由元件本身决定，与外电路无关，因此其端电压 $u(t)$ 为

$$u(t)=u_s(t) \tag{1-22}$$

当 $u_s(t)=U_s$ 为常量时，该电压源称为直流电压源，电路符号也可用图1-26（a）表示，较长的线段表示电源的"＋"极性端，较短的线段表示电源的"－"极性端。直流电压源的VAR曲线是一条平行于 i 轴且纵坐标为 U_s 的直线，如图1-26（b）所示。

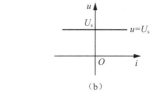

图 1-25 独立电压源的电路符号 　　图 1-26 直流电压源的电路符号及 VAR 曲线

流过独立电压源的电流不能由元件本身确定，需要通过独立电压源和外电路的拓扑关系列写KCL方程得到。图1-27所示电路中，若要求解流过电压源的电流 i ，需要先利用电阻元件的VAR方程，求解出电阻支路的两个电流（ $i_1=\dfrac{U_s}{R_1}$ ， $i_2=\dfrac{U_s}{R_2}$ ），然后利用KCL方程 $i=i_1+i_2$ 得到 i 。

在图1-28所示电路中，根据KVL，有 $U_s=u$ ；根据短路特性，有 $u=0$ ；根据电压源特性，有 $U_s \neq 0$ 。以上3个方程出现矛盾，因此独立电压源不能短路。

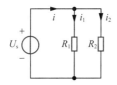

图 1-27 电压源与外电路连接 　　　图 1-28 独立电压源不能短路示例

2. 独立电流源

独立电流源的电路符号如图1-29所示。流过独立电流源的电流由元件本身决定，与外电路无关，因此其电流 $i(t)$ 为

$$i(t)=i_\mathrm{s}(t) \tag{1-23}$$

当 $i_\mathrm{s}(t)=I_\mathrm{s}$ 为常量时，该电流源称为直流电流源。直流电流源的VAR曲线是一条平行于 u 轴且横坐标为 I_s 的直线，如图1-30所示。

独立电流源两端的电压不能由元件本身确定，需要通过独立电流源和外电路的拓扑关系列写KVL方程得到。图1-31所示电路中，若要求解电流源的电压 u，需要先利用电阻元件的VAR方程，求解出两个电阻的电压（$u_1=R_1I_\mathrm{s}$，$u_2=R_2I_\mathrm{s}$），然后利用KVL方程 $u=u_1+u_2$ 得到 u。

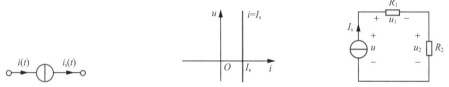

图 1-29　独立电流源的电路符号　　　图 1-30　直流电流源 VAR 曲线　　　图 1-31　电流源与外电路连接

独立电流源能开路吗？请读者自行思考。

需要说明的是，独立电源在电路中不一定总是为外电路提供功率，即作为电源使用，也可能吸收功率，即作为负载使用。请读者思考，有哪些"电源在电路中作为负载使用"的实例呢？

1.4.5　受控电源

受控源

上述1.4.1～1.4.4小节介绍的都是二端元件，本小节将介绍一种四端元件——受控电源。受控电源简称受控源，又称非独立电源。根据在电路中表现出是电压源特性，还是电流源特性，受控源分为受控电压源和受控电流源两种类型。受控源的控制量可以是其他端口处的电压，也可以是电流。因此，根据受控源特性及控制量的不同，受控源可进一步分为以下4种类型。

（1）VCVS。

电压控制电压源（voltage controlled voltage source，VCVS）的控制量是电路中某处的电压，通过采样将该电压输出到受控端口，采样端口与输出端口构成完整的受控源。一个关键问题是如何将控制电压无损地采集到受控源的受控端呢？以图1-32所示的某类VCVS为例，假设图1-32（a）中某一电压 u_{ab} 为控制量，通过电压采集单元将其采集出来作为受控源的控制电压 u_1。为了保证电压采集单元接入后不影响原电路的电压 u_{ab}，其输入电阻 R_{in} 应趋向于无穷大，如图1-32（b）所示，这使得控制端电流 $i_1=0$，于是 u_{ab} 被无损采集，实现 $u_1=u_{\mathrm{ab}}$。因此控制端的电路建模为开路状态，如图1-33（a）所示。

由于受控端体现电压源特性，因此整个VCVS的VAR方程为

$$\begin{cases} i_1 = 0 \\ u_2 = \mu u_1 \end{cases} \tag{1-24}$$

式（1-24）中的 μ 为控制参数，无量纲。

（2）VCCS。

电压控制电流源（voltage controlled current source，VCCS）的控制量是电路中某处的电压，

因此控制端开路，电路符号如图1-33（b）所示。由于受控端体现电流源特性，因此整个VCCS的VAR方程为

$$\begin{cases} i_1 = 0 \\ i_2 = gu_1 \end{cases} \tag{1-25}$$

式（1-25）中的g为控制参数，具有电导的量纲。

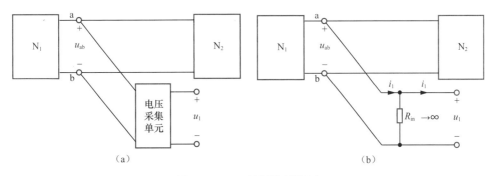

图 1-32　VCVS 控制端建模示意

（3）CCVS。

电流控制电压源（current controlled voltage source，CCVS）的控制量是电路中某支路的电流，为了将该电流无损地采集到受控源的控制端，需使得电流采集单元的输入电阻趋近于零，因此控制端的电路建模为短路状态，如图1-33（c）所示。由于受控端体现电压源特性，因此整个CCVS的VAR方程为

$$\begin{cases} u_1 = 0 \\ u_2 = ri_1 \end{cases} \tag{1-26}$$

式（1-26）中的r为控制参数，具有电阻的量纲。

（4）CCCS。

电流控制电流源（current controlled current source，CCCS）的控制量是电路中某支路的电流，因此控制端短路，电路符号如图1-33（d）所示。由于受控端体现电流源特性，因此整个CCCS的VAR方程为

$$\begin{cases} u_1 = 0 \\ i_2 = \beta i_1 \end{cases} \tag{1-27}$$

式（1-27）中的β为控制参数，无量纲。

由图1-33可以看出，不同于独立源的圆形符号，受控源用菱形符号表示。当受控源的控制量与

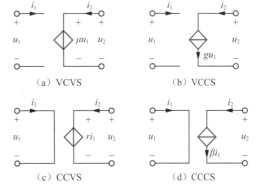

图 1-33　4 种基本受控源电路符号

受控量的关系为线性关系时，受控源称为线性受控源。本书仅讨论线性受控源且将其简称为受控源。

无论是压控型受控源还是流控型受控源，控制端的电压和电流总有一个为零，因此受控源的功率等于受控端口的功率，即

$$p(t) = u_1(t)i_1(t) + u_2(t)i_2(t) = u_2(t)i_2(t) \tag{1-28}$$

电路图中的受控源常常省略控制端不画，只画出受控端模型，但不要认为受控源是二端元件。

求图1-34所示电路的开路电压 u_{oc}。

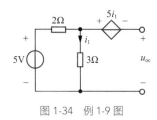

图 1-34　例 1-9 图

解：含受控源电路的解题过程与含独立源电路的解题过程类似，区别就在于独立电压源的值为一个常数，而受控源的值是与电路中某电压或电流有关的变量。

图1-34所示电路中含有一个CCVS，大小为 $5i_1$，控制量为3Ω电阻支路的电流 i_1。此题求电路的开路电压，即端口处开路，端口电流为零，则左侧独立电压源和电阻构成回路，根据KVL，可得

$$5 = 2i_1 + 3i_1，即 i_1 = 1\text{A}$$

根据KVL，得开路电压为

$$u_{oc} = -5i_1 + 3i_1 = -2i_1 = -2\text{V}$$

例1-10 求图1-35所示电路的 u 和 i，并求各元件吸收的功率。

解：图1-35所示电路中含有一个VCVS，大小为 $2u$，控制量 u 为15Ω电阻两端的电压。该电路仅有一个回路，设电流为 i，对该回路列写KVL方程，结合元件VAR，得

$$120 = -u + 2u + 30i$$

15Ω电阻两端的电压与流过的电流为非关联参考方向，则

$$u = -15i$$

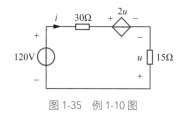

图 1-35　例 1-10 图

联立两方程求解可得

$$\begin{cases} i = 8\text{A} \\ u = -120\text{V} \end{cases}$$

各元件吸收的功率为

$$P_{120\text{V}} = -120 \times i = -120 \times 8 = -960\text{W}, \quad P_{30\Omega} = i^2 \times 30 = 1920\text{W}$$

$$P_{\text{VCVS}} = 2u \times i = -1920\text{W}, \quad P_{15\Omega} = -u \times i = 120 \times 8 = 960\text{W}$$

分析例1-10的结果发现，将电路中每个元件吸收的功率求和，可得

$$\sum_{k=1}^{4} P_k = 0$$

可知电路中所有元件吸收的功率之和恒为零，即满足功率守恒。

元件的VAR方程与电路的拓扑没有关系，取决于元件本身的性质，因此称为"元件约束"。拓扑约束和元件约束是分析电路时常用的基本约束，合称为两类约束。

探索多一点

（1）电路模型与矛盾转化。

每一个实际电路都表现出多种物理特性，在分析电路的时候若无视工作精度等的要求，而将多种物理特性都考虑进去，则会耗费巨大精力；其实那些处于次要地位的物理特性并不会使最终结果的精度获得明显提高。因此以体现主要物理特性的电路模型代替实际电路进行电路分析是十分必要的，是抓事物主要矛盾的表现。

某一实际电路的电路模型不是固定不变的，因为该电路的主要物理特性是随着其外部条件的变化而变化的。在工程实际中，应根据不同条件要求建立不同的电路模型。如由导线缠绕而成的线圈，在直流稳态的工作状态下，仅考虑其电阻性即可；当流经线圈的电流随时间发生变化时，就要同时考虑其电感性；当线圈电流为高频交流时，其电容性往往也不可忽略。因此在解决问题时，要注意抓事物的主要矛盾，然而又不能以固定不变的眼光看待事物，在事物发展的不同阶段会呈现出不同的主要矛盾和次要矛盾，甚至会出现主要矛盾和次要矛盾地位转换的情形。只有抓住主要矛盾，实事求是，才能始终牵住"牛鼻子"，顺利推动事物发展。

（2）平凡与不平凡的辩证关系。

KCL和KVL在电路中的地位不言而喻，年轻的基尔霍夫在他的研究领域做出了卓越的贡献，推动了科学的发展。能取得如此成就固然令人向往和称道，青年人也应以这些科学家为榜样砥砺前行，然而并不是每一个人都能有如此非凡表现。须知世界上大多数人是平凡岗位上的平凡人，不应妄自菲薄，能兢兢业业、恪尽职守地为社会做出应有的贡献就是不平凡的表现。世界发展到今天，靠的也并不是少数人的灿烂光辉，人民群众才是历史的创造者。北斗系统在天空织成的"天网"由55个卫星组成，每一颗都有自己的功用（参考自2020年北京高考作文题），青年人只要不懈奋斗，在中华民族伟大复兴的洪流中，即使添一块砖、加一块瓦，也是奏出了属于自己的华彩乐章，实现了自己的人生价值。正如鲁迅先生在《热风·随感录四十一》中所说："……愿中国青年……能做事的做事，能发声的发声。有一分热，发一分光，就令萤火一般，也可以在黑暗里发一点光，不必等候炬火……我又愿中国青年都只是向上走……纵令不过一洼浅水，也可以学学大海；横竖都是水，可以相通……"

诗词遇见电路

水调歌头·基本元件与基本约束

模型几时有？实际繁且多。
满足集中假设，问距离为何。

苦遇复杂电路，幸有基尔霍夫，电路理论托。

流压两定律，熟练莫蹉跎。

阻容感，旧相识，恍如昨。

独立受控，各类电源知广博。

拓扑无谓元件，元件且看伏安，约束费琢磨。

但愿耕不辍，青春奏凯歌。

附：《水调歌头·明月几时有》原文

水调歌头·明月几时有

宋 苏轼

明月几时有？把酒问青天。

不知天上宫阙，今夕是何年。

我欲乘风归去，又恐琼楼玉宇，高处不胜寒。

起舞弄清影，何似在人间。

转朱阁，低绮户，照无眠。

不应有恨，何事长向别时圆？

人有悲欢离合，月有阴晴圆缺，此事古难全。

但愿人长久，千里共婵娟。

📝 习题1

1-1 实际电路与电路模型的区别是什么？集总参数电路与分布参数电路的区别是什么？

1-2 试说明参考方向与实际方向的区别。

1-3 设电路的电压与电流参考方向如题1-3图所示，试判断两种情况下电压与电流的实际方向，U、I的参考方向是否关联。（1）$U>0$，$I<0$；（2）$U<0$，$I>0$。

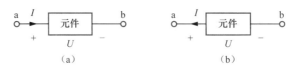

题 1-3 图

1-4 流过某元件的电流波形如题1-4图所示，计算在 $t=0$ 至 $t=4.5$s 期间通过的电荷。

1-5 如题1-5图所示，若已知通过元件的电荷 $q(t)=2\sin(2t)$ C，计算 $t>0$ 时电流 $i(t)$。

题 1-4 图 题 1-5 图

1-6 求解题1-6图中，各二端元件吸收和发出的功率。

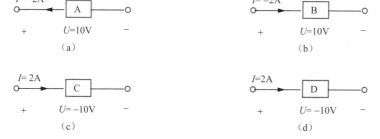

题 1-6 图

题1-6
视频讲解

1-7 求解题1-7图中 I_1 和 I_2。

1-8 题1-8图所示电路中，网络N由电阻、电源组成，对外有3个端钮，求电流 I。

1-9 求题1-9图所示电路中电流源两端电压 U 和 I_1、I_3、I_5。

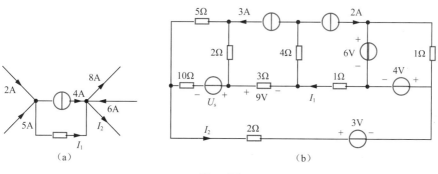

题 1-7 图

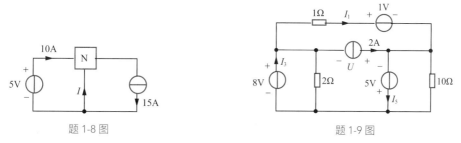

题 1-8 图 题 1-9 图

1-10 电路如题1-10图所示，求 U_1、U_2、U_3 和 U_4。

1-11 计算题1-11图所示电路中的电压 U。

1-12　求题1-12图所示电路中的电位u_a、u_b、u_c。

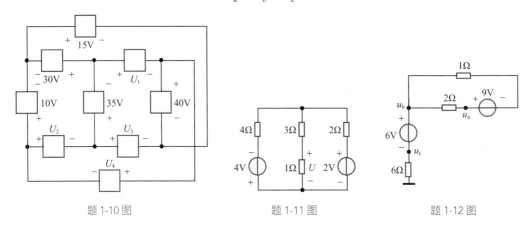

题 1-10 图　　　　题 1-11 图　　　　题 1-12 图

1-13　电路如题1-13图所示，求开路电压U_{AB}。

1-14　电路如题1-14图所示，今欲使开关S闭合前后各支路电压与电流均保持不变，求电压源U_s的值。

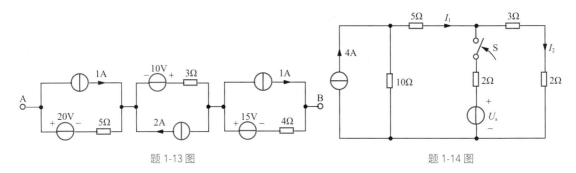

题 1-13 图　　　　题 1-14 图

1-15　列出题1-15图中各节点的KCL方程和网孔的KVL方程。

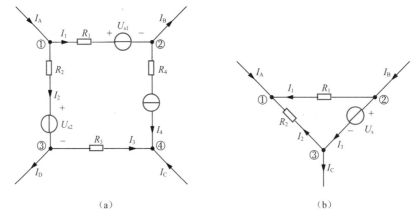

（a）　　　　（b）

题 1-15 图

1-16　求题1-16图中支路电流I_{AB}与支路电压U_{AB}。

1-17　求题1-17图中2A电流源吸收的功率。

1-18　电路如题1-18图所示，求1.4V电压源提供的功率P_1和0.5A电流源提供的功率P_2。

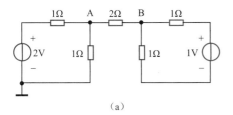 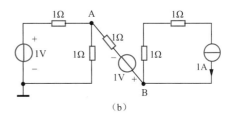

题 1-16 图

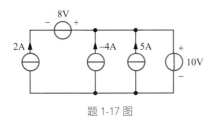 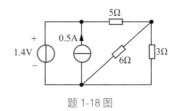

题 1-17 图　　　　　　　　　　　　　　题 1-18 图

1-19 电路如题1-19图所示，求各个电源吸收的功率。

1-20 一个$C=2\,\mu\text{F}$的电容的电压为$u_C(t)=4te^{-2t}\,\text{V}$，试确定关联参考方向下电容的电流$i_C(t)$和$t$时刻电容元件的储能$W_C(t)$。

1-21 电感量$L=2\text{mH}$的电感，电压u_L与电流i_L为关联方向，i_L为下列函数时，确定u_L。
（1）$i_L=3\text{A}$；（2）$i_L=10e^{-10t}\text{A}$。

1-22 试判断题1-22图中VAR曲线a与b所表征的元件。

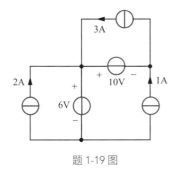 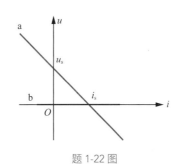

题 1-19 图　　　　　　　　　　　　　　题 1-22 图

1-23 求题1-23图所示电路中受控源两端电压U和u_1。

1-24 求题1-24图所示电路中电压U和电流i。

题1-23
视频讲解

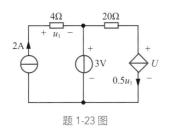 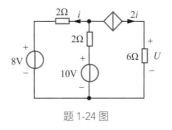

题 1-23 图　　　　　　　　　　　　　　题 1-24 图

第 **2** 章

电阻电路的等效分析

第1章介绍了两类约束分析方法，优点是原理简单明晰，易于理解，缺点是在复杂电路中需要列写的方程数比较多，计算烦琐。当电路比较复杂，且感兴趣的电路部分仅在某一条支路上时，可以把不感兴趣的电路部分用与其等效的电路替换，使原电路得到简化，达到元件合并、支路缩减等效果，最终呈现简单电路的结构，从而减少分析过程中的方程数目，这就是等效变换法的思路。单回路电路和双节点电路属于简单电路的常见形式。单回路电路只含有一个回路，双节点电路只含有两个节点。通过对本章进行学习，读者可以掌握常用的二端或三端等效网络，加深对等效概念的理解。本章主要以线性电阻电路为例进行讨论，主要内容包括等效的概念、电阻（导）串/并联和电桥平衡、电源等效变换、星形网络和三角形网络、输入电阻等。等效电路的概念并不局限于线性电路，在非线性电路中同样适用。

思考多一点

（1）本章的核心思想是"等效"，等效的主要目的是将已知复杂电路简化，从而避免列写、求解过多的方程，它的关键在于每一步自身（网络内部）都在发生变化，而他人（网络外部）则丝毫感受不到这种变化。等效化简的过程是首先将原网络的大整体分成多个个体（如几个具备特定连接关系的电阻或一条实际电源模型支路等），然后将每个个体整合为一个小整体（如将几个具备特定连接关系的电阻等效为一个电阻，或进行实际电源模型支路等效变换等），这些小整体再经元件合并等逐步实现支路缩减，最终使整个原网络呈现为一个具有最简等效形式的整体。学习了这种思路，会不会对读者解决其他领域的问题有所启发呢？

（2）对某个网络进行"等效化简"的结果使我们得到与该网络等效的最简形式，不同的原网络经过不同的变换过程，最终可能具备相同的最简等效形式。在我们和梦想中间，是否也存在很多路径呢？

2.1 等效的概念

当仅需求解图2-1（a）所示电路中的电流 i 或电压 u 时，可以将电路中虚线框内的电路部分看作一个整体，将虚线框外剩余的电路部分看作外电路。由图2-1（a）可以看出，虚线框内的电路有且仅有两个端子与外电路相连，参考二端元件的概念，将该部分电路定义为二端网络。若二端网络内含有独立源，一般用 N_s 表示，如图2-1（b）所示；否则一般用 N_0 表示，如图2-1（c）所示。

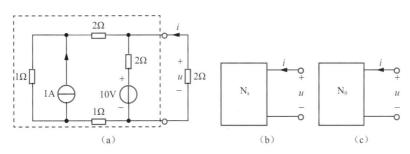

（a）   （b）   （c）

图 2-1 二端网络

若从一个端子流入的电流等于从另一个端子流出的电流，则这两个端子形成一个端口。由广义节点KCL可知，流入二端网络一个端子的电流必然等于流出另一个端子的电流，因此二端网络又称为一端口网络或单端口网络，简称单口网络。

在相同参考方向下，如果两个二端网络的端口VAR方程（也称为端口外特性）完全相同，则称这两个二端网络是等效的，表现在 u-i 平面上即VAR曲线完全重合。

等效二端网络在与同一部分外电路连接时可以相互替换，替换前后对外电路中各支路的电压、电流、功率没有影响。但两个二端网络内部结构不同，因此等效的概念不能应用于网络内部。需要特别注意等效是对外电路而言的，且一般被等效的电路与外电路不存在耦合关系。

2.2 电阻（导）串/并联和电桥平衡

1. 电阻（导）的串联

如图2-2（a）所示，n个电阻依次首尾连接，流过同一个电流，这种连接方式称为电阻的串联。

对图2-2（a）所示单回路列写KVL方程，结合线性电阻的VAR，得端口的VAR为

$$u = u_1 + u_2 + \cdots + u_n = R_1 i + R_2 i + \cdots + R_n i = (R_1 + R_2 + \cdots + R_n)i$$

图2-2（b）所示电路端口的VAR为

$$u = Ri$$

若满足

$$R = R_1 + R_2 + \cdots + R_n = \sum_{k=1}^{n} R_k \tag{2-1}$$

则图2-2所示的两个二端网络对外电路等效。式（2-1）说明，串联电阻的等效电阻等于各串联电阻之和。

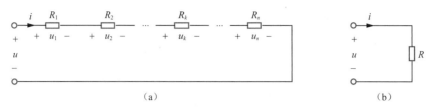

图 2-2　电阻的串联及其等效电路

n 个电阻串联时，第 k 个电阻 R_k 上的电压为

$$u_k = \frac{R_k}{R}u \qquad (2\text{-}2)$$

式（2-2）为用电阻值表示的串联电路分压公式，其中 $\frac{R_k}{R}$ 称为分压比。显然，各串联电阻上分得的电压与其电阻值成正比。

由于电导值 G 和电阻值 R 存在 $G=\frac{1}{R}$ 的关系，因此可对应得到用电导值表示的串联电导等效条件：当两个电导 G_1 和 G_2 串联时，等效电导为 $G=\dfrac{G_1 G_2}{G_1+G_2}$。用电导值表示的串联电路分压公式请读者自行推导。

说明：

电感的串联公式形式上与电阻的类似，当两个电感 L_1 和 L_2 串联时，等效电感为 $L = L_1 + L_2$；

电容的串联公式形式上与电导的类似，当两个电容 C_1 和 C_2 串联时，等效电容为 $C = \dfrac{C_1 C_2}{C_1+C_2}$。

---

2. 电导（阻）的并联

如图 2-3（a）所示，n 个电导的两端连接在相同的两个节点之间，承受同一个电压，这种连接方式称为电导的并联。

对图 2-3（a）所示双节点电路列写 KCL 方程，结合线性电导的伏安关系，得端口的 VAR 为

$$i = i_1 + i_2 + \cdots + i_n = G_1 u + G_2 u + \cdots + G_n u = (G_1 + G_2 + \cdots + G_n)u$$

图 2-3（b）所示电路端口的 VAR 为

$$i = Gu$$

若满足

$$G = G_1 + G_2 + \cdots + G_n = \sum_{k=1}^{n} G_k \qquad (2\text{-}3)$$

则图 2-3 所示的两个二端网络对外电路等效。式（2-3）说明，并联电导的等效电导等于各并联电导之和。

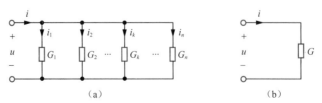

图 2-3　电导的并联及其等效电路

n 个电导并联时，第 k 个电导 G_k 上的电流为

$$i_k = \frac{G_k}{G}i \qquad (2\text{-}4)$$

式（2-4）为用电导值表示的并联电路分流公式，其中 $\dfrac{G_k}{G}$ 称为分流比。显然，各并联电导上分得的电流与其电导值成正比。

由于电阻值 R 和电导值 G 存在 $R=\dfrac{1}{G}$ 的关系，因此可对应得到用电阻值表示的并联电阻等效条件：当两个电阻 R_1 和 R_2 并联时，等效电阻为 $R=\dfrac{R_1 R_2}{R_1+R_2}$。用电阻值表示的并联电路分流公式请读者自行推导。

说明：

电感的并联公式形式上与电阻的类似，当两个电感 L_1 和 L_2 并联时，等效电感为 $L=\dfrac{L_1 L_2}{L_1+L_2}$；

电容的并联公式形式上与电导的类似，当两个电容 C_1 和 C_2 并联时，等效电容为 $C=C_1+C_2$。

例2-1 求图2-4所示二端网络的等效电阻 R_{ab}。

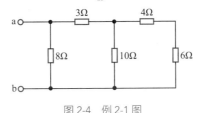

图2-4 例2-1图

解：电阻在电路中的连接方式通常都是既有串联，又有并联的混联模式，一般运用电阻串、并联公式从远离端口的支路逐步进行化简。观察图2-4可知，各电阻的连接关系：首先，4Ω 电阻和6Ω 电阻串联，然后和10Ω 电阻并联，再和3Ω 电阻串联，最后与8Ω 电阻并联。上述思路可用公式表达为

$$R_{ab} = \left\{\left[(4+6)//{}^{①}10\right]+3\right\}//8 = \left[(10//10)+3\right]//8 = 8//8 = 4(\Omega)$$

3. 电桥平衡

图2-5（a）所示二端网络的结构称为桥形结构，图中5个电阻的连接关系既不是串联，也不是并联，其中 R_1、R_2、R_3、R_4 所在支路称为桥臂支路，R_g 所在支路称为桥支路。当桥支路上的电流 $i_g = 0$ 时，电桥称为平衡电桥。

当图2-5（a）所示电桥平衡时，由于 R_g 支路上的电流为零，所以桥支路可以断开，等效电路如图2-5（b）所示，元件连接关系：R_1 与 R_4 串联，R_2 与 R_3 串联，两条串联支路再并联。又因为电桥平衡时 $u_{cd}=R_g i_g = 0$，因此c、d是等电位点，桥支路可以短路，等效电路如图2-5（c）所示，元件连接关系：R_1 与 R_2 并联，R_3 与 R_4 并联，两条并联支路再串联。不管采用哪种等效电路，平衡电桥都可以被等效成简单的电阻串/并联结构。

---

①：符号"//"用于表示元件的并联关系。

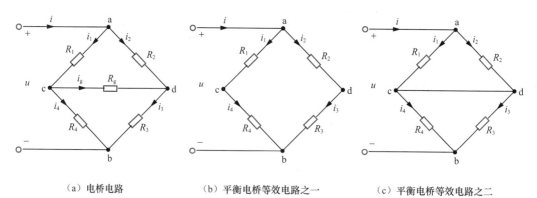

（a）电桥电路　　　　　　　（b）平衡电桥等效电路之一　　　　　（c）平衡电桥等效电路之二

图 2-5　桥形结构及平衡电桥的等效电路

下面讨论电桥的平衡条件。

由图2-5（b）可知

$$i_1 = i_4 , \quad i_2 = i_3$$

根据串联电路分压公式可得，

$$u_{ac} = \frac{R_1}{R_1 + R_4} u , \quad u_{ad} = \frac{R_2}{R_2 + R_3} u$$

由图2-5（c）可知

$$u_{ac} = u_{ad}$$

于是得到

$$\frac{R_1}{R_1 + R_4} = \frac{R_2}{R_2 + R_3}$$

整理，可得

$$R_1 R_3 = R_2 R_4 \text{ 或 } \frac{R_1}{R_4} = \frac{R_2}{R_3} \tag{2-5}$$

式（2-5）即为电桥平衡的条件。

例2-2　求图2-6所示二端网络的等效电阻 R_{ab}。

解：观察发现图2-6所示电路含有桥形结构，且满足电桥平衡的条件，将桥支路断开，等效电路如图2-7所示，求得端口等效电阻为

$$R_{ab} = \left[(4+2) // (8+4) \right] + 12 = \left[6 // 12 \right] + 12 = 16 (\Omega)$$

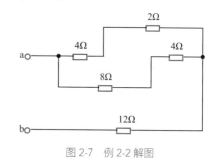

图 2-6　例 2-2 图　　　　　　　　　　　　　　　图 2-7　例 2-2 解图

2.3 电源等效变换

由多个电阻组成的纯电阻网络可以用一个电阻等效，由多个同类型电源组成的二端网络也可以用一个电源等效。

1. 理想电压源的串联

如图2-8（a）所示，两个理想电压源串联，由KVL可知

$$u = u_{s1} + u_{s2}$$

图2-8（b）所示电路的端口VAR为

$$u = u_s$$

若满足

$$u = u_{s1} + u_{s2} \tag{2-6}$$

则图2-8所示的两个二端网络对外电路等效。式（2-6）说明，理想电压源串联的等效电压源值等于各串联理想电压源值的代数和。

同理，可将串联的理想电压源扩展到n个，结论相同。

请读者思考：理想电压源能并联吗？

2. 理想电流源的并联

如图2-9（a）所示，两个理想电流源并联，由KCL可知

$$i = i_{s1} + i_{s2}$$

图2-9（b）所示电路的端口VAR为

$$i = i_s$$

若满足

$$i_s = i_{s1} + i_{s2} \tag{2-7}$$

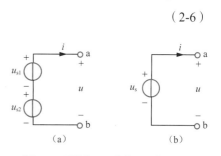

图 2-8　理想电压源的串联及等效电路

则图2-9所示的两个二端网络对外电路等效。式（2-7）说明，理想电流源并联的等效电流源值等于各并联理想电流源值的代数和。

同理，可将并联的理想电流源扩展到n个，结论相同。

请读者思考：理想电流源能串联吗？

3. 任意二端网络与理想电压源并联

当任意二端网络 N 与理想电压源并联时，如图2-10

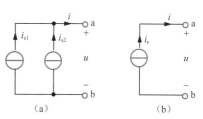

图 2-9　理想电流源并联及等效电路

（a）所示，端口ab的电压是由电压源的值决定的，当不关心端口ab左侧网络时，对外电路可等效成图2-10（b）所示的电路。需要注意的是，等效前后两个电压源并不是同一个，显然等效前流过电压源的电流i'和等效后流过电压源的电流i''不相等，因此电压源的功率也不一样。

4. 任意二端网络与理想电流源串联

当任意二端网络 N 与理想电流源串联时，如图2-11（a）所示，端口ab的电流是由电流源的值决定的，当不关心端口ab左侧网络时，对外电路可等效成图2-11（b）所示的电路。需要注意的是，等效前后两个电流源并不是同一个，显然等效前电流源的电压u'和等效后电流源的电压

u''不相等，因此电流源的功率也不一样。

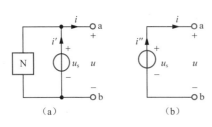 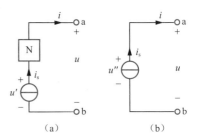

图 2-10 任意二端网络与理想电压源并联及等效电路　　图 2-11 任意二端网络与理想电流源串联及等效电路

例2-3 求图2-12所示二端网络的最简等效电路。

解：观察电路发现，3A 电流源处于与2V 电压源并联的位置，因此对外电路可等效成图2-13（a）所示的结构，进一步根据电压源的串联得到图2-13（b）所示的最简等效电路。

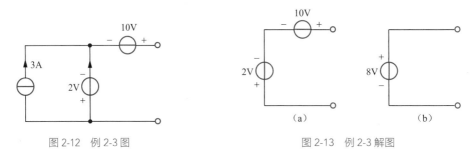

图 2-12　例 2-3 图　　　　　　　　　　　图 2-13　例 2-3 解图

5. 实际电源的两种模型及其等效

实际电源模型等效变换

　　理想电源只存在于模型中，在理想电源的基础上考虑内阻影响，就构成了实际电源的电路模型。

　　实际电压源模型如图2-14所示，R_u 越小越接近理想模型。当 $R_u \neq 0$ 时，实际电压源也可称为有伴电压源；当 $R_u = 0$ 时，实际电压源模型与理想电压源模型一致，也可称为无伴电压源。请读者思考，实际电压源模型为什么不做成理想电压源与内阻并联的形式？

　　实际电流源模型如图2-15所示，G_i 越小越接近理想模型。当 $G_i \neq 0$ 时，实际电流源也可称为有伴电流源；当 $G_i = 0$ 时，实际电流源模型与理想电流源模型一致，也可称为无伴电流源。请读者思考，实际电流源模型为什么不做成理想电流源与内阻串联的形式？

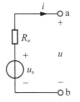　　　　　　　　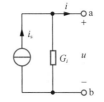

图 2-14　实际电压源模型　　　　　　　　　图 2-15　实际电流源模型

图2-14中实际电压源的端口VAR为

$$u = u_s - R_u i \tag{2-8}$$

图2-15中实际电流源的端口VAR为

$$i = i_s - G_i u \tag{2-9}$$

若要使图2-14所示电路与图2-15所示电路等效，则需要满足式（2-8）与式（2-9）相同，将式（2-9）改写成流控形式，得

$$u = \frac{i_s - i}{G_i} = \frac{i_s}{G_i} - \frac{1}{G_i} i \tag{2-10}$$

对比式（2-8）与式（2-10），易得实际电源模型的等效条件为

$$\begin{cases} u_s = \dfrac{i_s}{G_i} \\ R_u = \dfrac{1}{G_i} \end{cases}$$

在实际电源等效变换过程中，除了保证电路结构与参数的正确性外，还需要注意原电路电源与等效电路电源的极性对应关系。若原电路为实际电压源模型，则等效电流源的箭头指向是原电压源从"－"极性指向"＋"极性的方向；若原电路为实际电流源模型，则等效电压源从"－"极性指向"＋"极性的方向是原电流源的箭头指向。

例2-4　试用等效变换法求图2-16所示电路中的电压 U 。

解：由于感兴趣的量在1Ω电阻支路上，因此除该支路外，其余电路均可作等效化简。

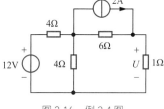

图 2-16　例 2-4 图

等效过程如下。

（1）将最左侧的实际电压源模型等效为实际电流源模型，如图2-17（a）所示。

（2）将两个并联4Ω电阻等效为2Ω电阻，如图2-17（b）所示。

（3）将两个实际电流源模型均等效变换为实际电压源模型，如图2-17（c）所示。

（4）将两个串联的理想电压源合并成一个，将串联的2Ω电阻和6Ω电阻合并成一个，如图2-17（d）所示。特别要注意由于1Ω电阻上有感兴趣的待求量 U ，因此不能将1Ω电阻与其他电阻串联合并。

（5）在图2-17（d）所示电路中应用串联电路分压公式可得

$$U = \left[\frac{1}{8+1} \times 18 \right] V = 2V$$

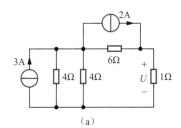

（a）

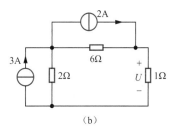

（b）

图 2-17　例 2-4 解图

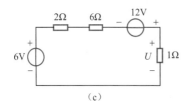

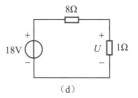

图 2-17　例 2-4 解图（续）

6. 含受控源电路的等效变换

受控源的等效方法与独立源的相同，只不过在等效条件中，受控源的值是变量不是常数。需要指出的是，若网络内部含有受控源的控制量，除非能将控制量转移到网络以外，否则该网络一般不进行等效变换，以避免控制量消失。

受控电压源与受控电流源之间的等效变换如图2-18所示。

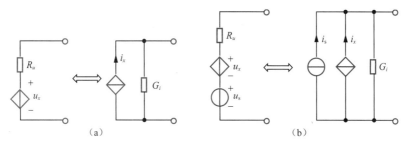

图 2-18　受控电压源与受控电流源之间的等效变换

可以证明图2-18（a）的等效条件为

$$\begin{cases} u_x = \dfrac{i_x}{G_i} \\ R_u = \dfrac{1}{G_i} \end{cases}$$

图2-18（b）的等效条件为

$$\begin{cases} u_s = \dfrac{i_s}{G_i} \\ u_x = \dfrac{i_x}{G_i} \\ R_u = \dfrac{1}{G_i} \end{cases}$$

当二端网络与受控电压源并联或与受控电流源串联时，处理方式与独立源的相同。

例2-5　试用等效变换法求图2-19所示电路中的电流 I。

解：由于感兴趣的量在最右侧1Ω电阻支路上，且受控源的控制量也在该支路上，因此除该支路外，其余电路均可作等效化简。

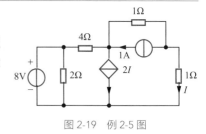

图 2-19　例 2-5 图

等效过程如下。

（1）2Ω 电阻处于与 8V 电压源并联的位置，可以将其断开，如图2-20（a）所示。

（2）将最左侧的实际电压源模型等效为实际电流源模型，如图2-20（b）所示。

（3）图2-20（b）左侧的3条并联支路结构与图2-18（b）中右侧电路相同，因此进一步等效为图2-20（c）所示电路。

（4）将图2-20（c）中实际电流源模型等效成实际电压源模型，如图2-20（d）所示。

（5）图2-20（d）是一个单回路电路，其中受控电压源的电压为 $8I$，电流为 I，电压电流为关联参考方向，因此受控电压源可等效成一个 $\dfrac{8I}{I}=8\Omega$ 的电阻。进一步等效为图2-20（e）所示电路。

（6）对图2-20（e）列写KVL方程，结合元件VAR，可得

$$I=\frac{7}{13+1}\text{A}=0.5\text{A}$$

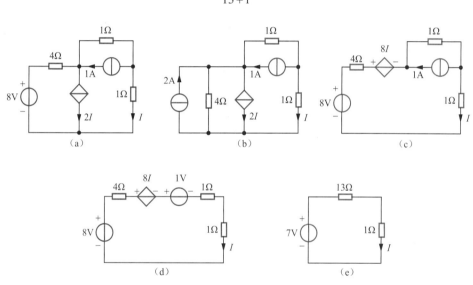

图 2-20　例 2-5 解图

2.4　星形网络和三角形网络

前面介绍了常用的二端等效网络，接下来介绍常用的三端等效网络。

若3个电阻的一端连接在同一个节点上，另一端分别与外电路的3个节点相连，如图2-21（a）所示，这种连接方式称为星形连接（Y形连接），形成的网络称为星形网络（Y形网络）。

若3个电阻首尾相连，形成一个三角形，三角形的3个顶点分别与外电路的3个节点相连，如图2-21（b）所示，这种连接方式称为三角形连接（△连接），形成的网络称为三角形网络（△网络）。

星-三角变换

当满足图2-21（a）、（b）所示的两个三端网络3个端子间的电压、流过3个端子的电流分别对应相等时，即

$$\begin{cases} u_{12} = u'_{12} \\ u_{23} = u'_{23} \\ u_{31} = u'_{31} \end{cases} \quad （2-11）$$

$$\begin{cases} i_1 = i'_1 \\ i_2 = i'_2 \\ i_3 = i'_3 \end{cases} \quad （2-12）$$

这两个三端网络对外是等效的，等效条件可通过两类约束进行推导。

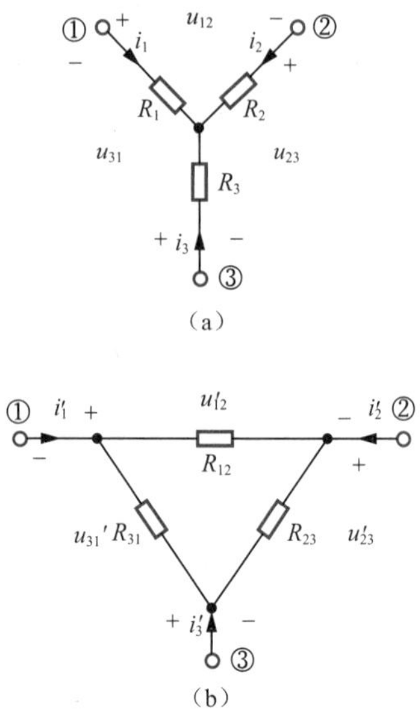

对图2-21（a）所示的星形网络，由KVL和欧姆定律可得

$$\begin{cases} u_{12} = R_1 i_1 - R_2 i_2 \\ u_{23} = R_2 i_2 - R_3 i_3 \\ u_{31} = R_3 i_3 - R_1 i_1 \end{cases} \quad （2-13）$$

对图2-21（b）所示的三角形网络，由KCL和欧姆定律可得

图 2-21　星形网络和三角形网络

$$\begin{cases} i'_1 = \dfrac{u'_{12}}{R_{12}} - \dfrac{u'_{31}}{R_{31}} \\[2mm] i'_2 = \dfrac{u'_{23}}{R_{23}} - \dfrac{u'_{12}}{R_{12}} \\[2mm] i'_3 = \dfrac{u'_{31}}{R_{31}} - \dfrac{u'_{23}}{R_{23}} \end{cases} \quad （2-14）$$

联立式（2-11）~式（2-14），可推导出由三角形网络等效成星形网络时，星形网络中的电阻与三角形网络中的电阻的对应关系如下

$$\begin{cases} R_1 = \dfrac{R_{12} R_{31}}{R_{12} + R_{23} + R_{31}} \\[3mm] R_2 = \dfrac{R_{12} R_{23}}{R_{12} + R_{23} + R_{31}} \\[3mm] R_3 = \dfrac{R_{23} R_{31}}{R_{12} + R_{23} + R_{31}} \end{cases} \quad （2-15）$$

观察式（2-15）可知，星形等效网络中的电阻 $R_i = \dfrac{\text{三角形网络中端子}\, i\, \text{连接的两个电阻之积}}{\text{三角形网络中的3个电阻之和}}$。

特别地，当三角形网络的3个电阻满足 $R_{12} = R_{23} = R_{31} = R_\triangle$ 时，称为对称三角形网络。对称三角形网络的等效星形网络也是对称的，即 $R_1 = R_2 = R_3 = R_Y$。将 R_Y 和 $R_\triangle$ 代入式（2-15）可得对称时的等效条件为

$$R_Y = \frac{R_\triangle}{3}$$

若已知星形网络，需确定三角形等效网络中的电阻值，也可以联立式（2-11）~式（2-14），解出三角形网络中的电阻与星形网络中的电阻的对应关系，如式（2-16）所示。

$$\begin{cases} R_{12} = \dfrac{R_1 R_2 + R_2 R_3 + R_3 R_1}{R_3} \\[2mm] R_{23} = \dfrac{R_1 R_2 + R_2 R_3 + R_3 R_1}{R_1} \\[2mm] R_{31} = \dfrac{R_1 R_2 + R_2 R_3 + R_3 R_1}{R_2} \end{cases} \qquad (2\text{-}16)$$

观察式（2-16）可知，三角形等效网络中的电阻 $R_{ij} = \dfrac{星形网络中3个电阻两两乘积之和}{星形网络中非\,i、j\,端子连接的电阻}$。

同理，当原网络为对称星形网络时，等效网络是对称三角形网络，且有 $R_\triangle = 3R_\curlyvee$。

例2-6 试求图2-22所示电路中的电流 I 和 I_1。

解：观察图2-22发现，其右侧的5个电阻形成桥形结构，但不满足电桥平衡条件，无法进一步等效。在含有不平衡电桥的电路中，一般借助 Y–△ 变换进行等效。通常此时电路中含有多个星形结构和三角形结构，任选一个进行等效都可以使电路出现串/并联结构，但由于对称时公式简单易记，因此首选对称单元进行等效。将各节点标号，如图2-23（a）所示。

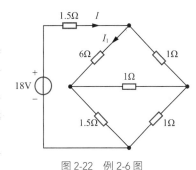

图 2-22 例 2-6 图

（1）发现d点所连3条支路形成对称星形连接，将其等效为三角形连接，如图2-23（b）所示。

（2）利用串/并联关系进一步化简，如图2-23（c）所示，因此电流 I 为

$$I = \frac{18}{1.5 + (2+1)//3} = \frac{18}{3} = 6\text{A}$$

由于待求量 I_1 在从图2-23（b）到图2-23（c）的等效过程中已经消失，因此先解得 I'，再返回图2-23（b）求得 I_1。

由分流公式可得

$$I' = \frac{3}{3+1+2} I = \frac{1}{2} I = \frac{1}{2} \times 6 = 3\text{A}$$

$$I_1 = \frac{3}{6+3} I' = \frac{1}{3} I' = \frac{1}{3} \times 3 = 1\text{A}$$

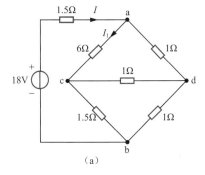

（a）

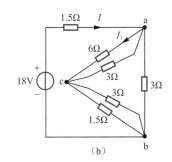

（b）

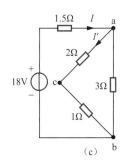

（c）

图 2-23 例 2-6 解图

2.5　输入电阻

含受控源电路
的输入电阻的
计算

对于不含独立源的二端电阻网络 N_0，如图2-24所示，当端口电压电流在 N_0 处取关联参考方向时，将端口电压与端口电流的比值定义为该二端网络的输入电阻，一般用 R_{in} 表示，即

$$R_{in} = \frac{u}{i} \tag{2-17}$$

输入电阻 R_{in} 在端口处进行定义，表示端口处电压和电流的关系；等效电阻 R_{eq} 是通过分析 N_0 内部电阻的连接关系，运用相关等效公式获得的，表示 N_0 对外电路的最简等效形式。虽然含义不同，但它们在数值上是相等的。

当二端网络仅含线性电阻时，可以借助电阻的串/并联等效或 $Y-\triangle$ 变换等求解等效电阻的方式确定其输入电阻。

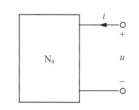

图 2-24　无源二端电阻网络

当二端网络含有受控源时，一般需要通过式（2-17）求其输入电阻。主要途径有两个：一个是在端口加值为 u 的电压源，求端口的电流 i，这种方法称为加压求流法；另一个是在端口加值为 i 的电流源，求端口的电压 u，这种方法称为加流求压法。

加压求流法和加流求压法的实质是变量代换，通过将端口电压和端口电流用同一物理量表示，再利用定义式消去相同变量，得到输入电阻。基于这一思路，还可以利用两类约束直接将端口电压和端口电流分别用控制量表示，再利用式（2-17）解得输入电阻。

当仅有一个控制量时，也可以通过对控制量赋特殊值（零值除外），使受控源的输出量为一定值，此时可把受控源看作独立源，求出端口电压、电流的值，再根据式（2-17）计算输入电阻。

如果能将受控源等效成一个电阻，则电路转化为不含受控源的电阻网络，进而通过求等效电阻的方法确定二端网络的输入电阻。需要注意并非所有受控源的被控端口都可以被等效为一个正值或负值的电阻，有些电路即使可以做到这一点，但完成这样的等效所需的计算分析成本很高，此时宜采用其他方法。

因为受控源可以提供功率，所以当二端网络含有受控源时，其输入电阻有可能为负值。

例2-7　试求图2-25所示二端网络的输入电阻 R_{in}。

解：方法一　加流求压法。

在端口加值为 i 的电流源，各电量参考方向如图2-26（a）所示。
对整个外围大回路列写KVL方程，得

$$u = 3i - 6i' \tag{2-7-1}$$

对a点列写KCL方程，可得流过受控电压源支路的电流

$$i_1 = i + i' \tag{2-7-2}$$

对左边回路按顺时针方向列写KVL方程，可得

$$6i' + 6i_1 + 6i' = 0 \tag{2-7-3}$$

图 2-25　例 2-7 图

将式（2-7-3）代入式（2-7-2），得

$$i' = -\frac{1}{3}i \qquad\qquad (2\text{-}7\text{-}4)$$

将式（2-7-4）代入式（2-7-1），得

$$u = 3i - 6i' = 3i - 6\times\left(-\frac{1}{3}i\right) = 5i$$

二端网络的输入电阻为

$$R_{\text{in}} = \frac{u}{i} = \frac{5i}{i} = 5\Omega$$

方法二　将端口电压电流均用控制量表示。

设网络中各电压、电流参考方向如图2-26（b）所示。

由式（2-7-4）可得

$$i = -3i' \qquad\qquad (2\text{-}7\text{-}5)$$

将式（2-7-5）代入式（2-7-1），得

$$u = 3\times(-3i') - 6i' = -15i'$$

二端网络的输入电阻为

$$R_{\text{in}} = \frac{u}{i} = \frac{-15i'}{-3i'} = 5\Omega$$

方法三　控制量赋特殊值法。

令控制量 $i' = 1\text{A}$ ，电路变换为如图2-26（c）所示，由于控制量不再是变量，因此受控源也变成了独立源的模型。

对左边网孔列写KVL方程，得

$$u_1 = -6i' - 6i' = -12i' = -12\text{V}$$

因此

$$i_1 = \frac{u_1}{6} = -2\text{A}$$

对a点列写KCL方程，得

$$i = i_1 - i' = -2 - 1 = -3\text{A}$$

对整个外围大回路列写KVL方程，得

$$u = -6i' + 3i = -6 + 3\times(-3) = -15\text{V}$$

二端网络的输入电阻为

$$R_{\text{in}} = \frac{u}{i} = \frac{-15}{-3} = 5\Omega$$

方法四　将受控源等效为电阻。

将受控电压源和电阻串联支路等效成受控电流源和电阻并联支路，如图2-26（d）所示。受控电流源两端的电压

$$u' = -6i'$$

由于受控源的电流为 i'，因此受控源可等效为电阻

$$R' = -\frac{u'}{i'} = -\frac{-6i'}{i'} = 6\Omega$$

图2-26（d）可进一步等效为图2-26（e），输入电阻即等效电阻的值，得

$$R_{in} = R_{eq} = (6 / / 6 / / 6) + 3 = 2 + 3 = 5\Omega$$

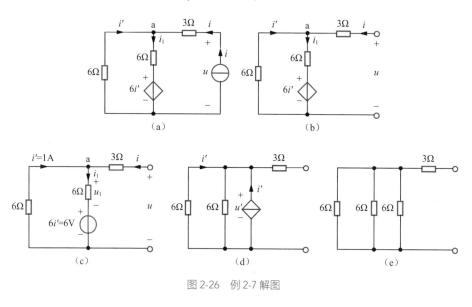

图 2-26　例 2-7 解图

（1）等效变换与化整为零、合零为整。

　　寻找一个网络的最简等效形式的过程体现了"化整为零、合零为整"的思想，这个思想对我们解决人生中许多领域的问题都有很大的启发。当一个复杂的问题摆在面前令人感到"不识庐山真面目"时，很可能是"只缘身在此山中"。尝试着站在"山"外，将其分割成多个个体分别进行研究处理，化解一个个小麻烦，走过"山重水复"，最终迎来"柳暗花明"的整体圆满。

（2）条条大路通罗马。

　　一个最简形式的等效网络可以有无穷多个原网络，同样，有许多条路可以通向我们的梦想。在追梦的途中不可避免会遇到"拦路虎"，不轻言放弃，这条路走不通可以转变思路，"等效"出另一条路继续前进。毕竟，成功没有标准答案，它从四面八方而来。

诗词遇见电路

望海潮·等效变换

元件者众，联接形异，电路自古繁杂。
以简驭繁，合并缩减，等效一枝奇葩。
串联电阻加，并联电导和，渐行渐佳。
与压源并，与流源串，皆虚发。
倏忽三端策马，呈星形三角，狰狞爪牙。
电桥平衡，开短相宜，嬉嬉串并可达。
电压源串阻，电流源并导，互换生花。
绘就电路好景，塔成缘聚沙。

附：《望海潮·东南形胜》原文

望海潮·东南形胜

宋 柳永

东南形胜，三吴都会，钱塘自古繁华。
烟柳画桥，风帘翠幕，参差十万人家。
云树绕堤沙，怒涛卷霜雪，天堑无涯。
市列珠玑，户盈罗绮，竞豪奢。
重湖叠巘清嘉，有三秋桂子，十里荷花。
羌管弄晴，菱歌泛夜，嬉嬉钓叟莲娃。
千骑拥高牙，乘醉听箫鼓，吟赏烟霞。
异日图将好景，归去凤池夸。

📝 习题 2

2-1 试列写题2-1图所示电路端口的VAR，并画出其最简等效电路。

2-2 试用等效变换法求题2-2图所示电路的电压 U 。

2-3 试用等效变换法求题2-3图所示电路的电流 I 。

题2-3
视频讲解

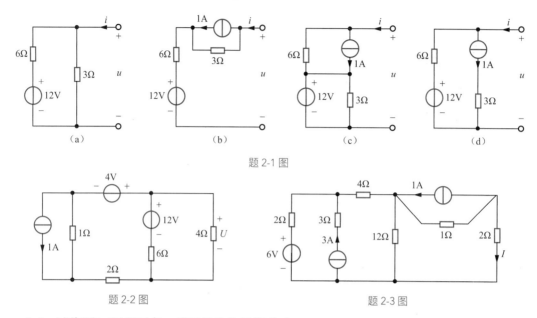

题 2-1 图

题 2-2 图　　　　　　　　　　　　题 2-3 图

2-4　试将题2-4图所示各二端网络化为最简形式。

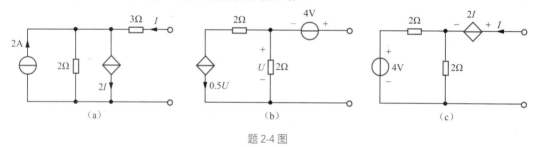

题 2-4 图

2-5　试用等效变换法求题2-5图所示各电路的电流 i 。

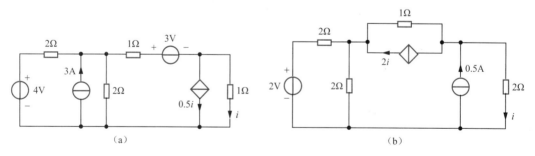

题 2-5 图

2-6　试用等效变换法求题2-6图所示各电路的电压 u 。

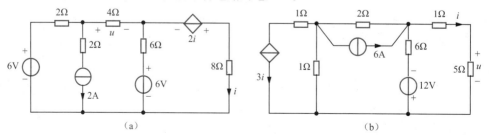

题 2-6 图

2-7 试求题2-7图所示各电路ab端的输入电阻R_{ab}。

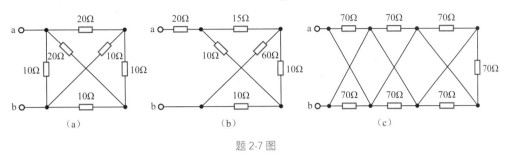

题 2-7 图

2-8 试求题2-8图所示各电路ab端的输入电阻R_{ab}。

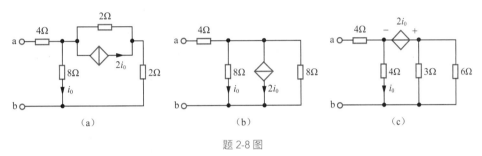

题 2-8 图

2-9 试用等效变换法求题2-9图所示电路中的电压U。

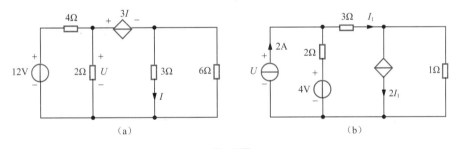

题 2-9 图

2-10 试用等效变换法求题2-10图所示电路中2Ω电阻吸收的功率P。

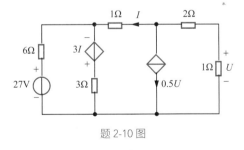

题 2-10 图

题2-10
视频讲解

第3章

电阻电路的方程分析方法

第2章介绍的等效变换法可以分析某些具有特殊结构的复杂电路，如电阻串/并联、电源串/并联、实际电源模型、星形或三角形结构等，但被等效的部分通常不能含有感兴趣的量或受控源的控制量，因而该方法并不具备电路分析的通用性。由于规律性不明显，也不适合借助计算机编程软件分析大型复杂电路。本章将要介绍的方程分析方法是通过选择合适的电路变量，列写独立且完备的电路方程分析求解电路的方法。本章内容包括支路分析法、节点分析法和网孔分析法。相比支路分析法，节点分析法和网孔分析法由于变量更少，在小型电路中更适合人工求解；同时由于具有更明显的规律性，适合用程序语言描述，在大型电路中更适合用计算机求解。

思考多一点

（1）电路中的独立节点数和网孔数通常少于支路数，因此以节点电压或网孔电流作为变量列写的方程数一般少于以支路电压或支路电流为变量列写的方程数，从而可以简化分析与求解过程。解决问题的方案可能有许多种，如何选择最佳切入点，又快又好地达到目标，或许是读者学完节点电压法和网孔电流法之后的又一个收获。

（2）节点电压方程和网孔电流方程的列写具备较强的规律性，利于程序编写，这就为大型复杂网络的便捷求解提供了计算机基础。善于从多个个例中归纳出客观规律能有力地推动问题的解决，但是客观规律并不容易被发现，即使"千呼万唤"，也仍然可能"半遮半掩"。那么在追寻真理的路上，我们应该怎么做呢？

3.1 支路分析法

以支路上的量为变量列写电路方程并分析、求解电路的方法称为支路分析法。

1. 2b分析法

若将每条支路的支路电压和支路电流均选作电路变量，那么对于一个具有 b 条支路的电路，就有 b 个支路电压和 b 个支路电流，共计 $2b$ 个变量，需要列写 $2b$ 个独立方程。假设该电路具有 n 个节点，第1章中提到，可以获得 $(n-1)$ 个独立的KCL方程及 $(b-n+1)$ 个独立的KVL方程，于是通过KCL、KVL得到的方程数为

$$(n-1)+(b-n+1)=b$$

再利用两类约束获得 b 条支路的伏安特性方程，共计 $b+b=2b$ 个独立方程，联立求解即可得到所有支路的电压、电流，在此基础上可进一步求得电路中的其他变量。这种方法称为 $2b$ 分析法，简称 $2b$ 法。

$2b$ 法是直接应用两类约束分析电路的方法，概念清晰，易于理解，但当电路支路较多时，会因变量个数多导致方程数量多，手动求解比较困难。

2. 支路电流法

通过支路VAR方程，将 $2b$ 法中的支路电压用支路电流表示，使电路变量仅剩下 b 个支路电流，列写以支路电流为变量的电路方程并分析、求解电路的方法称为支路电流法，由于方程个数降为 b ，也称为 $1b$ 法。

例3-1 试用支路电流法计算图3-1所示电路中各支路电流和1A 电流源提供的功率。

解：由于电流源支路的电流已知，因此其支路电流可不作为电路变量。为了便于分析，对图3-1进行标注，如图3-2所示。

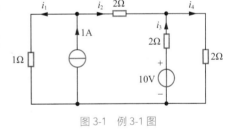

图 3-1　例 3-1 图

（1）对节点a列写KCL方程，得

$$i_1 + i_2 = 1$$

对节点b列写KCL方程，得

$$i_2 + i_3 = i_4$$

（2）对回路 Ⅰ 列写KVL方程，结合元件VAR，得

$$-i_1 + 2i_2 - 2i_3 + 10 = 0$$

对回路 Ⅱ 列写KVL方程，结合元件VAR，得

$$2i_3 + 2i_4 - 10 = 0$$

（3）联立上述4个方程，解得

$$\begin{cases} i_1 = 2\text{A} \\ i_2 = -1\text{A} \\ i_3 = 3\text{A} \\ i_4 = 2\text{A} \end{cases}$$

（4）1A 电流源的电压

$$u_1 = i_1 \times 1 = 2 \times 1 = 2V$$

1A 电流源提供的功率

$$P = u_1 \times 1 = 2 \times 1 = 2W$$

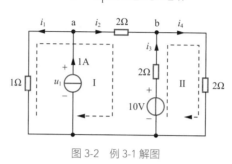

图 3-2　例 3-1 解图

由例 3-1 可总结出应用支路电流法分析电路的步骤：

（1）选定支路电流作为变量，独立电流源支路的电流可不作为变量；

（2）选定 $(n-1)$ 个独立节点并列写 KCL 方程；

（3）选定 $(b-n+1)$ 个独立回路并列写 KVL 方程，同时要结合元件的 VAR，使 KVL 方程中的支路电压均用支路电流表示；

（4）联立求解方程组，解出需要的支路电流；

（5）在步骤（4）的基础上求解感兴趣的量。

3. 支路电压法

通过支路 VAR 方程，将 2b 分析法中的支路电流用支路电压表示，使电路变量仅剩下 b 个支路电压，列写以支路电压为变量的电路方程并分析、求解电路的方法称为支路电压法。

显然，支路电压法也属于 1b 法，其分析电路的过程与支路电流法的类似，在此不赘述。

3.2 节点分析法

1b 法将 2b 法的方程个数减少了一半，但是由于电路中支路数通常较多，因此手动联立求解 1b 法的方程组仍显得烦琐。一般情况下，电路的节点数少于支路数，所以很自然想到是不是可以选取节点上的量，即节点电压，作为变量列写方程分析、求解电路呢？首先给出节点电压的定义：在具有 n 个节点的电路中，任选一个节点作为参考节点，剩余的 $(n-1)$ 个独立节点与参考节点之间的电压，称为各节点的节点电压。若节点电压具备独立性和完备性，就能以节点电压为变量列写 $(n-1)$ 个方程，方程个数得以有效降低。

1. 节点电压的独立性和完备性

以 4 个节点、6 条支路的电路为例进行说明。如图 3-3 所示电路，选定参考节点，以接地符号"⊥"表示，对剩余的 3 个独立节点和所有支路进行标号，支路电压参考方向如图 3-3 所示。

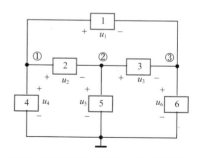

图 3-3　节点电压独立性和完备性分析示意

节点电压均以独立节点为"＋"极性端、参考节点为"－"极性端。设节点①、②、③的节点电压分别为u_{n1}、u_{n2}和u_{n3}（下标n表示节点的英文"node"的首字母）。根据KVL方程，式（3-1）给出了图3-3所示电路中各支路电压与节点电压的关系。

$$\begin{cases} u_1 = u_{n1} - u_{n3} \\ u_2 = u_{n1} - u_{n2} \\ u_3 = u_{n2} - u_{n3} \\ u_4 = u_{n1} \\ u_5 = u_{n2} \\ u_6 = u_{n3} \end{cases} \tag{3-1}$$

选支路1、2、3形成的回路，以支路电压为变量列写KVL方程，可得

$$u_1 - u_3 - u_2 = 0 \tag{3-2}$$

把式（3-1）代入式（3-2），得到用节点电压表示的KVL方程为

$$(u_{n1} - u_{n3}) - (u_{n2} - u_{n3}) - (u_{n1} - u_{n2}) = 0 \tag{3-3}$$

观察式（3-3），发现该方程无意义，节点电压u_{n1}、u_{n2}和u_{n3}可独立取任意值，方程左侧恒为零，即节点电压自动满足KVL方程。选其他回路也如此，这说明节点电压具有独立性。

若各节点电压已知，由式（3-1）可求出所有支路电压，借助支路VAR就可以求出所有支路电流，进而求出其他感兴趣的物理量。因此，由节点电压可求出电路中任何其他物理量，这说明节点电压变量具有完备性。

由以上证明可知节点电压变量同时满足独立性和完备性。

以节点电压作为变量列写电路方程分析求解电路的方法称为节点分析法，简称节点法。仅以节点电压为变量的方程称为节点电压方程。

2. 节点电压方程的一般形式

对于一个具有n个节点的电路，有$(n-1)$个独立的节点电压，最终将得到$(n-1)$个节点电压方程。

下面以图3-4为例推导节点电压方程的一般形式。

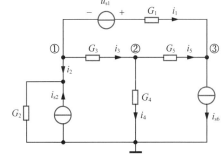

图 3-4　节点电压方程一般形式推导示例

设节点①、②、③的节点电压分别为u_{n1}、u_{n2}和u_{n3}，以支路电流为变量对各节点列写KCL方程，设方程左边流出节点为正，得

$$\begin{cases} i_1 + i_2 + i_3 = 0 \\ -i_3 + i_4 + i_5 = 0 \\ -i_1 - i_5 = -i_{s6} \end{cases} \tag{3-4}$$

利用两类约束将式（3-4）中各支路电流用节点电压表示，得

$$\begin{cases} i_1 = G_1 (u_{n1} - u_{n3} + u_{s1}) \\ i_2 = G_2 u_{n1} - i_{s2} \\ i_3 = G_3 (u_{n1} - u_{n2}) \\ i_4 = G_4 u_{n2} \\ i_5 = G_5 (u_{n2} - u_{n3}) \end{cases} \tag{3-5}$$

节点电压法
（1）

将式（3-5）代入式（3-4）并整理，得

$$\begin{cases} (G_1+G_2+G_3)u_{n1}-G_3u_{n2}-G_1u_{n3}=i_{s2}-G_1u_{s1} \\ -G_3u_{n1}+(G_3+G_4+G_5)u_{n2}-G_5u_{n3}=0 \\ -G_1u_{n1}-G_5u_{n2}+(G_1+G_5)u_{n3}=G_1u_{s1}-i_{s6} \end{cases} \qquad (3\text{-}6)$$

观察式（3-6），发现3个方程具有相似的形式，等号左边是各节点电压与系数乘积的和，等号右边为与电源有关的电流值。电流值分为两类：一类是真正电流源的值，如 i_{s2}、i_{s6}；另一类是由实际电压源等效出来的实际电流源模型中等效电流源的值，如 G_1u_{s1}，这两类都是电流源。按照这种形式，具有 $(n-1)$ 个独立节点的电路的节点电压方程的一般形式为

$$\begin{cases} G_{11}u_{n1}+G_{12}u_{n2}+\cdots+G_{1(n-1)}u_{n(n-1)}=i_{s11} \\ G_{21}u_{n1}+G_{22}u_{n2}+\cdots+G_{2(n-1)}u_{n(n-1)}=i_{s22} \\ \qquad\qquad\qquad\vdots \\ G_{(n-1)1}u_{n1}+G_{(n-1)2}u_{n2}+\cdots+G_{(n-1)(n-1)}u_{n(n-1)}=i_{s(n-1)(n-1)} \end{cases} \qquad (3\text{-}7)$$

矩阵形式为

$$\begin{bmatrix} G_{11} & G_{12} & \cdots & G_{1(n-1)} \\ G_{21} & G_{22} & \cdots & G_{2(n-1)} \\ \vdots & \vdots & & \vdots \\ G_{(n-1)1} & G_{(n-1)2} & \cdots & G_{(n-1)(n-1)} \end{bmatrix} \begin{bmatrix} u_{n1} \\ u_{n2} \\ \vdots \\ u_{n(n-1)} \end{bmatrix} = \begin{bmatrix} i_{s11} \\ i_{s22} \\ \vdots \\ i_{s(n-1)(n-1)} \end{bmatrix} \qquad (3\text{-}8)$$

式（3-8）等号左侧为节点电导矩阵与节点电压列向量相乘，等号右侧为节点电流源列向量。对照式（3-6）和式（3-8）可知，节点电导矩阵对角线位置上的元素 G_{kk} 都是正值，将其称为自电导；非对角线位置上的元素都是负值，且满足 $G_{kj}=G_{jk}$，将其称为互电导。

将式（3-6）与图3-4对照，总结出在具有 $(n-1)$ 个独立节点的电路中，节点电导矩阵及节点电流源列向量中各系数的列写规律如下。

（1）G_{kk}（$k=1,2,\cdots,n-1$）：节点 k 的自电导，值为与节点 k 直接相连的支路电导之和，总为正。

（2）G_{kj}（$k\neq j$、k、$j=1,2,\cdots,n-1$）：节点 k 和节点 j 之间的互电导，值为与节点 k 和节点 j 直接相连的公共支路电导之和。节点电压均以独立节点为"＋"极性端、参考节点为"－"极性端，导致公共支路的电压总体现为支路所连两个节点的节点电压之差，因此互电导总是负的。

（3）i_{skk}（$k=1,2,\cdots,n-1$）：节点 k 的节点电流源，表示与节点 k 直接相连的电流源和等效电流源电流的代数和，写在方程等号右边时，流入节点为正。

对图3-4所示电路整理出的节点电压方程最终形式，即式（3-6），是由式（3-4）所示的KCL方程变形而来的，因此节点电压方程的本质是对各独立节点列写的、以节点电压为变量的KCL方程，针对每一个独立节点列写的节点电压方程都要完整、准确地体现所有直接与该节点相连支路的支路电流，不能多也不能少。理解这一点对正确写出节点电压方程至关重要。

例3-2 列写图3-5所示电路的节点电压方程。

解：因为节点电压方程实质上是对各独立节点列写的KCL方程，因此在确定各节点的自电导和互电导时，要特别注意与电流源串联的电导。由于这类电导对所在支路电流无贡献，因而不影

响该节点的KCL方程，所以这类电导不能被列写到自电导和互电导中，例如图3-5所示电路中的 4Ω 电阻元件对应的电导。

由于节点①和节点③之间的公共支路上不存在有效电导，因此这两个节点的互电导为零。

按照一般形式的列写规律，3个独立节点的节点电压方程分别为

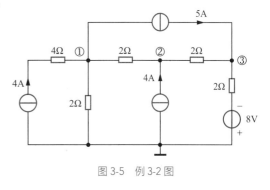

节点①：$\left(\dfrac{1}{2}+\dfrac{1}{2}\right)u_{n1}-\dfrac{1}{2}u_{n2}=4-5$。

节点②：$-\dfrac{1}{2}u_{n1}+\left(\dfrac{1}{2}+\dfrac{1}{2}\right)u_{n2}-\dfrac{1}{2}u_{n3}=4$。

节点③：$-\dfrac{1}{2}u_{n2}+\left(\dfrac{1}{2}+\dfrac{1}{2}\right)u_{n3}=5-\dfrac{8}{2}$。

图 3-5　例 3-2 图

整理，得

$$\begin{cases} u_{n1}-0.5u_{n2}=-1 \\ -0.5u_{n1}+u_{n2}-0.5u_{n3}=4 \\ -0.5u_{n2}+u_{n3}=1 \end{cases}$$

由例3-2可以看出，当电路仅含独立电流源、线性电阻和有伴电压源时，其节点电导矩阵是对称阵。

节点电压法
（2）

3. 电路中含无伴电压源的情形

无伴电压源不存在与之相串联的电阻，导致其无法被等效成电流源，且电压源的元件特性使元件本身不能约束流过它的电流，给节点电压方程的列写带来困难。

无伴电压源在电路中以两种情况存在：（1）电压源的一端接在参考节点上；（2）电压源的两端都没有接在参考节点上。以下结合例3-3说明上述两种情况的处理方法。

例3-3　试列写图3-6所示电路的节点电压方程。

解：观察发现，图3-6所示电路中共存在两个无伴电压源，一个是节点③与参考节点之间的 2V 电压源，这使节点③的节点电压直接由无伴电压源决定，可直接列出

$$u_{n3}=2 \qquad (3\text{-}3\text{-}1)$$

另一个无伴电压源是节点①与节点②之间的 4V 电压源，由于无法确定其所在支路的电流，为完整、准确地体现KCL方程，需要预先设出支路上的电流 i，如图3-7所示。

于是得到节点①的节点电压方程为

$$\left(\dfrac{1}{2}+\dfrac{1}{1}\right)u_{n1}-\dfrac{1}{2}u_{n3}=-1-i \qquad (3\text{-}3\text{-}2)$$

同理，节点②的节点电压方程为

$$\left(\dfrac{1}{2}+\dfrac{1}{1}\right)u_{n2}-\dfrac{1}{2}u_{n3}=i \qquad (3\text{-}3\text{-}3)$$

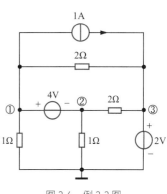

图 3-6　例 3-3 图

3个节点的节点电压方程都列写了，但是出现了新的问题，由于无伴电压源支路新增了变量 i ，使上述方程组不再完备，需要补充一个方程。补充方程的原则是"谁引起问题谁解决"，变量增多的问题由无伴电压源引起，因此要到无伴电压源所在支路寻找，不难得到

$$u_{n1} - u_{n2} = 4 \qquad (3\text{-}3\text{-}4)$$

联立上述4个方程，消去新增变量 i ，整理出仅以节点电压为变量的节点电压方程为

$$\begin{cases} u_{n1} - u_{n2} = 4 \\ 1.5u_{n1} + 1.5u_{n2} - u_{n3} = -1 \\ u_{n3} = 2 \end{cases}$$

列写节点电压方程时对4V无伴电压源的另一种处理思路：利用广义节点。

将图3-6中的节点①和节点②用闭合面包围起来，形成一个广义节点，如图3-8所示。此时由于4V无伴电压源处于广义节点内部，因此不必设出其电流，也就避免了变量增多的问题。

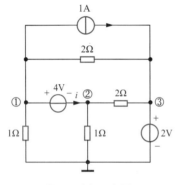

图 3-7　例 3-3 解图

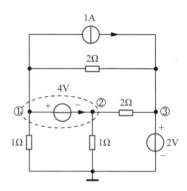

图 3-8　利用广义节点求解例 3-3

对广义节点列写KCL方程，得

$$\frac{1}{1}u_{n1} + \frac{1}{1}u_{n2} + \frac{1}{2}(u_{n2} - u_{n3}) + \frac{1}{2}(u_{n1} - u_{n3}) = -1 \qquad (3\text{-}3\text{-}5)$$

联立方程（3-3-1）、（3-3-4）、（3-3-5），得电路的节点电压方程为

$$\begin{cases} u_{n1} - u_{n2} = 4 \\ 1.5u_{n1} + 1.5u_{n2} - u_{n3} = -1 \\ u_{n3} = 2 \end{cases}$$

总结一下电路中含无伴电压源时的分析思路，总体分两种情形。

（1）当无伴电压源一端接在参考节点上时，根据具体参考方向的设置，无伴电压源另一端的节点电压可直接写出，等于正或负的无伴电压源的电压值。

（2）当无伴电压源两端都没有接在参考节点上时，有以下两种处理思路：

① 设无伴电压源支路的电流 i ，按照一般形式写出节点电压方程，并在无伴电压源支路补充方程，整理成节点电压方程的标准形式；

② 将无伴电压源支路看成广义结点，对电路列写KCL方程，并在无伴电压源支路补充方程，直接得到节点电压方程的标准形式。

如果能自行选择参考节点，可将无伴电压源的一个端点选为参考节点，使分析过程简化。

4. 电路中含受控源的情形

列写节点电压方程时对受控源的处理思路与独立源的几乎完全相同，唯一不同的是由于受控源的值本身含变量即控制量，因此会引起变量增多的问题，依然按照"谁引起问题谁解决"的原则，到控制量所在支路寻找补充方程即可。当控制量是节点电压时，不必增加补充方程。

例3-4 试列写图3-9所示电路的节点电压方程。

解：先把图中受控电流源看成独立电流源，分别列写两个节点的电压方程。

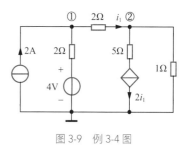

节点①：$\left(\dfrac{1}{2}+\dfrac{1}{2}\right)u_{n1}-\dfrac{1}{2}u_{n2}=2+\dfrac{4}{2}$。

节点②：$-\dfrac{1}{2}u_{n1}+\left(\dfrac{1}{2}+\dfrac{1}{1}\right)u_{n2}=-2i_1$。

补充关于控制量的方程：$i_1=\dfrac{u_{n1}-u_{n2}}{2}$。

图 3-9　例 3-4 图

将补充的方程代入节点②方程中，消去控制量，整理得到电路的节点电压方程为

$$\begin{cases} u_{n1}-0.5u_{n2}=4 \\ u_{n1}+u_{n2}=0 \end{cases}$$

3.3　网孔分析法

前面提到，在具有 n 个节点、b 条支路的平面电路中，可以列出 $(b-n+1)$ 个独立的 KVL 方程，由于网孔是一组独立回路，因此在这样的电路中具有 $(b-n+1)$ 个网孔。能不能以流过网孔的电流，即网孔电流作为变量列写方程分析、求解电路呢？首先给出网孔电流的定义：平面电路中，沿网孔流动的假想电流称为网孔电流。组成网孔的支路有的是该网孔独有的，有的是两个网孔共有的，之所以称网孔电流为"假想"电流，是因为假定在两个网孔的公共支路上，分别流动着不同方向的两个网孔电流，而实际电路不可能出现这种情况。若网孔电流具备独立性和完备性，就能以网孔电流为变量列写 $(b-n+1)<b$ 个方程，相比支路分析的 $1b$ 法，也达到了有效减少方程个数的目的。

1. 网孔电流的独立性和完备性

以含有 3 个网孔的电路为例进行说明。如图3-10所示电路，假设3个网孔电流 i_{m1}、i_{m2}、i_{m3}（下标m表示网孔

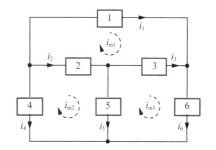

图 3-10　网孔电流独立性和完备性分析示意

的英文"mesh"的首字母）都选取顺时针方向为参考方向，支路电流方向如图所示。

根据KCL方程，式（3-9）给出了图3-10所示电路中各支路电流与网孔电流的关系。

$$\begin{cases} i_1 = i_{m1} \\ i_2 = -i_{m1} + i_{m2} \\ i_3 = i_{m3} - i_{m1} \\ i_4 = -i_{m2} \\ i_5 = i_{m2} - i_{m3} \\ i_6 = i_{m3} \end{cases} \qquad (3-9)$$

选支路2、3、5的公共节点，以支路电流为变量列写KCL方程，可得

$$i_2 - i_3 - i_5 = 0 \qquad (3-10)$$

把式（3-9）代入式（3-10），得到用网孔电流表示的KCL方程为

$$(-i_{m1} + i_{m2}) - (i_{m3} - i_{m1}) - (i_{m2} - i_{m3}) = 0 \qquad (3-11)$$

观察式（3-11），发现该方程无意义，网孔电流 i_{m1}、i_{m2} 和 i_{m3} 可独立取任意值，方程左侧恒为零，即网孔电流自动满足KCL方程。选其他节点也如此，这说明网孔电流具有独立性。

若各网孔电流已知，由式（3-9）可求出所有支路电流，借助支路VAR就可以求出所有支路电压，进而求出其他感兴趣的物理量。因此，由网孔电流可求出电路中任何其他物理量，这说明网孔电流变量具有完备性。

由以上证明可知，网孔电流变量同时满足独立性和完备性。

以网孔电流作为变量列写电路方程分析、求解电路的方法称为网孔分析法，简称网孔法。仅以网孔电流为变量的方程称为网孔电流方程。

2. 网孔电流方程的一般形式

对于一个具有 n 个节点、b 条支路的平面电路，有 $(b-n+1)$ 个独立的网孔电流，最终将得到 $(b-n+1)$ 个网孔电流方程。

下面以图3-11为例，推导网孔电流方程的一般形式，其中 R_2 与 i_{s2} 并联单元为实际电流源模型，这里看成一条支路处理（也可以看成两条支路，则网孔数增加一）。

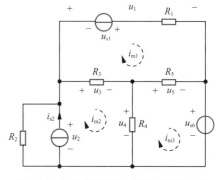

图 3-11 网孔电流方程一般形式推导示例

以支路电压为变量对各网孔列写KVL方程，设方程左边沿网孔绕行方向电压降取正，得

网孔电流法
（1）

$$\begin{cases} u_1 - u_5 - u_3 = 0 \\ -u_2 + u_3 + u_4 = 0 \\ -u_4 + u_5 = -u_{s6} \end{cases} \qquad (3-12)$$

利用两类约束将式（3-12）中各支路电压用网孔电流表示，得

$$\begin{cases} u_1 = R_1 i_{m1} - u_{s1} \\ u_2 = R_2 (i_{s2} - i_{m2}) \\ u_3 = R_3 (i_{m2} - i_{m1}) \\ u_4 = R_4 (i_{m2} - i_{m3}) \\ u_5 = R_5 (i_{m3} - i_{m1}) \end{cases} \qquad (3-13)$$

将式（3-13）代入式（3-12）并整理，得

$$\begin{cases} (R_1 + R_3 + R_5)i_{m1} - R_3 i_{m2} - R_5 i_{m3} = u_{s1} \\ -R_3 i_{m1} + (R_2 + R_3 + R_4)i_{m2} - R_4 i_{m3} = R_2 i_{s2} \\ -R_5 i_{m1} - R_4 i_{m2} + (R_4 + R_5)i_{m3} = -u_{s6} \end{cases} \quad （3-14）$$

观察式（3-14）发现，3 个方程具有相似的形式，等号左边是各网孔电流与系数乘积的和，等号右边为与电源有关的电压值。电压值分为两类：一类是真正电压源的值，如 u_{s1}、u_{s6}；另一类是由实际电流源等效出来的实际电压源模型中等效电压源的值，如 $R_2 i_{s2}$，这两类都是电压源。按照这种形式，具有 $(b-n+1)$ 个网孔的电路的网孔电流方程的一般形式为

$$\begin{cases} R_{11}i_{m1} + R_{12}i_{m2} + \cdots + R_{1(b-n+1)}i_{m(b-n+1)} = u_{s11} \\ R_{21}i_{m1} + R_{22}i_{m2} + \cdots + R_{2(b-n+1)}i_{m(b-n+1)} = u_{s22} \\ \qquad\qquad\qquad\vdots \\ R_{(b-n+1)1}i_{m1} + R_{(b-n+1)2}i_{m2} + \cdots + R_{(b-n+1)(b-n+1)}i_{m(b-n+1)} = u_{s(b-n+1)(b-n+1)} \end{cases} \quad （3-15）$$

矩阵形式为

$$\begin{bmatrix} R_{11} & R_{12} & \cdots & R_{1(b-n+1)} \\ R_{21} & R_{22} & \cdots & R_{2(b-n+1)} \\ \vdots & \vdots & & \vdots \\ R_{(b-n+1)1} & R_{(b-n+1)2} & \cdots & R_{(b-n+1)(b-n+1)} \end{bmatrix} \begin{bmatrix} i_{m1} \\ i_{m2} \\ \vdots \\ i_{m(b-n+1)} \end{bmatrix} = \begin{bmatrix} u_{s11} \\ u_{s22} \\ \vdots \\ u_{s(b-n+1)(b-n+1)} \end{bmatrix} \quad （3-16）$$

式（3-16）等号左侧为网孔电阻矩阵与网孔电流列向量相乘，等号右侧为网孔电压源列向量。对照式（3-14）和式（3-16），可知网孔电阻矩阵对角线位置上的元素 R_{kk} 都是正值，将其称为自电阻；非对角线位置上的元素都是负值，且满足 $R_{kj}=R_{jk}$，将其称为互电阻。

将式（3-14）与图 3-11 对照，总结出在具有 $(b-n+1)$ 个网孔的电路中，网孔电阻矩阵及网孔电压源列向量中各系数的列写规律如下。

（1）R_{kk}（$k=1,2,\cdots,b-n+1$）：网孔 k 的自电阻，值为网孔 k 经过的支路电阻之和，总为正。

（2）R_{kj}（$k \neq j$，k、$j=1,2,\cdots,b-n+1$）：网孔 k 和网孔 j 之间的互电阻，值为网孔 k 和网孔 j 公共支路电阻之和，互电阻的正负需要判断，当公共支路上的两个网孔电流同向时，公共支路的电流总体现为两个网孔电流之和，因此互电阻取正；反之取负。当所有网孔的绕向一致时，公共支路上的两个网孔电流始终反向，此时互电阻总是负的。

（3）u_{skk}（$k=1,2,\cdots,b-n+1$）：网孔 k 的网孔电压源，表示网孔 k 包含的电压源和等效电压源电压的代数和，写在方程等号右边时，沿网孔绕行方向，电压升取正。

对图 3-11 所示电路整理出的网孔电流方程最终形式，即式（3-14），是由式（3-12）所示的 KVL 方程变形而来的，因此网孔电流方程的本质是对各网孔列写的、以网孔电流为变量的 KVL 方程，针对每一个网孔列写的网孔电流方程都要完整、准确体现所有经过该网孔的支路电压，不能多也不能少。理解这一点对于正确写出网孔电流方程至关重要。

例3-5 用观察法列写图 3-12 所示电路的网孔电流方程。

解：由于网孔电流方程实质上是对各网孔列写的 KVL 方程，因此在确定各网孔的自电阻和互电阻时，要特别注意与电压源并联的电阻，由于这类电阻对所在支路电压无贡献，因而不影

响该回路的KVL方程，所以这类电阻不能被列写到自电阻和互电阻中，例如图3-12所示电路中的 6Ω 电阻。

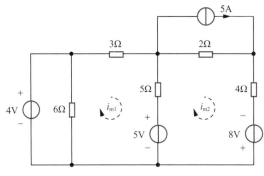

图 3-12 例 3-5 图

按照一般形式的列写规律，两个网孔的电流方程分别为

网孔1： $(3+5)i_{m1} - 5i_{m2} = 4-5$ 。

网孔2： $-5i_{m1} + (2+4+5)i_{m2} = 2\times5+8+5$ 。

整理，得

$$\begin{cases} 8i_{m1} - 5i_{m2} = -1 \\ -5i_{m1} + 11i_{m2} = 23 \end{cases}$$

网孔电流法（2）

由例3-5可以看出，当电路仅含独立电压源、线性电阻和有伴电流源时，其网孔电阻矩阵是对称阵。

3. 电路中含无伴电流源的情形

无伴电流源不存在与之相并联的电导，导致其无法被等效成电压源，且电流源的元件特性使元件本身不能约束出它两端的电压，这给网孔电流方程的列写带来困难。

无伴电流源在电路中以两种情况存在：（1）电流源处于某网孔的独有支路上；（2）电流源处于两个网孔的公共支路上。以下结合例3-6说明上述两种情况的处理方法。

例3-6 列写图3-13所示电路的网孔电流方程，并求电流 I 。

解：观察发现，图3-13所示电路中共存在两个无伴电流源，一个是处于网孔1独有支路上的 2A 电流源，这使网孔1的网孔电流直接由无伴电流源决定，可直接列出

$$i_{m1} = 2 \qquad\qquad (3\text{-}6\text{-}1)$$

另一个无伴电流源是网孔2与网孔3之间公共支路上的 4A 电流源，由于无法确定其两端的电压，为完整、准确地体现KVL方程，需要预先设出该电流源的电压 U ，如图3-14所示。

于是得到网孔2的电流方程为

$$-3i_{m1} + (5+3+4)i_{m2} - 4i_{m3} = 5-U \qquad\qquad (3\text{-}6\text{-}2)$$

同理，网孔3的电流方程为

$$-2i_{m1} - 4i_{m2} + (4+2+8)i_{m3} = 8+U \qquad\qquad (3\text{-}6\text{-}3)$$

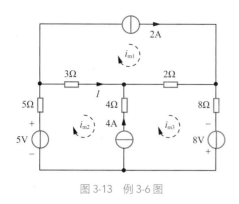

图 3-13 例 3-6 图

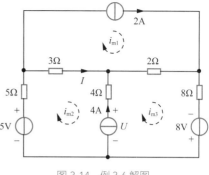

图 3-14 例 3-6 解图

3 个网孔的电流方程都列写了，但是出现了新的问题，无伴电流源支路新增了变量 U，使上述方程组不再完备，需要补充一个方程。由于变量增多的问题由无伴电流源引起，因此要到无伴电流源所在支路寻找，不难得到

$$-i_{\text{m2}} + i_{\text{m3}} = 4 \tag{3-6-4}$$

联立上述 4 个方程，消去新增变量 U，整理出仅以网孔电流为变量的网孔电流方程为

$$\begin{cases} i_{\text{m1}} = 2 \\ -5i_{\text{m1}} + 8i_{\text{m2}} + 10i_{\text{m3}} = 13 \\ -i_{\text{m2}} + i_{\text{m3}} = 4 \end{cases} \tag{3-6-5}$$

由于待求量 $I = i_{\text{m2}} - i_{\text{m1}}$，因此仅需解出 i_{m1} 和 i_{m2}，解得

$$\begin{cases} i_{\text{m1}} = 2\text{A} \\ i_{\text{m2}} = -\dfrac{17}{18}\text{A} \end{cases}$$

所以

$$I = i_{\text{m2}} - i_{\text{m1}} = -\frac{17}{18} - 2 = -\frac{53}{18} \approx -2.94(\text{A})$$

总结一下电路中含无伴电流源时的分析思路，总体分以下两种情形。

（1）当无伴电流源处于某网孔的独有支路时，根据具体参考方向的设置，该网孔电流等于正或负的无伴电流源的电流值。

（2）当无伴电流源处于两个网孔的公共支路时，需要设出无伴电流源两端的电压 u，按照一般形式写出网孔电流方程，并在无伴电流源支路补充方程，整理成网孔电流方程的标准形式。

综上可知，当无伴电流源处于某网孔独有支路时，其处理较简单。当电路给定时，网孔随之确定，意味着无伴电流源的位置不可任意选择。但是电路中的独立回路并非仅网孔这一组，若自行选择其他独立回路，就可以做到使尽量多的无伴电流源处于某回路的独有支路上，从而进一步减少计算量。这种根据电路具体结构选择独立回路列写电流方程的方法称为回路电流法，显然网孔电流法是回路电流法的个例。

如在例 3-6 中，若按照图 3-15 所示选择独立回路，则 3

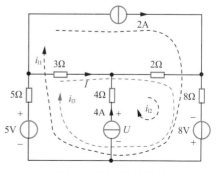

图 3-15 回路电流法示例

个回路电流分别为 i_{l1}、i_{l2} 和 i_{l3}（下标 l 表示回路的英文"loop"的首字母）。

这种选择使两个无伴电流源分别处于回路 1 和回路 2 的独有支路上，因此可直接得

$$\begin{cases} i_{l1} = 2 \\ i_{l2} = 4 \end{cases}$$

对第三个回路按照一般形式列写回路电流方程，但是要注意判断它与回路 1 和回路 2 的公共支路上的电流方向，若方向相同则相应的互电阻取正，若方向相反则相应的互电阻取负。于是得到

$$(8+5) \times i_{l1} + (2+8) \times i_{l2} + (3+2+8+5)i_{l3} = 8+5$$

由于待求量 I 恰好处于回路 3 的独有支路上，因此解得

$$I = i_{l3} = -\frac{53}{18} \approx -2.94\text{A}$$

相当于只用一个方程就解出了待求量。

为了快速选出合适的独立回路，常常需要借助拓扑图理论中的树、树支、连支、基本回路等概念。限于篇幅，本书不做详细阐述。

4. 电路中含受控源的情形

列写网孔电流方程时对受控源的处理思路与独立源的几乎完全相同，唯一不同的是由于受控源的值本身含变量即控制量，因此会引起变量增多的问题，依然按照"谁引起问题谁解决"的原则，到控制量所在支路寻找补充方程即可。当控制量是网孔电流时，不必增加补充方程。

例3-7 试列写图 3-16 所示电路的网孔电流方程。

解：先把图中受控电压源看成独立电压源，分别列写 3 个网孔的电流方程。

网孔 1：$(2+2+3)i_{m1} - 3i_{m2} - 2i_{m3} = 4$。

网孔 2：$i_{m2} = -5$。

网孔 3：$-2i_{m1} - 2i_{m2} + (2+2)i_{m3} = 2I_0$。

补充关于控制量的方程：$I_0 = i_{m2} - i_{m3}$。

将补充的方程代入网孔 3 的方程中，消去控制量，整理得到电路的网孔电流方程为

$$\begin{cases} 7i_{m1} - 3i_{m2} - 2i_{m3} = 4 \\ i_{m2} = -5 \\ -i_{m1} - 2i_{m2} + 3i_{m3} = 0 \end{cases}$$

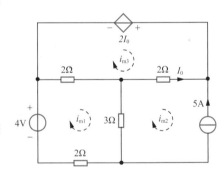

图 3-16　例 3-7 图

探索多一点

（1）变量选择与最佳切入点。

电路中既独立又完备的变量有多组，如支路电压、支路电流、（独立）节点电压、网孔

电流等，以它们为变量列写方程都可以直接或间接求解出电路中感兴趣的量，因此在不规定解题方法的前提下，面对电路时应该首先分析电路的特点，如看看是否支路很多、电压源多还是电流源多……这些有助于选择最合适的变量，发现最佳解题方法。这就是寻求"最佳切入点"的思路。

生活中的问题同样可以借鉴这种思路，在有多个选择时，善于发现问题的特征，就能从"通罗马"的条条大路中找到最佳路径。

（2）节点电压方程、网孔电流方程的列写与发现规律、利用规律。

节点电压方程的本质是一组KCL方程，网孔电流方程的本质是一组KVL方程，这两组方程最初也是分别从KCL方程和KVL方程开始推导的，但最终读者在使用它们的时候并不从KCL方程和KVL方程开始，而利用这两组方程的"规律性表达"直接列出，方便、快捷，如"庖丁解牛"一般顺畅自如。这就是利用规律带来的益处。

然而发现规律是一件很难的事，需要在大量的客观实践中用心观察、归纳总结、获得认识（规律），并在其后的演绎过程中不断检验认识的正确性，世界就是在这样的实践—认识—再实践—再认识的循环往复过程中不断发展前进的。尚有许多未知的客观规律如深埋的宝藏一般等待人类去探索发现，愿读者能不畏艰难、刻苦钻研，发现规律并利用规律，造福人类社会。

诗词遇见电路

仿《陋室铭》之节点电压网孔电流

量不在多，独立则能。

式不在众，完备则行。

由是节点，兼之网孔。

初见已惊艳，再用更心倾。

其理有依据，其法无险峰。

可以寻规律，解速成。

无支路之繁杂，无等效之劳形。

自导互导辨，自阻互阻清。

学子云：何难之有？

附:《陋室铭》原文

陋室铭

唐 刘禹锡

山不在高，有仙则名。

水不在深，有龙则灵。

斯是陋室，惟吾德馨。

苔痕上阶绿，草色入帘青。

谈笑有鸿儒，往来无白丁。

可以调素琴，阅金经。

无丝竹之乱耳，无案牍之劳形。

南阳诸葛庐，西蜀子云亭。

孔子云：何陋之有？

📝 习题3

3-1　试用支路电流法求解题3-1图所示电路中各支路的电流。

3-2　试用支路电压法求解题3-2图所示电路中各支路的电压。

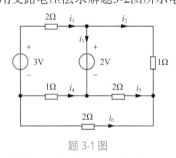
题 3-1 图

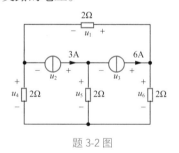
题 3-2 图

3-3　试列写题3-3图所示各电路的节点电压方程。

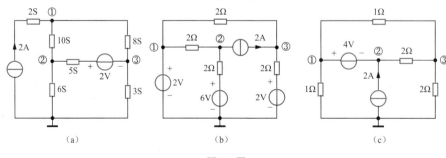

（a）　　　　　　　　　（b）　　　　　　　　　（c）

题 3-3 图

3-4　试用节点分析法求解题3-4图所示电路的电压 U 和电流 I 。

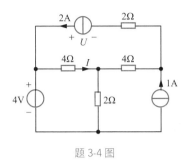

题 3-4 图

3-5　试列写题3-5图所示各电路的节点电压方程。

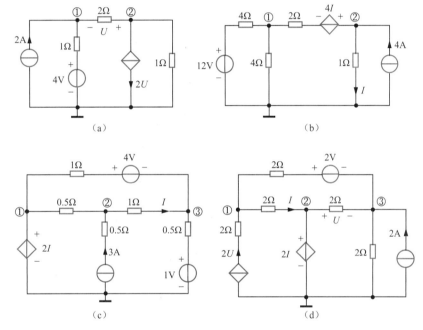

题 3-5 图

3-6　试列写题3-6图所示电路的节点电压方程。

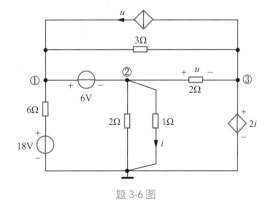

题 3-6 图

题3-6
视频讲解

3-7 已知某电路的节点电压方程为

$$\begin{cases} 1.6U_{n1} - 0.5U_{n2} - U_{n3} = 1 \\ -0.5U_{n1} + 1.6U_{n2} - 0.1U_{n3} = 0 \\ -U_{n1} - 0.1U_{n2} + 3.1U_{n3} = -1 \end{cases}$$

试列写下列情形的节点电压方程：

（1）在节点②和参考节点之间接入一个 2Ω 电阻；

（2）在节点②和节点③之间接入一个 2Ω 电阻；

（3）在节点①和节点②之间接入一个 2A 电流源，方向由节点①指向节点②；

（4）在节点③和参考节点之间接入一个VCCS，方向由节点③指向参考节点，其受控支路的方程为 $I = 0.5\left(U_{n2} - U_{n1}\right)$。

3-8 试列写题3-8图所示各电路的网孔电流方程。

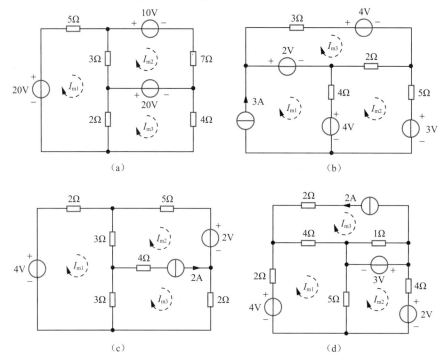

（a）　　　　　　　　　　　　　　（b）

（c）　　　　　　　　　　　　　　（d）

题 3-8 图

3-9 试列写题3-9图所示各电路的网孔电流方程。

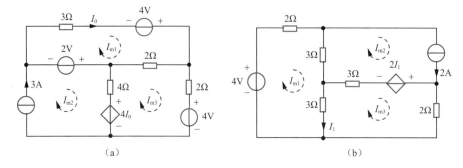

（a）　　　　　　　　　　　　　　（b）

题 3-9 图

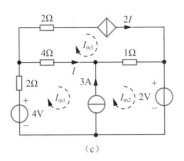
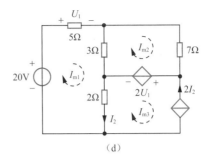

（c）　　　　　　　　　　　　　（d）

题 3-9 图（续）

题3-10
视频讲解

3-10　试列写题3-10图所示电路的网孔电流方程。

3-11　试用网孔分析法求解题3-11图所示电路的电压 u 。

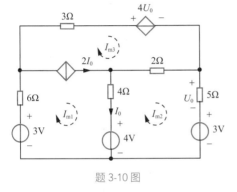

题 3-10 图

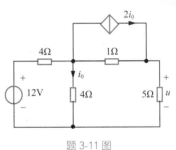

题 3-11 图

3-12　试用网孔分析法求解题3-12图所示电路的电流 I ，并尝试应用支路分析法通过一个方程求出电流 I 。

3-13　试用一个方程求解题3-13图所示电路的电流 I_0 。

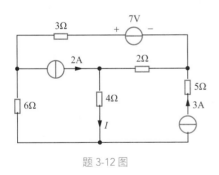

题 3-12 图

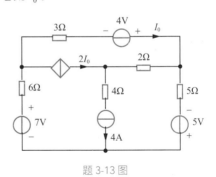

题 3-13 图

第 **4** 章

电路定理

电路定理是分析、求解电路的一种重要工具。通过对本章的学习，读者可以拓展分析电路的思路，加深理解电路的性质。本章内容与前面所学的等效变换法、电路的方程分析方法等共同组成了分析电路的基本方法。这些方法对后续交流电路的分析仍然适用。本章主要内容包括叠加定理、替代定理、戴维南定理和诺顿定理、最大功率传输定理及对偶原理。其中，叠加定理、戴维南定理和诺顿定理、最大功率传输定理是适用于线性电路的重要定理，替代定理和对偶原理则不局限于线性电路，适用范围更广。

ⓒ 思考多一点

（1）在解题时叠加定理或许不是应用最多的方法，但是"叠加"是一种重要的"思想"，这种思想常常被用来证明其他定理，有助于读者在更高的站位上理解电路，甚至人生。如何在中华民族伟大复兴进程中发出"请党放心，强国有我"的时代强音？如何借助新时代社会主义的广阔平台实现每一个"小我"的最大梦想？学习了叠加定理，相信读者心中会有自己的答案。

（2）戴维南定理是法国电报工程师戴维南（Thevenin）于1883年提出的；诺顿定理是美国贝尔电话实验室工程师诺顿（Norton）于1926年提出的。经过第2章的学习，读者不难理解这两个定理的异曲同工之妙。戴维南定理和诺顿定理不要求网络内部的元件之间具备特定的串联、并联等连接关系，而是站在电路端口，直接给出端口对外的最简等效形式。当面对复杂的问题感觉无从下手时，这种整体处理意识是否能帮助我们摆脱缠藤杂枝，更容易地看清楚事情的真相呢？

（3）个体都趋向于获得最大功率，此时集体的效率如何呢？学会辩证地看待不同情况下个体利益与集体利益的关系，或许是读者学完最大功率传输定理之后的一个额外收获。

4.1 叠加定理

线性电路是可以用一组线性方程加以描述的电路，叠加性是线性电路的基本性质。若线性电路中的线性元件均为线性电阻性元件（线性电阻、线性受控源等），则该线性电路为线性电阻电路。叠加定理描述出线性电阻电路中的独立源（激励）与电路中的电压、电流（响应）之间的关系，在电路分析中有重要地位。

1. 引例

在图4-1所示电路中，根据两类约束可列写方程

$$\begin{cases} u+R_2i=u_s \\ \dfrac{u}{R_1}-i-i_s=0 \end{cases}$$

求得

$$\begin{cases} i=\dfrac{1}{R_1+R_2}u_s-\dfrac{R_1}{R_1+R_2}i_s \\ u=\dfrac{R_1}{R_1+R_2}u_s+\dfrac{R_1R_2}{R_1+R_2}i_s \end{cases}$$

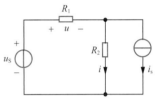

图 4-1 叠加定理引例

观察电流 i 和电压 u 的结果，发现两者均由两部分组成，并且这两部分分别与激励 u_s 和 i_s 线性相关。那么，是否可以得出这样的结论：线性电路中的响应可以看作电路中所有的激励叠加作用的结果？为了验证这一想法，分别计算图4-1所示电路中当 u_s 单独作用和 i_s 单独作用时的电流 i 和电压 u，再叠加起来与前面所得结果进行比较。这就需要读者思考：当电压源 u_s 单独作用时，即电流源 i_s 不作用，此时 i_s 如何处理？当电流源 i_s 单独作用时，即电压源 u_s 不作用，此时 u_s 如何处理？我们知道，电流源的作用是约束其所在支路的电流，如果电流源不作用，相当于令其提供零电流，即开路；电压源的作用是约束两点之间的电压，如果电压源不作用，相当于令其提供零电压，即短路。因此不难得到 u_s 单独作用和 i_s 单独作用时的电路，分别如图4-2（a）和（b）所示，其中 i_1 和 i_2 分别代表电流 i 的两部分，u_1 和 u_2 分别代表电压 u 的两部分。

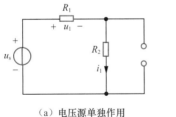

（a）电压源单独作用　　　　　（b）电流源单独作用

图 4-2 叠加分解

分别对图4-2（a）和（b）应用串联电路分压公式和并联电路分流公式，易得

$$\begin{cases} i_1=\dfrac{1}{R_1+R_2}u_s \\ u_1=\dfrac{R_1}{R_1+R_2}u_s \end{cases} \text{和} \begin{cases} i_2=-\dfrac{R_1}{R_1+R_2}i_s \\ u_2=\dfrac{R_1R_2}{R_1+R_2}i_s \end{cases}$$

于是得到

$$i = i_1 + i_2 = \frac{1}{R_1 + R_2} u_s - \frac{R_1}{R_1 + R_2} i_s$$

$$u = u_1 + u_2 = \frac{R_1}{R_1 + R_2} u_s + \frac{R_1 R_2}{R_1 + R_2} i_s$$

这个结果与前述求解两类约束方程所得结果一致，验证了叠加思路的正确性。

2. 叠加定理内容及应用

4.1节中引例的结论并不是特殊的，因为对于一般的线性电阻电路所列出的两类约束方程组，在消去不感兴趣的变量过程中，仅涉及方程间的加、减运算（或为使不同方程的同一变量前系数相同而以常数乘以方程），这种运算不会破坏激励与响应之间的线性关系。"叠加性"是"线性"在两个及以上独立源作用于线性电阻电路时的表现，以定理形式表述出来即叠加定理：在线性电阻电路中，多个独立源共同作用产生的响应，等于各个独立源单独作用时产生响应的叠加。

若电路中含有 n 个独立电压源 $u_{s1}, u_{s2}, \cdots, u_{sn}$，$m$ 个独立电流源 $i_{s1}, i_{s2}, \cdots, i_{sm}$，则对于电路中任一响应 $y(t)$，其数学表达式可表述为

$$y(t) = \sum_{i=1}^{n} H_i u_{si} + \sum_{j=1}^{m} K_j i_{sj} \tag{4-1}$$

其中，H_i、K_j 是与独立源（外加激励）无关的常数，由电路本身的元件、结构、输出变量等决定。如对图4-1所示电路中的电流 i 而言，$H_1 = \dfrac{1}{R_1 + R_2}$，$K_1 = -\dfrac{R_1}{R_1 + R_2}$；而对图4-1所示电路中的电压 u 而言，$H_1 = \dfrac{R_1}{R_1 + R_2}$，$K_1 = \dfrac{R_1 R_2}{R_1 + R_2}$。

应用叠加定理时，有以下几点需要注意。

（1）仅适用于线性电路。

（2）仅独立源参与叠加过程，受控源不参与。

（3）满足叠加定理的响应包括电路中的电压和电流，但不包含功率。

图4-1所示电路中电阻 R_1 的功率应为 $P = i^2 R_1 = \left(\dfrac{1}{R_1 + R_2} u_s - \dfrac{R_1}{R_1 + R_2} i_s \right)^2 R_1$；若采用叠加定理，则得 $P_1 = i_1^2 R_1 = \left(\dfrac{1}{R_1 + R_2} u_s \right)^2 R_1$，$P_2 = i_2^2 R_1 = \left(-\dfrac{R_1}{R_1 + R_2} i_s \right)^2 R_1$，叠加后 $P' = P_1 + P_2 = \left(\dfrac{1}{R_1 + R_2} u_s \right)^2 R_1 + \left(-\dfrac{R_1}{R_1 + R_2} i_s \right)^2 R_1$，显然 $P' \neq P$，因此不能直接应用叠加定理求解功率，但可以间接使用，即通过叠加定理获得电压或电流，然后求功率。

（4）单独作用的独立源保留，不作用的独立源需要置零，电压源置零即短路，电流源置零即开路。

例4-1 试用叠加定理求解图4-3所示电路中的电流 I。

解：（1）电流源单独作用时，电路图如图4-4（a）所示，将其进一步等效为图4-4（b），得

$$I_1 = \frac{1}{1+2+1+(2//2)} = 0.2\text{A}$$

再由并联电路分流公式,得

$$I' = -\frac{2}{2+2}I_1 = -0.1\text{A}$$

(2)电压源单独作用时,电路图如图4-4(c)所示,可得

$$I'' = \frac{10}{2+[(1+1+2)//2]} = \frac{10}{2+4/3} = 3\text{A}$$

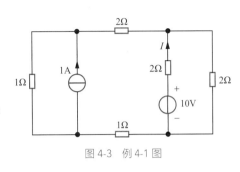

图 4-3　例 4-1 图

(3)叠加可得

$$I = I' + I'' = -0.1 + 3 = 2.9\text{A}$$

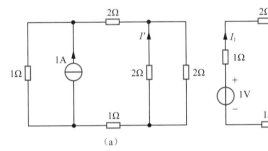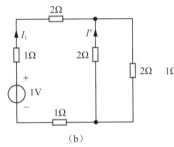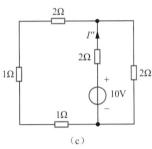

（a）　　　　　　　　　（b）　　　　　　　　　（c）

图 4-4　例 4-1 解图

例4-1说明叠加是代数叠加(应保留每一步结果的符号),而不能理解为绝对值叠加。

例4-2 ▶ 试用叠加定理求解图4-5所示电路中的电流 I 。

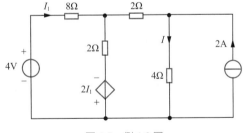

图 4-5　例 4-2 图

解:(1)4V 电压源单独作用时,电路如图4-6(a)所示。列写节点电压方程,得

$$\begin{cases} \left(\dfrac{1}{8} + \dfrac{1}{2} + \dfrac{1}{2+4}\right)U_{n1} = \dfrac{4}{8} - \dfrac{2I_1}{2} \\ I_1 = \dfrac{4-U_{n1}}{8} \end{cases}$$

解得

$$U_{n1} = 0\text{V}$$

所以

$$I' = \frac{0}{2+4} = 0\text{A}$$

（2）2A 电流源单独作用时，电路如图4-6（b）所示，将图4-6（b）进一步等效为图4-6（c），由KCL得

$$I_2 = 0\text{A}$$

再由并联电路分流公式，得

$$I'' = \frac{2+2}{4+2+2} \times 2 = 1\text{A}$$

（3）叠加可得

$$I = I' + I'' = 0 + 1 = 1\text{A}$$

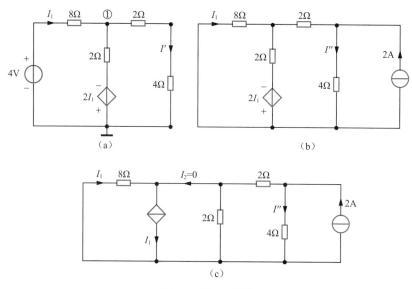

图 4-6　例 4-2 解图

叠加定理

　　由式（4-1）可知，叠加定理建立了响应-激励之间的线性关系，这一关系只关注响应的类别与位置，以及激励的类别与数量，因此叠加定理常应用于分析抽象电路。

例4-3　图4-7所示电路中 N_s 为线性含独立源网络，当 $U_s = 10\text{V}$ 时，测得 $I = 2\text{A}$；$U_s = 20\text{V}$ 时，测得 $I = 6\text{A}$；求当 $U_s = -20\text{V}$ 时，I 值应为多少？

　　解：设网络 N_s 内的所有独立源单独作用时，在电流 I 处产生的响应为 I_0；N_s 外部电压源 U_s 单独作用时，对电流 I 的影响系数为 K，根据叠加定理可得

$$I = I_0 + KU_s$$

代入已知条件，得

$$\begin{cases} 2 = I_0 + K \times 10 \\ 6 = I_0 + K \times 20 \end{cases}$$

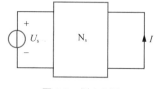

图 4-7　例 4-3 图

解得

$$\begin{cases} I_0 = -2 \\ K = 0.4 \end{cases}$$

所以

$$I = -2 + 0.4 \times U_s$$

当 $U_s = -20\text{V}$ 时

$$I = -2 + 0.4 \times (-20) = -10\text{A}$$

注意：应用叠加定理时，不要求单独作用的电源只能是一个，也可以是一组。如在例4-3中，N_s 内的独立源类别与数量均未知，于是可以将其内部所有独立源分为一组，单独计算该组独立源对响应的影响。

3. 齐性定理内容及应用

除了叠加性，齐次性也是线性电路的一个重要性质。观察式（4-1），发现若等号右端所有独立源都变化 m 倍，则等号左端的响应也会变化 m 倍，这种电路中独立源与响应之间的"比例性"对应关系就是齐性定理。

例4-4 图4-8所示的电路中，$I_{s1} = 1\text{A}$，$I_{s2} = 3\text{A}$，R 未知。已知当 I_{s1} 单独作用时，电压 $U' = 2\text{V}$。求当 I_{s1} 和 I_{s2} 共同作用时 U 的值。

解：I_{s1} 单独作用时的电路和 I_{s2} 单独作用时的电路的区别仅在于电流源的数值及方向不同。

根据齐性定理可得，当 I_{s2} 单独作用时

$$U'' = \frac{-3}{1} \times 2 = -6\text{V}$$

根据叠加定理，I_{s1} 和 I_{s2} 共同作用时

$$U = U' + U'' = 2 + (-6) = -4\text{V}$$

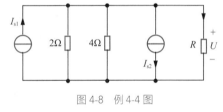

图 4-8　例 4-4 图

4.2 替代定理

替代定理也称置换定理，由于替代过程中仅需提供端口的电压或电流值，因此替代定理在线性电路和非线性电路中均适用。

1. 引例

如图4-9所示电路，应用两类约束列方程，得

$$\begin{cases} U - 8 + 4I_1 = 0 \\ I_1 + 1 - \dfrac{U}{12} = 0 \end{cases}$$

解得

$$U = 9\text{V} , \quad I = 0.75\text{A} , \quad I_1 = -0.25\text{A}$$

将ab端口用u_s=9V 的独立电压源替代，如图4-10（a）所示，解得

$$I_1 = \frac{8 - 9}{4} = -0.25\text{A}$$

因此用电压源替代前后电路中的其他响应不变。

将ab端口用i_s=0.75A 的独立电流源替代，如图4-10（b）所示，解得

$$I_1 = 0.75 - 1 = -0.25\text{A}$$

因此用电流源替代前后电路中的其他响应不变。

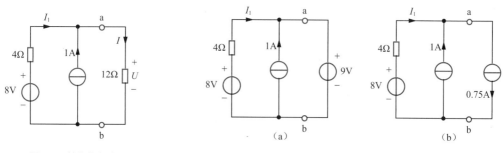

图 4-9　替代前电路　　　　　　　　　　图 4-10　替代后电路

2. 替代定理内容及应用

由4.2节引例可推广至一般结论，若某电路具有唯一解，当其中某个端口的电压u或电流i为已知，且该端口与外电路不存在耦合关系，端口内部也没有感兴趣的量，这时可以将该端口用$u_s=u$的独立电压源或$i_s=i$的独立电流源替代，若该端口的电压和电流均为已知，则也可将该端口用$R=\dfrac{u}{i}$的电阻替代，此即替代定理。

特别需要注意的是，应用替代定理时，一定要保证替代前后电路中的响应都要有唯一解，否则替代不能进行。通过图4-11所示电路，易知

$$I_1 = 2\text{A} , \quad I_2 = 2\text{A} , \quad I = 4\text{A} , \quad U = 2\text{V}$$

若将ab端口右侧网络用U_s=2V 的电压源替代，如图4-12所示，则有

$$I_1 = 2\text{A} , \quad I - I_2 = 2\text{A}$$

由于电压源本身无法约束流过它的电流，不能进一步列出方程确定I和I_2的值，因此在图4-12所示的电路模型中，I和I_2有无穷多解，所以这种替代是不能进行的。

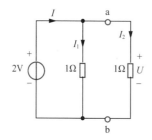
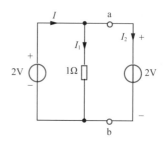

图 4-11　替代前有唯一解的电路　　　　　图 4-12　替代后有无穷多解的电路

需要指出的是，替代和等效是不同的概念，替代针对特定的电路状态，被替代的端口电压或电流为一个特定的已知值，若外电路发生变化，则变化前的替代端口就不适用了；而等效关注的是端口的VAR（不是电压或电流的特定值），只要这个关系不变，当外电路发生变化时，等效电路依然适用。

在有未知元件参数的电路中，替代定理常常被使用。

例4-5　如图4-13所示电路中，R 未知，其两端电压为 U 。求当 $U=3$V 时，R 的值。

解：由于已知 R 两端的电压 U ，因此只要求出流过 R 的电流，根据欧姆定律就可以得到 R 的值。为此，先将 R 用 $u_s=U=3$V 的电压源替代，如图4-14所示，列写网孔电流方程可得

$$\begin{cases}(10+5)i_1-10i_2=10\\-10i_1+(10+4)i_2=-3\end{cases}$$

解得

$$i_2=0.5\text{A}$$

$$R=\frac{u_s}{i_2}=\frac{3}{0.5}=6\Omega$$

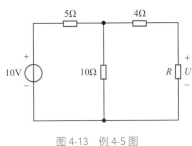

图 4-13　例 4-5 图

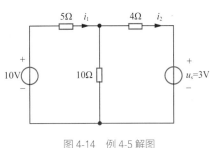

图 4-14　例 4-5 解图

4.3　戴维南定理和诺顿定理

在工程实际中，常常遇到这种情形：电路本身很复杂，但是感兴趣的量只在一条支路上，为了便于分析感兴趣支路，可以将除感兴趣支路以外的复杂网络等效到最简形式。根据第2章的学习，读者已经知道对于一个不含独立源的线性电阻性二端网络 N_0，对外电路可等效成的最简形式是一个电阻。进一步思考：对于一个含有独立源的线性电阻性二端网络 N_s，对外电路可等效成的最简形式是什么样的？这就是戴维南定理和诺顿定理描述的内容。

1. 戴维南定理

戴维南定理指出，对于一个含有独立源的线性电阻性二端网络 N_s，如图4-15（a）所示，该网络对外电路可等效为一个独立电压源与一个电阻串联的形式，如图4-15（b）所示，其中 u_{oc} 是端口ab的开路电压，R_{eq} 是将 N_s 中所有独立源置零以后，从端口ab看进去的等效电阻，即戴维南等效电阻。但在等效时要注意 N_s 内部无感兴趣的量，且 N_s 及其外部电路中若含有受控源，需保证该受控源与其控制量同时在 N_s 内部或同时在 N_s 外部，即受控源与其控制量不可一个处于 N_s

内部，一个处于 N_s 外部。

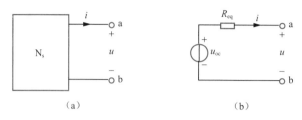

（a） （b）

图 4-15 戴维南定理中的原网络及等效网络

如何证明图4-15（a）所示网络与图4-15（b）所示网络是等效的二端网络呢？只要写出图4-15（a）所示电路的端口VAR，若根据该关系能够构建出图4-15（b）所示的二端网络，说明二者具有相同的端口外特性，因此对外电路等效。

由于图4-15（a）中ab端口电流为 i，因此设端口外部接一个 $i_s=i$ 的电流源，如图4-16所示。

接下来应用叠加定理寻找ab端口的端口VAR，将 N_s 内部所有的独立源分为第一组，ab端口以外的电流源 i_s 为第二组。首先，让第一组独立源单独作用，此时电流源 i_s 置零，即开路状态，端口电压为开路电压 u_{oc}，如图4-17所示，可得 $u'=u_{oc}$；然后让第二组独立源单独作用，此时 N_s 内部所有独立源置零，网络成为无源网络 N_0，可以仅用一个电阻 R_{eq} 等效，如图4-18所示，可得 $u''=-R_{eq}i$。叠加两部分结果，得ab端口的VAR为

$$u=u'+u''=u_{oc}-R_{eq}i \qquad (4-2)$$

根据式（4-2）可以构建一个最简网络模型，由于该式为流控型电压方程，因此构建一个单回路网络，其中 u 为端口电压，i 为端口电流，u_{oc} 为一常数电压，即独立电压源模型，R_{eq} 为流过端口电流的电阻，于是得到图4-15（b）所示的二端网络模型，显然该模型具有与图4-15（a）完全相同的端口VAR，即式（4-2），因此图4-15（a）所示网络与图4-15（b）所示网络是等效的二端网络。

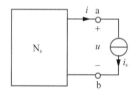

图 4-16 端口 ab 外接电流源

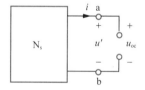

图 4-17 N_s 内部独立源单独作用

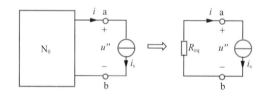

图 4-18 N_s 外部独立源单独作用

戴维南定理

戴维南定理有效解决了复杂线性电阻电路的简化问题，在应用时需要注意以下3点：一是端口确定，只要将感兴趣的支路断开就可出现端口；二是戴维南等效电路的结构是一个独立电压源串联一个电阻的形式；三是等效电路中参数的确定。需要说明的是，应用戴维南定理时，只需保证 N_s 内部是线性网络，对其端

口ab以外的电路是否为线性没有要求。

例4-6 试用戴维南定理求解图4-19所示电路中的电流 I 。

解：戴维南定理的解题步骤分为以下3步：首先求解端口开路电压，其次求解从端口看进去的等效电阻，最后作戴维南等效电路，求解感兴趣的输出量。

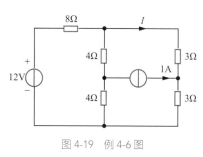

图 4-19　例 4-6 图

将感兴趣的支路，即电流 I 所在支路断开，就会出现端口，以下分别计算端口的开路电压和等效电阻。

（1）求端口开路电压 U_{oc} ，如图4-20（a）所示，U_{oc} 是一个端口电压，最终要通过KVL方程确定，因此需要将电流 I_1 和 I_2 求解出来。务必清楚，此时由于端口开路，因此端口处电流为零，上面的 4Ω 电阻处流过的电流为 I_1 ，流过 3Ω 电阻的电流为电流源电流。根据两类约束列方程，得

$$\begin{cases} 8I_1 + 4I_1 + 4I_2 = 12 \\ I_1 = I_2 + 1 \end{cases}$$

解得

$$\begin{cases} I_1 = 1\text{A} \\ I_2 = 0\text{A} \end{cases}$$

因此

$$U_{oc} = -3 \times 1 + 4I_2 + 4I_1 = 1\text{V}$$

（2）求戴维南等效电阻 R_{eq} ，如图4-20（b）所示，观察电阻之间的连接关系，可得

$$R_{eq} = \left[8 // (4+4) \right] + 3 = 7\Omega$$

（3）作戴维南等效电路，如图4-20（c）所示，可得

$$I = \frac{1}{7+3} = 0.1\text{A}$$

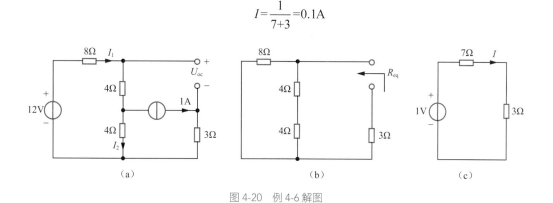

图 4-20　例 4-6 解图

应用戴维南定理时，还有一点需要注意，就是在原网络中端口开路电压 U_{oc} [见图4-20（a）]与等效网络中电压源 U_{oc} [见图4-20（c）]的极性对应问题。

例4-7 试用戴维南定理求解图4-21所示电路中的电压 U。

解：（1）求端口开路电压 U_{oc}，如图4-22（a）所示，由于端口开路，所以

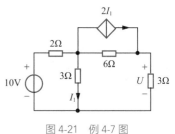

图 4-21　例 4-7 图

$$I_1 = \frac{10}{2+3} = 2A$$

$$U_{oc} = 3I_1 + 6 \times 2I_1 = 15I_1 = 30V$$

（2）求戴维南等效电阻 R_{eq}，如图4-22（b）所示，由于含受控源，因此采用加压求流法。设出端口电压 U_{ab} 和电流 I_{ab}，列方程得

$$I_{ab} = I_1 + \frac{3I_1}{2} = 2.5I_1$$

$$U_{ab} = 3I_1 + 6 \times (I_{ab} + 2I_1) = 30I_1$$

$$R_{eq} = \frac{U_{ab}}{I_{ab}} = \frac{30}{2.5} = 12\Omega$$

（3）作戴维南等效电路，如图4-22（c）所示，可得

$$U = \frac{3}{3+12} \times 30 = 6V$$

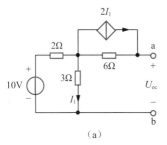 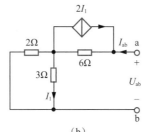 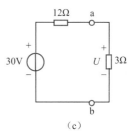

图 4-22　例 4-7 解图

2. 诺顿定理

读者已经知道，图4-15（a）所示含有独立源的线性电阻性二端网络 N_s 的最简等效网络是独立源和电阻的组合，当这个独立源用电压源表示时，最简等效网络为电压源和电阻的串联，即如戴维南定理所述；当这个独立源用电流源表示时，最简等效网络拥有什么结构和参数呢？这就是诺顿定理描述的内容。

诺顿定理指出，对于一个含有独立源的线性电阻性二端网络 N_s，如图4-23（a）所示，该网络对外电路可等效为一个独立电流源与一个电导并联的形式，如图4-23（b）所示，其中 i_{sc} 是端口ab的短路电流，G_{eq} 是将 N_s 中所有独立源置零以后，从端口ab看进去的等效电导，即诺顿等效电导，这个电导也可以取倒数得到电阻值以后，用对应该电阻值的电阻表示，显然这个等效电阻的求法与戴维南等效电阻的相同。与应用戴维南定理时相同，作诺顿等效电路时要注意 N_s 内部无感兴趣的量，且 N_s 及其外部电路中若含有受控源，需保证该受控源与其控制量同时在 N_s 内部

或同时在 N_s 外部，即受控源与其控制量不可一个处于 N_s 内部，一个处于 N_s 外部。

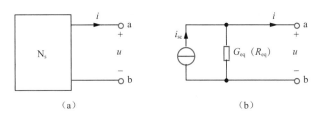

图 4-23 诺顿定理中的原网络及等效网络

诺顿定理的证明过程与戴维南定理的类似，只需在图4-23（a）中的ab端口外部接一个 $u_s=u$ 的电压源，接下来应用叠加定理找到端口的VAR为 $i=i_{sc}-G_{eq}u$ ，然后构建出满足该VAR的最简网络，如图4-23（b）所示，诺顿定理即可得证。

戴维南定理和诺顿定理都是对电路进行等效的定理，且戴维南等效电路和诺顿等效电路的结构分别对应实际电压源模型和实际电流源模型，因此这两个定理也被称为等效电源定理。读者可以进一步思考：是否所有含有独立源的线性电阻性二端网络都同时存在戴维南等效电路和诺顿等效电路？如果不是，何时不存在戴维南等效电路？何时不存在诺顿等效电路？

例4-8 试用诺顿定理求解图4-24所示电路中的电流 i 。

解：诺顿定理的解题步骤分为3步：首先，求解端口短路电流；其次，求解从端口看进去的等效电阻；最后，作诺顿等效电路，求解感兴趣的输出量。

将感兴趣的支路即电流 i 所在支路断开，就会出现端口，以下分别计算端口的短路电流和等效电阻。

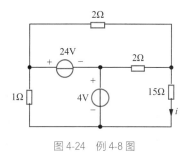

图 4-24 例 4-8 图

（1）求端口短路电流 i_{sc} ，如图4-25（a）所示，由于 i_{sc} 是短路线上的电流，需要通过列写KCL方程得到，因此要求解出电流 i_1 和 i_2 。观察发现，此时 i_1 所在支路与4V电压源处于并联关系，因此

$$i_1 = \frac{4}{2} = 2\text{A}$$

对由两个电压源及最上方 2Ω 电阻形成的回路列写KVL方程，得到

$$24 + 4 - 2i_2 = 0 \ , \ i_2 = 14\text{A}$$

所以

$$i_{sc} = i_1 + i_2 = 16\text{A}$$

（2）求端口等效电阻 R_{eq} ，注意此时端口内独立源要置零，如图4-25（b）所示，可得

$$R_{eq} = 2 // 2 = 1\Omega$$

（3）作诺顿等效电路，如图4-25（c）所示，利用并联电路分流公式，可得

$$i = \frac{1}{1+15} \times 16 = 1\text{A}$$

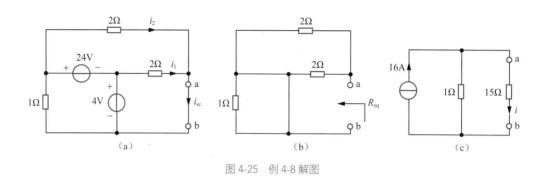

图 4-25 例 4-8 解图

应用诺顿定理时，还有一点需要注意，就是在原网络中端口短路电流 i_{sc}［见图4-25（a）］与等效网络中电流源 i_{sc}［见图4-25（c）］的极性对应问题。

4.4 最大功率传输定理

最大功率传输定理

最大功率传输

在通信、电子等弱电电路中，常会遇到负载需要取得最大功率的问题。将这个实际问题的电路模型画出来，如图4-26（a）所示，现在研究当可调负载 R_L 取何值时可获得最大的功率 P_{Lmax}？解决思路就是数学中的极值问题：当自变量取何值时，函数可获得最大值？因此只需要写出负载功率 P_L 随负载 R_L 变化的函数表达式，再研究 P_L 取得最大值的条件即可。

根据戴维南定理，可将图4-26（a）所示电路等效化简为图4-26（b）所示电路，于是得到 P_L 与 R_L 之间的函数关系为

$$P_L = i^2 R_L = \left(\frac{u_{oc}}{R_{eq} + R_L} \right)^2 \times R_L \qquad (4\text{-}3)$$

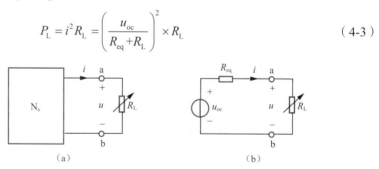

图 4-26 二端网络传输至负载的功率电路

根据数学知识，令 $\dfrac{\mathrm{d}P_L}{\mathrm{d}R_L} = 0$，解出此时使 P_L 取得极值的 R_L 的值，即

$$\frac{\mathrm{d}P_L}{\mathrm{d}R_L} = \frac{\mathrm{d}\left[\left(\dfrac{u_{oc}}{R_{eq}+R_L} \right)^2 \times R_L \right]}{\mathrm{d}R_L} = u_{oc}^2 \times \frac{R_{eq} - R_L}{\left(R_{eq}+R_L \right)^3} = 0$$

可得

$$R_L = R_{eq} \qquad (4\text{-}4)$$

进一步求解，得

$$\left.\frac{\mathrm{d}^2 P_{\mathrm{L}}}{\mathrm{d}R_{\mathrm{L}}^2}\right|_{R_{\mathrm{L}}=R_{\mathrm{eq}}} = -\frac{u_{\mathrm{oc}}^2}{8R_{\mathrm{eq}}^3} < 0$$

可知当式（4-4）成立时，P_{L} 取得的极值为极大值。将式（4-4）代入式（4-3），可得

$$P_{\mathrm{Lmax}} = \frac{u_{\mathrm{oc}}^2}{4R_{\mathrm{eq}}} \tag{4-5}$$

当 $R_{\mathrm{L}}=R_{\mathrm{eq}}$ 时，称为最大功率匹配。同样地，可以作出图4-26（a）中 N_{s} 的诺顿等效电路，从而求解出负载 R_{L} 获得最大功率的条件及最大功率值，请读者自行完成。

例4-9　如图4-27所示电路，试求当 R_{L} 为何值时，其上可获最大功率？并求此最大功率。

解：最大功率传输定理的解题步骤分为以下两步：首先，求解除 R_{L} 以外电路的戴维南等效电路；然后，利用最大功率传输定理的结论即可。

（1）将 R_{L} 支路断开，得到ab端口，求此端口的开路电压，如图4-28（a）所示。

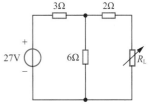

图 4-27　例 4-9 图

$$i = \frac{27}{3+6} = 3\mathrm{A}, \quad u_{\mathrm{oc}} = 6i = 6\times 3 = 18\mathrm{V}$$

求ab端口的戴维南等效电阻，如图4-28（b）所示。

$$R_{\mathrm{eq}} = (3 /\!/ 6) + 2 = 4\Omega$$

（2）作出图4-27的等效化简电路如图4-28（c）所示，当 $R_{\mathrm{L}}=R_{\mathrm{eq}}=4\Omega$ 时，其上可获最大功率，并且此最大功率为

$$P_{\mathrm{Lmax}} = \frac{u_{\mathrm{oc}}^2}{4R_{\mathrm{eq}}} = \frac{18^2}{4\times 4} = 20.25\mathrm{W}$$

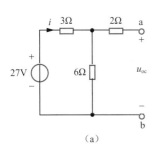

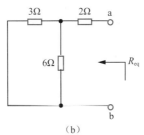

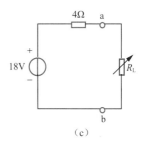

(a)　　　　　　　　　(b)　　　　　　　　　(c)

图 4-28　例 4-9 解图

在例4-9中，当负载电阻获得最大功率时，在图4-27所示电路中，可计算得电源提供的功率 $P_{\mathrm{s}}=121.5\mathrm{W}$，电源传输效率 $\eta = \dfrac{20.25}{121.5}\times 100\% \approx 16.67\%$；在图4-28（c）所示的最简电路中，电源提供的功率 $P_{\mathrm{s}}=40.5\mathrm{W}$，电源传输效率 $\eta = \dfrac{20.25}{40.5}\times 100\%=50\%$，这是线性电阻电路中负载获得最大功率时电源的最大传输效率，可见，这个传输效率是很低的。因此在像电力系统这样大功率的强电电路中，最大功率匹配是对能量的极大浪费，不允许在这样的参数下运行。

4.5　对偶原理

在电路理论中，对偶是指特定变量、元件、方程、结构等之间的一种关系，满足对偶关系的对应量互换以后，可由一种关系式得到与之相对应的另一种关系式，或由一种结构得到与之相对应的另一种结构。如电流和电压是对偶变量，将KCL中的电流变换为电压，就能得到与KCL满足对偶关系的KVL；电阻元件和电导元件是对偶元件，将节点电压方程中的电导变换为电阻，电压变换为电流，就可以得到与节点电压方程满足对偶关系的网孔电流方程；串联结构与并联结构是对偶的，因此将串联电路分压公式中的电阻变换为电导，电压变换为电流，就可以得到与串联电路分压公式满足对偶关系的并联电路分流公式……

对偶现象在电路中还有很多，在后文中套用《笠翁对韵》的格式对一些对偶关系进行了总结。对偶现象适用于任何电路，掌握了它，能有效帮助读者理解电路的客观规律，并能由此及彼，温故而知新。

探索多一点

（1）叠加定理与历史主动性及环境对个体的影响。

叠加定理反映了线性电路中响应与激励之间的关系，是线性电路的基本性质。通过对叠加定理的学习，读者能够意识到个体对整体、"小我"对"大我"的作用。古语说"国家兴亡，匹夫有责""大鹏之动，非一羽之轻也；骐骥之速，非一足之力也"，个体要发挥历史主动性，努力让自己成为发光发热的"独立源"，在整体的进程中起到自己应起的作用。中华民族伟大复兴的中国梦与每一个人息息相关，只有全国各族人民心往一处想，劲往一处使，这个中国梦才能早日实现。

在叠加定理的数学表达式中，每一个独立源的前面都有一个系数，它不由独立源本身决定，而是和电路本身的元件、结构等有关，因此个体的力量能表现为多大，和个体所处的大环境也密切相关。中国特色社会主义新时代给我们提供了"海阔凭鱼跃，天高任鸟飞"的优质发展环境，青年学生要抓住这样的机遇，在中华民族伟大复兴的进程中"叠加"上属于自己的力量！

（2）等效电源定理与整体处理意识。

戴维南定理和诺顿定理是线性电路中重要的等效定理，这两个定理跳出了对被等效网络内部具体细节的研究，转而研究端口整体呈现的对外关系，电路越复杂，它们的优势越明显。这启发读者面对事物的主要矛盾和核心诉求时，对其他部分要站在整体最简的角度去处理，即具备整体处理意识，突出重点，解决矛盾，更便捷地推动事物的发展。

（3）最大功率传输定理与具体问题具体分析的辩证思想。

最大功率传输定理指明在负载匹配的时候，负载上可以获得最大功率，但此时电源的传输效率很低。这使得在电源功率较小的弱电电路中电路工作在匹配状态，以保证负载的功率最大；而在电源功率较大的强电电路中，这种匹配状态会造成能量的极大浪费。这启发读者要学会辩证地分析问题，灵活运用所学的知识，做到具体问题具体分析，在各个指标的博弈中寻求最优解。

诗词遇见电路

　　对偶原理体现了电路的类比之美，通过一个个元件、变量等的变换，能得出崭新的结论，自然科学之美妙令人叹服。编者套用《笠翁对韵》的格式对一些对偶关系进行了总结，以飨读者。其中提到的"（阻）抗""（导）纳"在后续正弦稳态电路中会讲到，"互易（定理）"在后续双口网络中会讲到；受本书篇幅限制，"割集""连支""树支"等概念未提及，读者可在面向电气类专业的相关电路教材中进行学习。

仿《笠翁对韵》（节选）之电路对偶歌

阻对导，抗对纳，电容对电感。
星形对三角，串联对并联。
元件是，式亦然。
导并对阻串。
因有割集在，回路不孤单。
受控源分四大类，压流互换对偶现。
基尔霍夫，两个定律手牵手；
等效电源，诺顿笑对戴维南。

压对流，荷对链，网孔对节点。
树支对连支，路开对路短。
变量易，方程换。
互易一二伴。
压源盼知己，等来电流源。
此中自有真义在，熟练记忆繁变简。
电路非难，把握规律任遨游；
工科枯燥，春风化雨润心田。

附：《笠翁对韵》原文（节选）

笠翁对韵（节选）

清 李渔

天对地，雨对风。大陆对长空。
山花对海树，赤日对苍穹。

雷隐隐，雾蒙蒙。

日下对天中。

风高秋月白，雨霁晚霞红。

牛女二星河左右，参商两曜斗西东。

十月塞边，飒飒寒霜惊戍旅；

三冬江上，漫漫朔雪冷渔翁。

河对汉，绿对红。雨伯对雷公。

烟楼对雪洞，月殿对天宫

云霭靆，日曈曚。

蜡屐对渔篷。

过天星似箭，吐魄月如弓。

驿旅客逢梅子雨，池亭人挹藕花风。

茅店村前，皓月坠林鸡唱韵；

板桥路上，青霜锁道马行踪。

📝 习题 4

4-1　试用叠加定理求解题4-1图所示电路中的电流 I。

4-2　如题4-2图所示电路：（1）试用叠加定理求电压 U；（2）计算电流源提供的功率。

4-3　试用叠加定理求题4-3图所示电路中的电压 U 和电流 I。

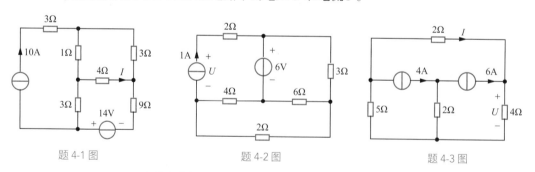

题 4-1 图　　　　　　　　　题 4-2 图　　　　　　　　　题 4-3 图

4-4　电路如题4-4图所示，利用叠加定理求电路中的电压 U 和电流 I。

4-5　题4-5图所示电路中，已知当 $i_s = 0$ 时，电流 $i = 2\text{A}$；当 $i_s = 8\text{A}$ 时，求该电流源 i_s 提供的功率。

4-6　用叠加定理求题4-6图所示电路中的电流 I 和电压 U。

4-7　试用叠加定理求题4-7图所示电路中的电压 U。

题4-6
视频讲解

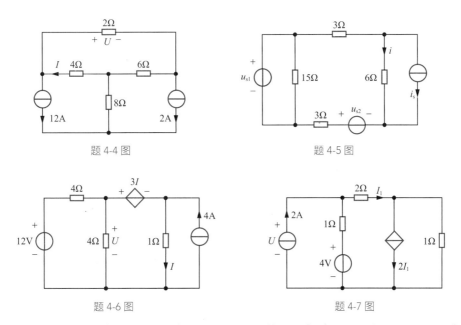

题 4-4 图   题 4-5 图

题 4-6 图   题 4-7 图

4-8 题4-8图所示电路中，N_s 为线性含独立源网络。已知当 $i_s = 0$ 时，$i = -1A$；当 $i_s = 1A$ 时，$i = 2A$；求当 $i = 0$ 时，电流源 i_s 的大小。

4-9 如题4-9图所示，N_s 是一个线性含独立源网络，已知 $U_{s1} = -2V$，$U_{s2} = 3V$ 时，$U = 3V$；$U_{s1} = 2V$，$U_{s2} = 0V$ 时，$U = 1V$；$U_{s1} = 0V$，$U_{s2} = 2V$ 时，$U = 3V$。

求：（1）U_{s1} 和 U_{s2} 为任意值时，电压 U 的表达式；（2）$U_{s1} = 1V$，$U_{s2} = 2V$ 时，电压 U 的值。

4-10 题4-10图所示电路中，N_s 为一线性含独立源网络。已知当 $U_s = 0$，$I_s = 0$ 时，毫安表的读数为20mA；当 $U_s = 5V$，$I_s = 0$ 时，毫安表的读数为70mA；当 $U_s = 0$，$I_s = 1A$ 时，毫安表的读数为50mA。求当 $U_s = 10V$，$I_s = -4A$ 时，毫安表的读数。

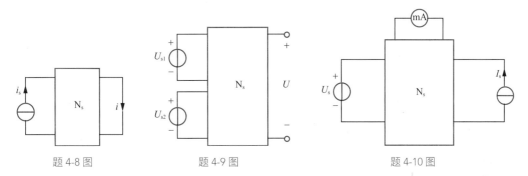

题 4-8 图   题 4-9 图   题 4-10 图

4-11 题4-11图所示电路中，试用戴维南定理求解当 $R = 2\Omega$ 时电压 u 的值，并在此基础上求当 $R = 9\Omega$ 时电压 u 的值。

4-12 试用戴维南定理求解题4-12图所示电路中的电流 I。

4-13 试用戴维南定理求解题4-13图所示电路中 2Ω 电阻的功率。

4-14 试用戴维南定理求解题4-14图所示电路中的电压 u。

4-15 试用诺顿定理求解题4-15图所示电路中的电压 U。

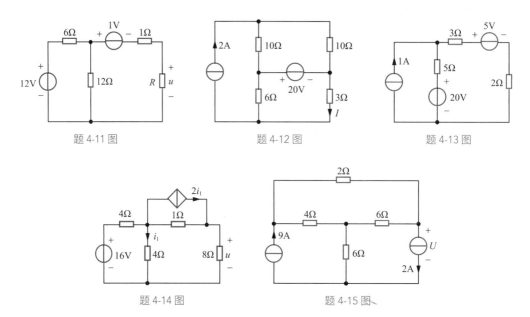

题 4-11 图   题 4-12 图   题 4-13 图

题 4-14 图   题 4-15 图

4-16 试作出题4-16图中各二端网络的戴维南等效电路和诺顿等效电路。

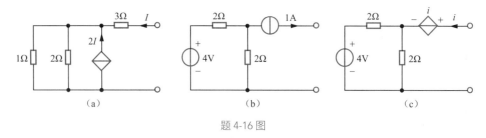

（a）   （b）   （c）

题 4-16 图

4-17 题4-17图所示电路中，求当可调负载电阻 R_L 为何值时，其上获得最大功率，并求此最大功率。

4-18 题4-18图所示电路中，求当可调负载电阻 R_L 为何值时，其上获得最大功率，并求此最大功率。

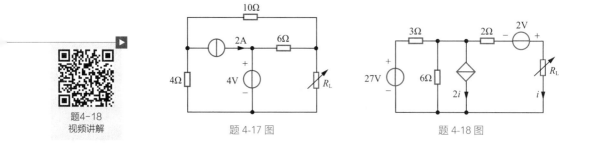

题4-18
视频讲解

题 4-17 图   题 4-18 图

第 **5** 章

简单非线性电阻电路

前面讨论的都是线性电路，其电路中除独立电源以外的其他元件都是线性元件。线性元件的参数不随外加电压或电流的变化而变化，非线性元件的参数则会随外加电压或电流的变化而变化。能用非线性代数方程描述的电阻电路称为非线性电阻电路。一般情况下，除独立电源外，还包含其他非线性元件的电路称为非线性电路。严格来说，实际电路都是非线性电路。若电路非线性特性较弱，工程上一般可以将其近似为线性电路进行分析。若电路非线性特性较强，采用线性电路的分析方法时就会产生较大的误差，甚至得到截然相反的结论，这使得一些特有的电路物理现象无法被准确描述，因此，有必要了解一些非线性电路的分析方法。常见的非线性元件包括非线性电阻、非线性电感和非线性电容等。作为入门简单非线性电路分析方法的知识内容，本章主要介绍含有非线性电阻元件的简单非线性电路的分析方法，内容包括非线性电阻、直流工作点的图解法及小信号分析法。

思考多一点

从VAR上看，线性电阻都满足欧姆定律，是整齐划一的，而非线性电阻的VAR存在诸多的不同。读者也许乐于见到线性电阻，因为其简单统一，易于分析，然而非线性电阻的"各具特色"可能才反映了生活的本来样貌。人与人之间存在着巨大的差异，但百川终向海，万鸟竞归林，十几亿中华儿女各具风采，奋斗的目标却是一致的，在追求祖国繁荣富强的征途上，如何各展其能、各尽其才，为中华民族贡献自己最大的力量，是读者需要进一步思考的问题。

5.1 非线性电阻

电阻元件有线性和非线性之分。线性电阻元件的伏安特性可用欧姆定律表示，即在电压电流平面上，VAR曲线是一条过原点的直线，其电阻值是常数，不随电压或电流的变化而变化。非线性电阻是指不满足欧姆定律的电阻元件，即在电压电流平面上，VAR曲线不再是一条过原点的直线，其电阻值与电压或电流有关。对大多数非线性电阻而言，其伏安特性不能用简单的数学表达式描述，需要用复杂的非线性函数或实验数据来表示。

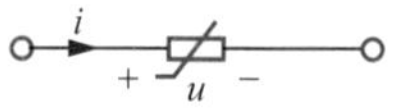

图 5-1　非线性电阻元件的电路符号

非线性电阻元件的电路符号如图5-1所示。

对于某些非线性电阻元件，有时也采用专门的电路符号来表示，如后面提到的二极管元件等。

1. 非线性电阻的分类

非线性电阻可以分为电流控制型电阻、电压控制型电阻、单调电阻及多值电阻4类。

（1）电流控制型电阻。

当非线性电阻的电压可以表示成电流的单值函数，而电流不能表示成电压的单值函数时，称该非线性电阻为电流控制型电阻，其伏安关系可用式（5-1）表示，图5-2给出了符合此类电阻特点的一种VAR曲线。

$$u = r(i) \tag{5-1}$$

由图5-2中曲线可以看出，对于每一个确定的电流值 i，有且仅有一个电压值 u 与其对应，但对于一个确定的电压值 u，可能会有多个电流值 i 与其对应。比如，当电压 $u=u_1$ 时，有3个不同的电流值 i_1、i_3、i_5 与之对应。当电流在 i_2 至 i_4 之间取值时，电压随电流增加而下降。

电子电路中，普通的NPN、PNP型三极管等都是常见的电流控制型电阻。

（2）电压控制型电阻。

当非线性电阻的电流可以表示成电压的单值函数，但电压不能表示成电流的单值函数时，称该非线性电阻为电压控制型电阻，其伏安关系用式（5-2）表示，图5-3给出了符合此类电阻特点的一种伏安关系曲线。

$$i = g(u) \tag{5-2}$$

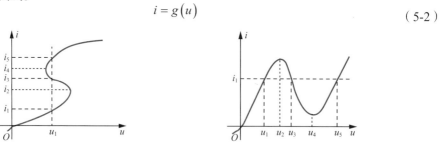

图 5-2　一种电流控制型电阻的伏安关系曲线　　图 5-3　一种电压控制型电阻的伏安关系曲线

由图5-3中曲线可以看出，对于每一个确定的电压值 u，有且仅有一个电流值 i 与其对应，但对于一个确定的电流值 i，可能会有多个电压值 u 与其对应。比如，当电流 $i=i_1$ 时，有3个不同的电压值 u_1、u_3、u_5 与之对应。当电压在 u_2 与 u_4 之间取值时，电流随电压增加而下降。

电子电路中，隧道二极管、场效应管（field effect transistor，FET）、金属氧化物半导体场效应晶体管（metal oxide semiconductor field effect transistor，MOSFET）、绝缘栅双极型晶体管（insulated gate bipolar transistor，IGBT）等都是常见的电压控制型电阻。

（3）单调电阻。

当非线性电阻的电流可以表示成电压的单值函数，同时电压也可以表示成电流的单值函数时，称该非线性电阻为单调电阻，或单值电阻。单调电阻的伏安关系既可以用式（5-1）表示，也可以用式（5-2）表示，单调电阻既是电流控制型电阻，又是电压控制型电阻。

这一类非线性电阻以半导体PN结二极管最为常见，其伏安关系可由式（5-3）表征，电路符号如图5-4（a）所示，伏安关系曲线如图5-4（b）所示。

$$i = I_s \left(e^{u/U_T} - 1 \right) \text{ 或 } u = U_T \ln\left(\frac{i}{I_s} + 1 \right) \tag{5-3}$$

式中：I_s 为二极管的反向饱和电流，是 μA 量级的常量；$U_T = \dfrac{kT}{q}$，其中 $q = 1.6 \times 10^{-19}\text{C}$，为电子的电荷量；$k = 1.38 \times 10^{-23}\text{J/K}$，为玻耳兹曼常数；$T$ 为绝对温度，在室温（$T = 300\text{K}$）时，$U_T \approx 0.026\text{V}$。

由图5-4（b）可以看出，二极管的伏安关系曲线是单调变化的，具有单向导电性。当加正向电压时，电阻很小，二极管两端的电压也很小，称为正向导通；当加反向电压时，电阻很大，流过二极管的电流（漏电流）就很小，称为反向截止。当然，二极管的这个特性是针对低频应用而言的，在高频应用时，还需要考虑寄生电感和寄生电容的影响。

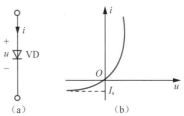

图 5-4 半导体 PN 结二极管的电路符号及
VAR 曲线

（4）多值电阻。

当非线性电阻的伏安关系曲线中出现某些电流对应多个电压值，某些电压又对应多个电流值时，称该非线性电阻为多值电阻。多值电阻既不能将电流表示成电压的单值函数，也不能将电压表示成电流的单值函数，即其伏安关系既不能用式（5-1）表示，也不能用式（5-2）表示，因此，它既非电压控制型电阻，又非电流控制型电阻。

在实际工程应用中，当一个PN结二极管在一定工作范围内且对计算精度要求不高时，可将其看成理想二极管。理想二极管的电路符号及伏安关系曲线如图5-5所示。在图5-5（a）所示电压、电流参考方向下，当二极管工作在正向导通状态时，忽略二极管的正向导通电压，即 $u = 0$，此时二极管相当于一条短路线，电流的取值范围为 $i > 0$，伏安关系曲线位于电流正半轴；当电压的取值范围为 $u < 0$ 时，二极管工作在反向截止状态，忽略二极管的漏电流，即 $i = 0$，此时二极管相当于一条开路线，伏安关系曲线位于电压负半轴。因此，理想二极管的伏安关系曲线为坐标轴上的两条射线段，如图5-5（b）所示，对应的伏安关系表达式可由式（5-4）表示。若改变电压、电流的参考方向，理想二极管的伏安关系曲线将位于不同的电压、电流坐标半轴上，读者可按照上述正向导通、反向截止的分析过程自行推导。

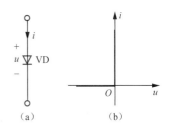

图 5-5 理想二极管的电路符号及
伏安关系曲线

$$\begin{cases} u = 0 & (i > 0) \quad \text{（正向导通）} \\ i = 0 & (u < 0) \quad \text{（反向截止）} \end{cases} \tag{5-4}$$

2. 静态电阻和动态电阻

由于非线性电阻的伏安关系曲线不是过原点的直线，因此不能像线性电阻那样用常数表示其电阻值，也不能应用欧姆定律分析问题。为了便于工程上的分析计算，对非线性电阻引入静态电阻和动态电阻的概念。

（1）静态电阻 R_s。

当非线性电阻处在某一具体工作状态下时，如图5-6中的 Q 点，将该点电压 U_Q 与电流 I_Q 的比值称为静态电阻，即

$$R_s = \frac{U_Q}{I_Q}$$

Q 点称为非线性电阻的工作点。由图5-6可知， $R_s = \tan\alpha$ 。

（2）动态电阻 R_d。

非线性电阻在工作点 Q 处的动态电阻定义为

$$R_d = \left.\frac{\mathrm{d}u}{\mathrm{d}i}\right|_Q$$

由图5-6可知， $R_d = \tan\beta$ 。

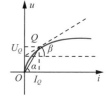

动态电阻也称为小信号电阻或增量电阻，它在非线性电路的小信号分析法中是一个非常重要的概念。

图 5-6　非线性电阻的静态电阻和动态电阻

类似地，可以定义出静态电导和动态电导。如动态电导定义为

$$G_d = \left.\frac{\mathrm{d}i}{\mathrm{d}u}\right|_Q$$

可知，在同一工作点处动态电导与动态电阻互为倒数。

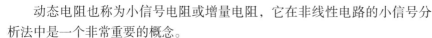

例5-1　设有一个非线性电阻，其伏安特性表达式为 $u = 3i^2 + 6i + 9$ ，试分别求 $i_1 = 2\,\mathrm{A}$ 、 $i_2 = \sin t\,\mathrm{A}$ 和 $i_3 = 2 + \sin t\,\mathrm{A}$ 时对应的电压 u_1 、 u_2 、 u_3 。

解：（1）当 $i_1 = 2\,\mathrm{A}$ 时

$$u_1 = 3i_1^2 + 6i_1 + 9 = 3 \times 2^2 + 6 \times 2 + 9 = 33\mathrm{V}$$

（2）当 $i_2 = \sin t\,\mathrm{A}$ 时

$$u_2 = 3i_2^2 + 6i_2 + 9 = 3 \times (\sin t)^2 + 6 \times \sin t + 9 = (-1.5\cos 2t + 6\sin t + 10.5)\mathrm{V}$$

（3）当 $i_3 = 2 + \sin t\,\mathrm{A}$ 时

$$u_3 = 3i_3^2 + 6i_3 + 9 = 3 \times (2 + \sin t)^2 + 6 \times (2 + \sin t) + 9 = (-1.5\cos 2t + 18\sin t + 34.5)\mathrm{V}$$

由上述例题的计算结果可以看出，虽然 $i_3 = i_1 + i_2$ ，但是 $u_3 \neq u_1 + u_2$ ，说明叠加定理不适用于非线性电阻电路。由计算结果还可以看出，当输入信号含有交流分量时，非线性电阻的输出信号可能会含有不同于输入信号频率的交流分量。

例5-2　已知某非线性电阻的伏安特性表达式为 $i = 2u^2 - u$ ，求 $u = 1.5\,\mathrm{V}$ 时的动态电阻。

解：由该非线性电阻的伏安特性表达式可以看出，该非线性电阻是电压控制型电阻，容易得到电流对电压的一阶导数，因此先求工作点处的动态电导为

$$G_d = \frac{di}{du}\bigg|_{u=1.5} = (4u-1)\big|_{u=1.5} = 4\times1.5-1 = 6-1 = 5S$$

由动态电导与动态电阻的关系，可得

$$R_d = \frac{1}{G_d} = \frac{1}{5} = 0.2\Omega$$

由例5-2可知，对于电压控制型电阻，直接求动态电导比较容易；而对于电流控制型电阻，直接求动态电阻比较容易。

5.2　直流工作点的图解法

非线性电阻在直流激励下的解称为直流工作点或静态工作点。

对于图5-7（a）所示电路，端口1–1′左侧直流电压源模型的伏安特性方程为

$$u = U_0 - R_0 i \tag{5-5}$$

端口1–1′右侧非线性电阻的伏安特性方程为

$$i = g(u) \tag{5-6}$$

非线性电阻
电路的直流
工作点

在 $u-i$ 平面上分别画出式（5-5）和式（5-6）对应的两条伏安关系曲线如图5-7（b）所示。

由于电压 u 和电流 i 既要满足式（5-5），又要满足式（5-6），也就是要同时位于图5-7（b）中的两条曲线上，因此，两条曲线的交点 Q 便是非线性电阻所处的工作状态，即直流工作点。当非线性电阻的伏安关系曲线不是单调型时，有可能会出现多个直流工作点。

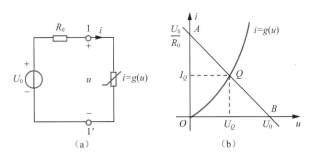

图 5-7　直流工作点的图解法

这种通过在 $u-i$ 平面上作出元件的伏安关系曲线进行电路求解的方法称为图解法，因为是通过两条伏安关系曲线的交点坐标来确定直流工作点的，所以也称为曲线相交法。当非线性电阻的伏安关系以曲线的形式给出时，或者根据给出的伏安关系不容易解出结果时，应用图解法可以直观、快速地获得非线性电阻的直流工作点。图解法本质上与联立求解方程式（5-5）和式（5-6）的效果是一致的。

例5-3　如图5-8所示电路中，已知非线性电阻的伏安特性方程为 $i = 2u^2 - u$ $(u > 0)$。试确定该电路中非线性电阻的电压和电流。

解：非线性电阻左侧线性电路部分端口的伏安特性方程为

$$u = 2 - i \qquad\qquad (5\text{-}3\text{-}1)$$

将式（5-3-1）与非线性电阻的伏安特性方程对应的曲线画在 u-i 平面上，如图5-9所示。由图5-9可知，两条曲线的交点坐标为 $(1,1)$，所以非线性电阻直流工作点对应的电压、电流分别为 $u = 1\text{V}$、$i = 1\text{A}$。

或者将式（5-3-1）与非线性电阻的伏安特性方程 $i = 2u^2 - u$ 联立可得

$$u^2 = 1$$

解得

$$\begin{cases} u_1 = 1\text{V} \\ u_2 = -1\text{V} \end{cases}$$

由题意可知，$u_2 = -1\text{V}$ 不满足要求，应舍去。

将 $u = 1\text{V}$ 代入非线性电阻特性方程，可得 $i = 1\text{A}$。

因此，该电路中非线性电阻直流工作点对应的电压、电流为

$$\begin{cases} u = 1\text{V} \\ i = 1\text{A} \end{cases}$$

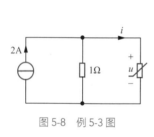

图 5-8 例 5-3 图

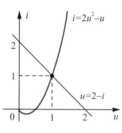

图 5-9 例 5-3VAR 曲线

由例5-3可以看出，通过图解法和联立方程组获得的直流工作点是一致的，当非线性电阻有明确的伏安特性表达式且方程组求解不困难时，通过联立求解方程组确定非线性电路的直流工作点，可避免作图不精确导致的误差；当在做定性分析时，图解法会非常方便。

例5-4 如图5-10所示电路中，已知非线性电阻的伏安特性方程为 $u = 2i^2$（$i > 0$）。试求：（1）ab端左侧的戴维南等效电路；（2）电路中非线性电阻的功率。

解：（1）求ab左侧电路的戴维南等效电路。

① 求 U_{oc}。

电路如图5-11（a）所示，由叠加定理可知

$$U_{\text{oc}} = 10 \times \frac{10}{10 + 10} + 1 \times (10 // 10) = 5 + 5 = 10\text{V}$$

② 求 R_{eq}。

电路如图5-11（b）所示，图中两个 10Ω 电阻并联，再与 3Ω 电阻串联，即

$$R_{\text{eq}} = (10 // 10) + 3 = 5 + 3 = 8\Omega$$

③ 作出戴维南等效电路。

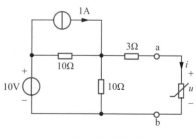

图 5-10 例 5-4 图

电路如图5-11（c）所示。

也可以通过等效化简的方法得到戴维南等效电路。

求开路电压的方法也有很多，除应用叠加定理之外，也可以先将左侧回路进行等效再求解，还可以应用节点电压法求解。读者应根据实际情况灵活运用各种分析方法。

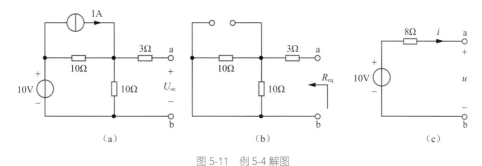

图 5-11 例 5-4 解图

（2）求非线性电阻的功率。

由图5-11（c）可知，戴维南等效电路的伏安特性方程为

$$u = 10 - 8i$$

与非线性电阻的伏安特性方程 $u = 2i^2$ 联立，可得

$$i^2 + 4i - 5 = 0$$

解得

$$\begin{cases} i_1 = 1\text{A} \\ i_2 = -5\text{A} \end{cases}$$

由题意 $i > 0$ 可知，$i_2 = -5\text{A}$ 不满足题意，应舍去。

将 $i = 1\text{A}$ 代入非线性电阻的伏安特性方程，可得

$$u = 2i^2 = 2 \times 1^2 = 2\text{V}$$

所以，该电路中非线性电阻的电压、电流为

$$\begin{cases} i = 1\text{A} \\ u = 2\text{V} \end{cases}$$

求得非线性电阻的功率为

$$P = ui = 2 \times 1 = 2\text{W}$$

由例5-4可知，当电路中仅含有一个非线性电阻元件时，可以先将除非线性电阻之外的线性含独立源二端网络进行戴维南等效（或诺顿等效），获得实际电压源模型（或实际电流源模型），再对简单非线性电阻电路采用图解法或联立方程组求解获得非线性电阻的直流工作点。

5.3 小信号分析法

在电子电路中，对于许多非线性元件，除采用直流电源 U_s 作为偏置电压外，常常还有随时间变化的、幅值较小的输入电压 $u_s(t)$ 同时作用。如果总是满足 $|u_s(t)| << U_s$，则把 $u_s(t)$ 称为小

信号源。可以用小信号分析法分析含有小信号源的非线性电阻电路，这是电子工程中分析非线性电路的一种重要方法。

图5-12（a）所示电路由线性电阻 R、直流电压源 U_{s}、时变电压源 $u_{\mathrm{s}}(t)$ 和电流控制型电阻构成，设在任意时刻都满足 $\left|u_{\mathrm{s}}(t)\right| \ll U_{\mathrm{s}}$。

对电路列写KVL方程，得

$$Ri(t) + u(t) = U_{\mathrm{s}} + u_{\mathrm{s}}(t) \tag{5-7}$$

当小信号源 $u_{\mathrm{s}}(t) = 0$ 时，电路中仅有直流电压源 U_{s} 单独作用，利用图解法得到非线性电阻的直流工作点 $Q(U_Q, I_Q)$，如图5-12（b）所示，且有

$$RI_Q + U_Q = U_{\mathrm{s}} \tag{5-8}$$

$$U_Q = r(I_Q) \tag{5-9}$$

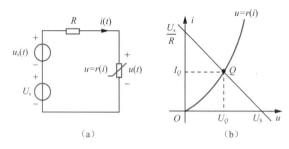

图 5-12　非线性电阻电路的小信号分析法

当小信号源 $u_{\mathrm{s}}(t) \neq 0$ 时，由于 $\left|u_{\mathrm{s}}(t)\right| \ll U_{\mathrm{s}}$，因此非线性电阻的电压 $u(t)$ 和电流 $i(t)$ 应该位于直流工作点 $Q(U_Q, I_Q)$ 附近。假定 $u(t)$ 与 U_Q 的偏差为 $\Delta u(t)$，$i(t)$ 与 I_Q 的偏差为 $\Delta i(t)$，则有

$$u(t) = U_Q + \Delta u(t) \tag{5-10}$$

$$i(t) = I_Q + \Delta i(t) \tag{5-11}$$

考虑到时变电压源 $u_{\mathrm{s}}(t)$ 的幅值远小于直流电压源 U_{s}，因此，小信号源 $u_{\mathrm{s}}(t)$ 引起的扰动量 $\Delta u(t)$、$\Delta i(t)$ 相对于直流工作点处的电压 U_Q、电流 I_Q 来说都是很小的量。

将式（5-10）和式（5-11）代入非线性电阻的伏安关系表达式 $u = r(i)$ 可得

$$U_Q + \Delta u(t) = r\left[I_Q + \Delta i(t)\right] \tag{5-12}$$

将式（5-12）等号右边的非线性函数在直流工作点 Q 附近用泰勒级数展开，忽略掉二阶及以上的高阶无穷小量，仅取级数展开式的前两项，式（5-12）可写为

$$U_Q + \Delta u(t) \approx r(I_Q) + \left.\frac{\mathrm{d}u}{\mathrm{d}i}\right|_Q \cdot \Delta i(t) \tag{5-13}$$

式中，$\left.\dfrac{\mathrm{d}u}{\mathrm{d}i}\right|_Q$ 为非线性电阻在直流工作点处的动态电阻 R_{d}。

将式（5-9）代入式（5-13），可得

$$\Delta u(t) \approx \left.\frac{\mathrm{d}u}{\mathrm{d}i}\right|_Q \cdot \Delta i(t) = R_{\mathrm{d}} \cdot \Delta i(t) \tag{5-14}$$

将式（5-10）和式（5-11）代入式（5-7），可得

$$R\left[I_Q + \Delta i(t)\right] + \left[U_Q + \Delta u(t)\right] = U_s + u_s(t) \qquad (5\text{-}15)$$

将式（5-8）和式（5-14）代入式（5-15），可得

$$R \cdot \Delta i(t) + R_d \cdot \Delta i(t) = u_s(t) \qquad (5\text{-}16)$$

由式（5-16）可以作出图5-13所示的线性电路，将其称为图5-12（a）所示电路的小信号等效电路。小信号等效电路是非线性电路中仅由小信号源单独作用时，将非线性电阻用其动态电阻（小信号电阻）替换后的电路。由小信号等效电路可以求出待求量在小信号源作用下的各扰动量。

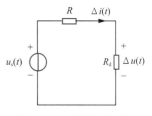

图 5-13 小信号等效电路

由图5-13可知

$$\Delta i(t) = \frac{u_s(t)}{R + R_d} \qquad (5\text{-}17)$$

$$\Delta u(t) = R_d \cdot \Delta i(t) = \frac{R_d}{R + R_d} u_s(t) \qquad (5\text{-}18)$$

将式（5-17）和式（5-18）代入式（5-10）和式（5-11）可得非线性电路的电流、电压为

$$i(t) = I_Q + \frac{u_s(t)}{R + R_d}$$

$$u(t) = U_Q + \frac{R_d}{R + R_d} u_s(t)$$

注意：（1）推导过程中，充分考虑了$|u_s(t)| \ll U_s$的小信号特征，认为小信号接入以后，电路的电流、电压应该在直流工作点附近；（2）在对非线性电阻的伏安特性方程$u = r(i)$进行泰勒级数展开时，略去了二次及以上的高阶项，这个处理使得小信号等效电路呈现为线性电路。这个过程中有工程近似的思想，简化了推导过程，能够得到工程上认可的较为准确的结果。

例5-5 如图5-14所示非线性电路中，已知非线性电阻的伏安特性为$u = i^2 + 3i$ $(i > 0)$，时变电压源为$u_s(t) = 0.01\cos\omega t$ V，试求电路中的电压$u(t)$和电流$i(t)$。

解：（1）求电路的直流工作点$Q(U_Q, I_Q)$。

5V 直流电压源单独作用时的电路如图5-15（a）所示，由图可列写方程组

$$\begin{cases} u = 5 - i \\ u = i^2 + 3i \end{cases}$$

解得

$$\begin{cases} i_1 = 1\text{A} \\ i_2 = -5\text{A} \quad (\text{舍去}) \end{cases}$$

因此，可得

$$\begin{cases} I_Q = 1\text{A} \\ U_Q = 4\text{V} \end{cases}$$

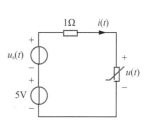

图 5-14 例 5-5 图

（2）求小信号作用下的扰动量。

非线性电阻的动态电阻为

$$R_{\mathrm{d}} = \frac{\mathrm{d}u}{\mathrm{d}i}\bigg|_{I_Q=1} = 2i+3\big|_{I_Q=1} = 5\Omega$$

时变电压源 $u_{\mathrm{s}}(t)$ 单独作用时电路的小信号等效电路如图5-15（b）所示，由图可知

$$\Delta u = \frac{R_{\mathrm{d}}}{1+R_{\mathrm{d}}}u_{\mathrm{s}}(t) = \frac{5}{1+5}u_{\mathrm{s}}(t) = \frac{5}{6}\times 0.01\cos\omega t \approx 0.0083\cos\omega t \ \mathrm{V}$$

$$\Delta i = \frac{\Delta u}{R_{\mathrm{d}}} = \frac{0.0083\cos\omega t}{5} \approx 0.0017\cos\omega t \ \mathrm{A}$$

（3）当直流电压源和时变电压源共同作用时，电路中的电压、电流为

$$u(t) = U_Q + \Delta u = (4+0.0083\cos\omega t) \ \mathrm{V}$$

$$i(t) = I_Q + \Delta i = (1+0.0017\cos\omega t) \ \mathrm{A}$$

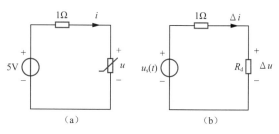

图 5-15　例 5-5 解图

如果非线性电阻是电压控制型电阻，考虑小信号特征后，其伏安特性方程 $i=g(u)$ 的泰勒级数展开式的前两项为 $I_Q + \Delta i(t) = g(U_Q) + \dfrac{\mathrm{d}i}{\mathrm{d}u}\bigg|_Q \cdot \Delta u(t)$，其中 $\dfrac{\mathrm{d}i}{\mathrm{d}u}\bigg|_Q$ 为非线性电阻在直流工作点处的动态电导（小信号电导）G_{d}。当小信号源单独作用时，将非线性电阻元件用 G_{d} 代替后得到的电路即非线性电路的小信号等效电路。

例5-6　如图5-16所示非线性电路，已知直流电压源 $U_{\mathrm{s}} = 12\mathrm{V}$，时变电压源 $u_{\mathrm{s}}(t) = \cos t \ \mathrm{V}$，非线性电阻的伏安特性为 $i = \begin{cases} u^2 & (u>0) \\ 0 & (u \leqslant 0) \end{cases}$，线性电阻 $R_1 = R_2 = 1\Omega$、$R_3 = 0.5\Omega$，试求：电路中的电压 $u(t)$ 和电流 $i(t)$。

解：（1）对非线性电路左侧的线性含独立源二端网络进行戴维南等效变换。

由分压公式，可得开路电压

$$u_{\mathrm{oc}} = \frac{R_2}{R_1+R_2}(U_{\mathrm{s}}+u_{\mathrm{s}}) = \frac{1}{1+1}\times(12+\cos t) = 6+0.5\cos t = U_{\mathrm{s}}'+u_{\mathrm{s}}'$$

即 $U_{\mathrm{s}}' = 6 \ \mathrm{V}$，$u_{\mathrm{s}}'(t) = 0.5\cos t \ \mathrm{V}$。

二端网络的等效电阻

$$R_{\mathrm{eq}} = R_1 / / R_2 + R_3 = 1 / / 1 + 0.5 = 1\Omega$$

则原电路的戴维南等效电路如图5-17（a）所示。

（2）求电路的直流工作点 $Q(U_Q, I_Q)$。

直流电压源 U_{s}' 单独作用时的电路如图5-17（b）所示，列写方程组

$$\begin{cases} u = U_{\mathrm{s}}' - R_{\mathrm{eq}}i = 6-i \\ i = u^2 \end{cases}$$

解得

$$\begin{cases} u_1 = 2V \\ u_2 = -3V \quad (舍去) \end{cases}$$

因此，可得

$$\begin{cases} I_Q = 4A \\ U_Q = 2V \end{cases}$$

（3）求小信号源作用下的扰动量。

非线性电阻的动态电导

$$G_d = \frac{di}{du}\bigg|_{U_Q=2} = 2u\big|_{U_Q=2} = 4S$$

动态电阻

$$R_d = \frac{1}{G_d} = \frac{1}{4} = 0.25\Omega$$

则时变电压源 $u_s'(t)$ 单独作用时电路的小信号等效电路如图5-17（c）所示，由图可知

$$\Delta i = \frac{u_s'(t)}{R_{eq} + R_d} = \frac{1}{1+0.25} \times 0.5\cos t = 0.4\cos t A$$

$$\Delta u = R_d \cdot \Delta i = 0.25 \times 0.4\cos t = 0.1\cos t V$$

（4）当直流电压源和时变电压源共同作用时，电路中的电压、电流为

$$u(t) = U_Q + \Delta u = 2 + 0.1\cos t \text{ V}$$

$$i(t) = I_Q + \Delta i = 4 + 0.4\cos t \text{ A}$$

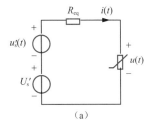 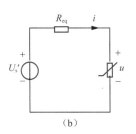 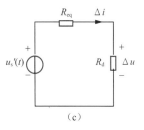

图 5-17　例 5-6 解图

综上，小信号分析法可以分为如下6个步骤：

（1）作出直流电源单独作用时的非线性电路；

（2）确定非线性电路的直流工作点；

（3）求解非线性电阻的动态电阻 R_d 或动态电导 G_d；

（4）作出非线性电路的小信号等效电路（注意小信号等效电路为线性电路）；

（5）求解小信号源单独作用下的感兴趣响应的扰动量；

（6）将响应的直流工作点值与小信号源下的扰动量相加。

探索多一点

非线性电阻与多样性和统一性。

严格地说，所有电阻都是非线性的，它们的参数会随电压或电流的变化而产生或大或小的改变，然而在体现电阻特性这一点上来看，它们是统一的。正如每个人的生活轨迹不会完全相同，体现自我价值的方式也与个人的生长环境、受教育背景、特长等密切相关，个体的差异化与社会的多样性是客观存在的，但是三百六十行都有一个共同的中国梦，那就是中华民族的伟大复兴。虽然大家行业有不同，能力有强弱，但是只要全国人民目标一致，心往一处想，劲往一处使，就能够共同推动中国梦的早日实现。

诗词遇见电路

蝶恋花·非线性电阻

电阻元件类不同，唯其线性，欧姆定律用。
约束各异非线性，压控流控单调型。
动态静态值不定，工作点移，参数随之动。
基尔霍夫寻常见，叠加不复当年勇。

附：《蝶恋花·庭院深深深几许》原文

蝶恋花·庭院深深深几许

宋 欧阳修（又说南唐 冯延巳）

庭院深深深几许？杨柳堆烟，帘幕无重数。
玉勒雕鞍游冶处，楼高不见章台路。
雨横风狂三月暮，门掩黄昏，无计留春住。
泪眼问花花不语，乱红飞过秋千去。

📝 习题 5

5-1　已知关联参考方向下某非线性电阻的伏安特性为 $u = 10i + i^3$。试求：（1）电流 $i_1 = 1\text{A}$，$i_2 = 10\text{A}$，$i_3 = 0.1\text{A}$ 时电阻元件两端的电压 u_1，u_2，u_3；（2）电流 $i_4 = \sin \omega t$ A 时，电阻两端的电压 u_4；（3）电流 $i_5 = 1 + \sin \omega t$ A 时，电阻两端的电压 u_5。并由计算结果判断非线性电阻的伏安特性是否满足叠加定理和齐性定理。

5-2　已知关联参考方向下某非线性电阻的伏安特性为 $u = 2i + i^2$，试求：当工作电流为 1A 时，该非线性电阻的静态电阻和动态电阻各为多少。

5-3　已知关联参考方向下某非线性电阻的伏安特性为 $i = u^3$，试求：当工作电压为 2V 时，该非线性电阻的静态电阻和动态电阻各为多少。

5-4　电 路 如 题 5-4 图 所 示，VD 为 理 想 二 极 管，试 分 别 求 $I_s = 5\text{mA}$ 和 $I_s = -5\text{mA}$ 时流过理想二极管的电流 I。

5-5　题 5-5 图所示电路中，VD 为理想二极管，U_s 为直流电压源，试确定 VD 导通时 U_s 的取值范围。

5-6　题 5-6 图所示非线性电路中，已知非线性电阻元件的伏安特性为 $i = u^2$ $(u > 0)$，试确定该电路的直流工作点。

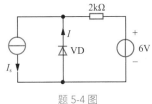

题5-4
视频讲解

题5-10
视频讲解

5-7　题 5-7 图所示非线性电路中，已知非线性电阻元件的伏安特性为 $u = i^2$ $(i > 0)$。试确定：（1）ab 端左侧的戴维南等效电路；（2）该电路的直流工作点。

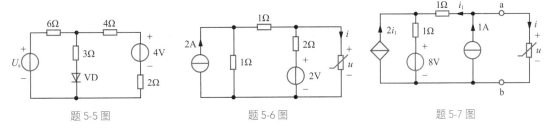

题 5-5 图　　　　　　　题 5-6 图　　　　　　　题 5-7 图

5-8　题 5-8 图所示非线性电路中，已知非线性电阻的伏安特性为 $u = 2i + i^2$ $(i > 0)$，线性电阻 $R = 3\Omega$，直流电压源 $U_s = 6$ V，时变电压源 $u_s(t) = 0.07 \sin 8t$ V，试求：电路中的电压 $u(t)$ 和电流 $i(t)$。

5-9　题 5-9 图所示非线性电路中，已知非线性电阻的伏安特性为 $i = u^2$ $(u > 0)$，直流电流源 $I_s = 6$ A，时变电流源 $i_s(t) = 0.05 \cos 2t$ A，试求：电路中的电压 $u(t)$ 和电流 $i(t)$。

5-10　题 5-10 图所示非线性电路中，直流电压源 $U_s = 10$ V，时变电流源 $i_s(t) = 0.08 \cos \omega t$ A，线性电阻 $R_1 = 3\Omega$、$R_2 = 1\Omega$，非线性电阻的伏安特性为 $u = i^2 - 2$ $(i > 0)$，试求：电路中的电压 $u(t)$ 和电流 $i(t)$。

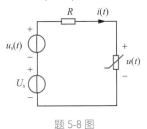

题 5-8 图　　　　　　　题 5-9 图　　　　　　　题 5-10 图

第 6 章

正弦稳态电路的相量法基础

电力系统中许多电路处于正弦稳态工况下。正弦稳态是指电路中所有的响应都是与激励同频的正弦量的状态。在直流稳态电路中，各响应表现为常数形式，电容元件和电感元件分别被等效为开路和短路，因而可以用代数方程分析直流稳态电路。而在正弦稳态电路中，各响应通常表现为时间的函数，电容元件和电感元件以微分形式的伏安关系出现在方程中，因此在时域中分析含这两类元件的正弦稳态电路就需要求解微分方程，这给计算带来很大的难度。相量法可以将时域中的微分方程转化为频域中的复数方程，为分析正弦稳态电路带来便捷。本章主要学习正弦稳态电路的相量法基础，为后续分析交流稳态电路奠定基础。学习过程中读者可以通过联系和对比直流电阻电路中所学的知识，加深对正弦稳态电路分析方法及相关性质的理解。本章主要内容包括正弦量、复数基础、相量、基尔霍夫定律的相量形式、阻抗和导纳。

交直流之争

🔆 思考多一点

（1）线性电容元件和线性电感元件的伏安关系方程表现为微（积）分形式，这使含有这两类元件的正弦稳态电路的时域求解变得复杂，相量法的提出则使正弦稳态电路的时域求解大为简化。从时域到频域，从复杂的微（积）分方程到相对简单的复数方程，这种思路转换能给予读者哪些启示呢？

（2）相量法是在1893年8月的国际电工大会上由在德国出生的美籍电机工程师施泰因梅茨（Steinmetz）提出的，对交流电的普及起到了关键性的作用，促进了交流设备的商品化。施泰因梅茨出生就有残疾，从小受人嘲讽，但是他不惧冷眼，刻苦学习，以超出常人的坚强意志取得了令世人瞩目的成就。由人推己，读者在面对艰难坎坷时，是逃避退缩，感叹命运不公，还是迎难而上，扼住命运的咽喉呢？

6.1 正弦量

随时间按正弦规律变化的物理量统称为正弦量，正弦函数和余弦函数都是正弦规律函数。在本书中，主要以正弦函数sin()为例讨论正弦量。

以电流为例，正弦量的瞬时值表达式为

$$i(t) = I_{\mathrm{m}} \sin(\omega t + \varphi) \tag{6-1}$$

其波形如图6-1所示。瞬时值用相应的小写字母表示；(t) 可以加，也可以不加。

式（6-1）中：I_{m} 为正弦量的最大值，称为振幅，取正值，用相应的大写字母加下标 m 表示；ω 为正弦量的角频率，表征角度随时间的变化率，单位为弧度/秒（rad/s）；$(\omega t + \varphi)$ 称作正弦量的相位，单位为 rad 或（°），φ 反映了初始时刻（$t = 0$）的相位，因此称为初相位，简称初相，初相的主值范围为 $[-\pi, \pi]$，相比于相位 $(\omega t + \varphi)$，更多时候使用初相 φ，为了简便，也习惯称 φ 为相位，本书后续章节也沿用此习惯。

由式（6-1）和图6-1可以看出，在确定正弦函数或者余弦函数的前提下，正弦量可以使用振幅、角频率和相位唯一确定，因此，这3个变量被称为正弦量的三要素。

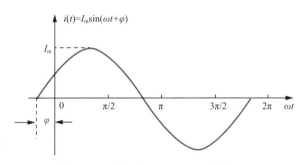

图 6-1　正弦量 $i(t) = I_{\mathrm{m}} \sin(\omega t + \varphi)$ 的波形

正弦量的大小和方向均随时间做周期性变化，因而振幅不易直接获取，工程上常采用有效值来反映正弦量的大小。以电流信号为例，将周期信号 i 和直流信号 I 分别通过相同大小的电阻 R，在周期信号的一个周期内，如果二者所消耗的能量相同，则称该直流信号的值为周期信号的有效值。

在一个周期 T 内，周期信号 $i(t)$ 通入电阻 R 消耗的能量为

$$W_i = \int_0^T i^2(t) R \cdot \mathrm{d}t \tag{6-2}$$

相同时间内，直流信号 I 通入电阻 R 消耗的能量为

$$W_I = I^2 R T \tag{6-3}$$

由周期信号有效值的定义可知 $W_i = W_I$，由式（6-2）和式（6-3）可得

$$I = \sqrt{\frac{1}{T} \int_0^T i^2(t) \mathrm{d}t} \tag{6-4}$$

式（6-4）即电流 $i(t)$ 有效值的计算公式，可以看出，有效值的大小等于周期信号在一个周期 T 内的方均根值。有效值用相应的大写字母表示。

同理，电压 $u(t)$ 的有效值为

$$U = \sqrt{\frac{1}{T}\int_0^T u^2(t)\mathrm{d}t} \tag{6-5}$$

任何一个周期性变化的交流信号的有效值都是其方均根值，用大写字母表示。特别当该交流信号为正弦信号时，将式（6-1）代入式（6-4），可得

$$I = \sqrt{\frac{1}{T}\int_0^T I_\mathrm{m}^2 \sin^2(\omega t + \varphi)\mathrm{d}t} = I_\mathrm{m}\sqrt{\frac{1}{T}\int_0^T \frac{1-\cos(2\omega t + \varphi)}{2}\mathrm{d}t} = \frac{I_\mathrm{m}}{\sqrt{2}} \tag{6-6}$$

同理，正弦电压的有效值与振幅之间的关系为 $U = \dfrac{U_\mathrm{m}}{\sqrt{2}}$。

有了正弦量的振幅与有效值的关系，正弦量的三要素也可以转化为有效值、角频率和相位，并且正弦量可用有效值表示为

$$i(t) = \sqrt{2}I\sin(\omega t + \varphi_i) \qquad u(t) = \sqrt{2}U\sin(\omega t + \varphi_u) \tag{6-7}$$

事实上，式（6-7）是更加常用的表达式。电力系统中普遍采用有效值来表征电压等级，如单相民用电的220V，三相工业用电的380V、10kV等均是指有效值，大部分的电压表和电流表测量的值也是有效值。

角频率 ω 与频率 f 的关系为 $\omega = 2\pi f$，频率 f 的国际单位制单位为赫兹（Hz），与周期 T 互为倒数，反映了正弦量在1s内所经过的周波数。目前世界上交流供电频率普遍采用50Hz 或60Hz，我国工频采用 f=50Hz，即在1s时间内电压或者电流周期性变化50次，对应的周期为 $T = \dfrac{1}{50}$=0.02s=20ms，角频率 $\omega \approx 314\mathrm{rad/s}$。本书后续内容也常把角频率称为频率，请注意区分。

相位差反映了两个正弦量的角度关系。需要注意的是，两个不同频率的正弦量是无法比较相位差的。比如，角频率分别为 ω_1 和 ω_2，初相位分别为 φ_1 和 φ_2 的两个正弦量的相位差为

$$\Delta\varphi = (\omega_1 t + \varphi_1) - (\omega_2 t + \varphi_2) = (\omega_1 - \omega_2)t + \varphi_1 - \varphi_2 \tag{6-8}$$

从式（6-8）可以看出，两个不同频率的正弦量的相位差是随时间变化的量，无法稳定地表征正弦量之间的角度关系。

当两个正弦量的频率相等即 $\omega_1 = \omega_2 = \omega$ 时，设两个正弦量表达式分别为

$$u(t) = \sqrt{2}U\sin(\omega t + \varphi_u)$$

$$i(t) = \sqrt{2}I\sin(\omega t + \varphi_i)$$

根据式（6-8）可得上述电压与电流的相位差为

$$\Delta\varphi = (\omega t + \varphi_u) - (\omega t + \varphi_i) = \varphi_u - \varphi_i \tag{6-9}$$

式（6-9）表明，同频的两个正弦量的相位差为不随时间变化的定值，大小等于初相（φ_u 和 φ_i）之差。相位差的主值范围为 $[-\pi, \pi]$。当 $\Delta\varphi > 0$ 时，称电压超前电流或电流滞后电压，如图6-2（a）所示；当 $\Delta\varphi < 0$ 时，称电压滞后电流或电流超前电压，如图6-2（b）所示；当 $\Delta\varphi = 0$ 时，称电压与电流同相，如图6-2（c）所示；当 $\Delta\varphi = \pm\pi$ 时，称电压与电流反相，如图6-2（d）所示。

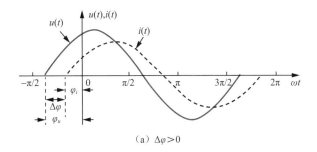

（a）$\Delta\varphi > 0$

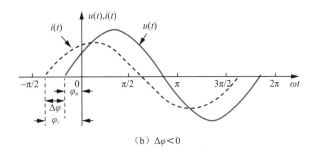

（b）$\Delta\varphi < 0$

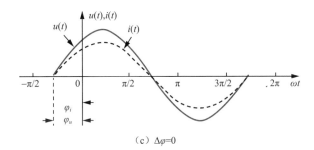

（c）$\Delta\varphi = 0$

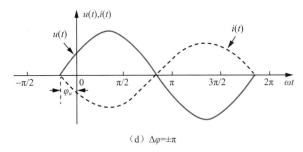

（d）$\Delta\varphi = \pm\pi$

图 6-2　两正弦量的相位差

6.2　复数基础

6.2.1　复数的形式

复数 N 的表达形式有多种，如代数形式、指数形式等。

代数形式对应直角坐标，记为

$$N = a + \mathrm{j}b \qquad (6\text{-}10)$$

其中，a 和 b 分别为复数的实部和虚部。

指数形式记为

$$N = |N|\mathrm{e}^{\mathrm{j}\theta} \qquad (6\text{-}11)$$

在极坐标下，指数形式可改写为

$$N = |N|\angle\theta \qquad (6\text{-}12)$$

其中，$|N|$ 为 N 的模值；θ 为辐角。

将直角坐标和极坐标同时绘制在复平面内，如图6-3所示，可得复数不同形式之间各参数的关系。

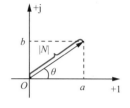

图 6-3　复平面上的复数表示

$$\begin{cases} a = |N|\cos\theta \\ b = |N|\sin\theta \end{cases} \Rightarrow \begin{cases} |N| = \sqrt{a^2 + b^2} \\ \theta = \arctan\left(\dfrac{b}{a}\right) \end{cases} \qquad (6\text{-}13)$$

需要注意，由于辐角 θ 的主值范围为 $[-\pi, \pi]$，因此当复数处于第二象限时，辐角为 $\theta = \arctan\left(\dfrac{b}{a}\right) + \pi$；当复数处于第三象限时，辐角为 $\theta = \arctan\left(\dfrac{b}{a}\right) - \pi$。

6.2.2　复数的运算

复数的主要运算包括加减法和乘除法，下面分别进行介绍。

在进行加法和减法运算时，采用代数形式比较简单，运算法则：设任意两个复数 $N_1 = a_1 + \mathrm{j}b_1$ 和 $N_2 = a_2 + \mathrm{j}b_2$，两者的和（差）$N$ 的实部等于 N_1 和 N_2 的实部之和（差），虚部等于 N_1 和 N_2 的虚部之和（差），即

$$N = N_1 \pm N_2 = (a_1 \pm a_2) + \mathrm{j}(b_1 \pm b_2) \qquad (6\text{-}14)$$

复数的加法和减法运算也可采用图解法，可依据平行四边形法则获得两个复数的和（差），分别如图6-4（a）和图6-5（a）所示。

平行四边形法则也可简化为三角形法则。利用三角形法则作和的运算法则：先作出第一个加数，然后在第一个加数的末端作第二个加数，连接第一个加数的始端和第二个加数的末端，方向指向第二个加数，即得到和，如图6-4（b）所示。

利用三角形法则作差的运算法则：先作出被减数，然后在被减数的始端作减数，连接被减数的末端和减数的末端，方向指向被减数，即得到差，如图6-5（b）所示。

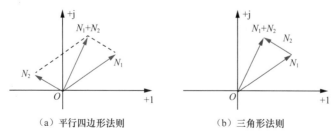

（a）平行四边形法则　　　　　　　　（b）三角形法则

图 6-4　复数加法的图解法

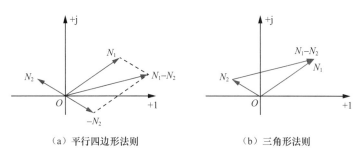

（a）平行四边形法则　　　　　（b）三角形法则

图 6-5　复数减法的图解法

在进行乘法和除法时，采用指数形式比较简单，运算法则：设任意两个复数 $N_1 = |N_1| e^{j\theta_1}$ 和 $N_2 = |N_2| e^{j\theta_2}$ 或者 $N_1 = |N_1| \angle \theta_1$ 和 $N_2 = |N_2| \angle \theta_2$，两者相乘（相除）所得的结果 N 的模值等于 N_1 和 N_2 的模值之积（之商），辐角等于 N_1 和 N_2 的辐角之和（差），即

$$N = N_1 \cdot N_2 = |N_1||N_2| e^{j(\theta_1 + \theta_2)} \qquad N = N_1 \cdot N_2 = |N_1||N_2| \angle (\theta_1 + \theta_2) \qquad （6\text{-}15）$$

$$N = \frac{N_1}{N_2} = \frac{|N_1|}{|N_2|} e^{j(\theta_1 - \theta_2)} \qquad N = \frac{N_1}{N_2} = \frac{|N_1|}{|N_2|} \angle (\theta_1 - \theta_2) \qquad （6\text{-}16）$$

将模值为 1、辐角为任意值 θ 的复数称为旋转因子，记为 $\mathrm{rot} = e^{j\theta}$，其与任意复数相乘的结果为使原始复数对应的向量逆时针旋转 θ 角度，如图6-6所示。

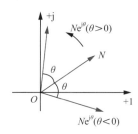

图 6-6　复数与旋转因子乘积的图解法

例6-1　试将复数 N_1、N_2 从直角坐标形式化为极坐标形式，将复数 N_3、N_4 从极坐标形式化为直角坐标形式。

（1）$N_1 = 3 + j4$；（2）$N_2 = -\sqrt{3} - j$；（3）$N_3 = 10\angle 45°$；（4）$N_4 = 5\angle -53.1°$。

解：（1）N_1 的模值为

$$|N_1| = \sqrt{3^2 + 4^2} = 5$$

由于实部、虚部均大于零，所以 N_1 位于第一象限，辐角为

$$\theta = \arctan\left(\frac{4}{3}\right) = 53.1°$$

所以复数 N_1 的极坐标形式为

$$N_1 = 5\angle 53.1°$$

（2）N_2 的模值为

$$|N_2| = \sqrt{\left(-\sqrt{3}\right)^2 + (-1)^2} = 2$$

由于实部、虚部均小于零，所以 N_2 位于第三象限，辐角为

$$\theta = -180° + \arctan\left(\frac{-1}{-\sqrt{3}}\right) = -150°$$

所以复数 N_2 的极坐标形式为

$$N_2 = 2\angle -150°$$

（3）$N_3 = 10\angle 45° = 10\cos(45°) + j10\sin(45°) = 5\sqrt{2} + j5\sqrt{2}$。

（4）$N_4 = 5\angle -53.1° = 5\cos(-53.1°) + j5\sin(-53.1°) = 3 - j4$。

例6-2 试求解下列复数运算的结果。

（1）已知 $N_1 = 3 + j4$，$N_2 = -\sqrt{3} - j$，计算 $N_1 \cdot N_2$ 和 $\dfrac{N_1}{N_2}$；

（2）已知 $N_3 = 5\sqrt{2}\angle 45°$，$N_4 = 5\angle -53.1°$，计算 $N_3 - N_4$；

（3）已知 $N_5 = \sqrt{2} - j\sqrt{2}$，计算 $j \cdot N_5$。

解：（1）由于需要进行乘除运算，因此需将 N_1、N_2 均化为极坐标形式，由例6-1（1）、（2）的结论可知

$$N_1 = 3 + j4 = 5\angle 53.1°，\quad N_2 = -\sqrt{3} - j = 2\angle -150°$$

根据复数乘法和除法的运算法则，可得

$$N_1 \cdot N_2 = 5\angle 53.1° \times 2\angle -150° = 10\angle -96.9°$$

$$\frac{N_1}{N_2} = \frac{5\angle 53.1°}{2\angle -150°} = 2.5\angle 203.1° = 2.5\angle -156.9°$$

（2）由于需要进行加减运算，因此需将 N_3、N_4 均化为直角坐标形式，即

$$N_3 = 5\sqrt{2}\angle 45° = 5\sqrt{2}\cos 45° + j5\sqrt{2}\sin 45° = 5 + j5$$

$$N_4 = 5\angle -53.1° = 5\cos(-53.1°) + j5\sin(-53.1°) \approx 3 - j4$$

根据复数加法和减法的运算法则，可得

$$N_3 + N_4 = (5 + j5) + (3 - j4) = 8 + j1$$

$$N_3 - N_4 = (5 + j5) - (3 - j4) = 2 + j9$$

（3）由于需要进行乘法运算，因此将 N_5 化为极坐标形式，即

$$N_5 = \sqrt{2} - j\sqrt{2} = 2\angle -45°$$

由于 j 为 90° 旋转因子，所以

$$j \cdot N_5 = 2\angle(-45° + 90°) = 2\angle 45°$$

6.3　相量

6.3.1　概念

可以证明，对于正弦激励的线性时不变电路，当电路达到稳态时，电路中的稳态响应（电压和电流）为与激励同频率的正弦量，将这种状态的电路称为正弦稳态电路。由于正弦稳态电路呈现单频特点，因此频率将不再是区分各个量的要素之一，只要明确有效值和相位即可。由此自然想到，可以寻找一种仅用大小和相位表示的数据形式来代表正弦稳态电路中的正弦量。

设一正弦电流为 $i(t)=\sqrt{2}I\sin(\omega t+\varphi_i)$，其对应一个复指数函数 $I(t)=\sqrt{2}Ie^{j(\omega t+\varphi_i)}$ 的虚部，即

$$i(t)=\text{Im}\big[I(t)\big]\qquad(6\text{-}17)$$

于是任何正弦量将与一个复指数函数相对应，即

$$i(t)=\sqrt{2}I\sin(\omega t+\varphi_i)\Leftrightarrow I(t)=\sqrt{2}Ie^{j(\omega t+\varphi_i)}\qquad(6\text{-}18)$$

当只关注正弦量的大小和相位时，意味着只取复指数的模值和初相，形成一个复数形式来代表该正弦量。把模值等于正弦量的有效值、辐角等于正弦量的初相的复数即 $Ie^{j\varphi_i}$，称作相量，定义为

$$\dot{I}=\text{ph}\big[i(t)\big]=Ie^{j\varphi_i}=I\angle\varphi_i\qquad(6\text{-}19)$$

用相量代表正弦量列写电路方程分析正弦稳态电路的方法称为相量法；将相量绘制在复平面上得到的图形称为相量图，在相量图的基础上利用复数图解法分析正弦稳态电路的方法称为相量图法。

虽然相量是一个复数，但复数并不一定都是相量。相量具有明确的物理意义，表征一个随时间做周期性变化的正弦量。此外，还应注意到代表相量的复数背后隐含着特定的频率信息。在书写上，为了和一般的复数进行区别，规定相量用大写字母上加一点"·"来表示，如式（6-19）中的 $\dot{I}$。

正弦量和相量的对应关系可以视作一种数学变换，其正、反变换可以表示为

$$\begin{cases}\dot{I}=\dfrac{\sqrt{2}I\cos(\omega t+\varphi_i)+j\sqrt{2}I\sin(\omega t+\varphi_i)}{\sqrt{2}e^{j\omega t}}\\[2mm] i(t)=\text{Im}\big[\sqrt{2}\dot{I}\cdot e^{j\omega t}\big]\end{cases}\qquad(6\text{-}20)$$

上述相量对应复数的模值为正弦量的有效值，因此被称为有效值相量。当复数的模值为正弦量的最大值，辐角为正弦量的初相时，该相量被称为最大值相量，或振幅相量，记为 $\dot{I}_m$。即

$$\begin{cases}\dot{I}_m=\dfrac{I_m\cos(\omega t+\varphi_i)+jI_m\sin(\omega t+\varphi_i)}{e^{j\omega t}}\\[2mm] i(t)=\text{Im}\big[\dot{I}_m\cdot e^{j\omega t}\big]\end{cases}$$

若 $f(t)$ 为任意正弦量，$\dot{F}$ 为 $f(t)$ 对应的相量，则对 $f(t)$ 取相量变换记作

$$\text{ph}\big[f(t)\big]=\dot{F}$$

对 $\dot{F}$ 取相量反变换记作

$$ph^{-1}\left[\dot{F}\right] = f(t)$$

本书中用"$f(t) \Leftrightarrow \dot{F}$"表示"任意正弦量 $f(t)$ 对应的相量为 $\dot{F}$，相量 $\dot{F}$ 对应的正弦量为 $f(t)$"。若无特殊说明，本书仅提"相量"时默认是有效值相量。

例6-3 试写出下列各正弦量对应的有效值相量和最大值相量，其中以有效值相量 $1\angle 0°$ 代表正弦量 $\sqrt{2}\sin\omega t$。

（1）$i(t) = 2\sqrt{2}\sin(\omega t + 30°)$ A；（2）$u(t) = 311\cos(\omega t + 60°)$ V。

解：（1）根据有效值相量和最大值相量的定义，可得

$$\dot{I} = ph\left[i(t)\right] = 2\angle 30° \text{ A} \qquad \dot{I}_m = ph\left[i(t)\right]_m = 2\sqrt{2}\angle 30° \text{ A}$$

（2）把题中给出的余弦函数统一为正弦函数，可得

$$u(t) = 311\cos(\omega t + 60°) = 311\sin(\omega t + 60° + 90°) = 311\sin(\omega t + 150°) \text{ V}$$

则 $\dot{U} = ph\left[u(t)\right] = \dfrac{311}{\sqrt{2}}\angle 150° \approx 220\angle 150° \text{ V} \qquad \dot{U}_m = ph\left[u(t)\right]_m = 311\angle 150° \text{ V}$

例6-4 试写出下列各相量对应的正弦量，其中以有效值相量 $1\angle 0°$ 代表正弦量 $\sqrt{2}\sin\omega t$，频率 $f = 50\text{Hz}$。

（1）$\dot{I} = 2\angle 60°$ A；（2）$\dot{U}_m = 10\angle -90°$ V。

解：根据正弦量与相量的转换关系，可得

（1）$i(t) = ph^{-1}\left[\dot{I}\right] = \text{Im}\left[\sqrt{2}\dot{I}\cdot e^{j\omega t}\right] = \text{Im}\left[2\sqrt{2}e^{j(2\times 50\pi t + 60°)}\right] \approx 2\sqrt{2}\sin(314t + 60°)$ A

（2）$u(t) = ph^{-1}\left[\dot{U}\right]_m = \text{Im}\left[\dot{U}_m \cdot e^{j\omega t}\right] = \text{Im}\left[10e^{j(2\times 50\pi t - 90°)}\right] \approx 10\sin(314t - 90°)$ V

6.3.2 线性及微分特性

1. 线性特性

线性特性包含可加性与齐次性。

设两个正弦量 $u_1(t) = \sqrt{2}\,U_1\sin(\omega t + \varphi_1)$ 和 $u_2(t) = \sqrt{2}\,U_2\sin(\omega t + \varphi_2)$，由式（6-20）可得：$u_1(t) = \sqrt{2}U_1\sin(\omega t + \varphi_1) = \text{Im}\left[\sqrt{2}\dot{U}_1 e^{j\omega t}\right]$，$u_2(t) = \sqrt{2}U_2\sin(\omega t + \varphi_2) = \text{Im}\left[\sqrt{2}\dot{U}_2 e^{j\omega t}\right]$，则两个正弦量的代数和为

$$u(t) = u_1(t) \pm u_2(t) = \text{Im}\left[\sqrt{2}\dot{U}_1 e^{j\omega t}\right] \pm \text{Im}\left[\sqrt{2}\dot{U}_2 e^{j\omega t}\right] = \text{Im}\left[\sqrt{2}\left(\dot{U}_1 \pm \dot{U}_2\right)e^{j\omega t}\right] \qquad (6\text{-}21)$$

由式（6-21）可知，正弦量 $u_1(t)$ 和 $u_2(t)$ 的代数和 $u(t)$ 所对应的相量为

$$u_1(t) \pm u_2(t) \Leftrightarrow \dot{U}_1 \pm \dot{U}_2 \qquad (6\text{-}22)$$

设某一正弦量 $u(t) = \sqrt{2}\,U\sin(\omega t + \varphi)$，$u(t)$ 与任意实数 k 相乘所得结果为

$$k \cdot u(t) = k \cdot \sqrt{2}U\sin(\omega t + \varphi) = k \cdot \text{Im}\left[\sqrt{2}\dot{U}e^{j\omega t}\right] = \text{Im}\left[\sqrt{2}\left(k \cdot \dot{U}\right)e^{j\omega t}\right] \qquad (6\text{-}23)$$

由式（6-23）可知，正弦量 $u(t)$ 与任意实数 k 的数乘运算所对应的相量为

$$k \cdot u(t) \Leftrightarrow k \cdot \dot{U} \qquad (6\text{-}24)$$

综合式（6-22）和式（6-24）可知，正弦量和相量之间的转换属于线性变换，同时满足可加性和齐次性。因此，若有 $f_1(t) \Leftrightarrow \dot{F}_1$，$f_2(t) \Leftrightarrow \dot{F}_2$，则对于任意实数 α、β，存在

$$\alpha \cdot f_1(t) \pm \beta \cdot f_2(t) \Leftrightarrow \alpha \cdot \dot{F}_1 \pm \beta \cdot \dot{F}_2 \qquad (6\text{-}25)$$

例6-5 已知两正弦量分别为 $i_1(t) = 10\sqrt{2}\sin(100t + 30°)$ A 和 $i_2(t) = 10\sqrt{2}\cos(100t + 30°)$ A，求 $i(t) = i_1(t) + i_2(t)$ 的正弦量表达式。

解：两个正弦量的函数形式不同，需要先进行统一。在题目没有明确要求的前提下，统一为正弦函数还是余弦函数都是可以的。以下以统一成正弦函数为例。

$$i_2(t) = 10\sqrt{2}\cos(100t + 30°) = 10\sqrt{2}\sin(100t + 30° + 90°) = 10\sqrt{2}\sin(100t + 120°) \text{A}$$

根据相量正变换可得，正弦量 $i_1(t)$ 和 $i_2(t)$ 所对应的相量分别为

$$\dot{I}_1 = \text{ph}\left[i_1(t)\right] = 10\angle30° \text{A} \qquad \dot{I}_2 = \text{ph}\left[i_2(t)\right] = 10\angle120° \text{A}$$

根据相量的线性特性，可得 $i(t) = i_1(t) + i_2(t)$ 所对应的相量为

$$\dot{I} = \dot{I}_1 + \dot{I}_2 = 10\angle30° + 10\angle120° = \left(5 + \text{j}5\sqrt{3}\right) + \left(-5\sqrt{3} + \text{j}5\right) \approx -3.66 + \text{j}13.66 = 14.14\angle105° \text{A}$$

由相量反变换，可得

$$i(t) = i_1(t) + i_2(t) = 14.14\sqrt{2}\sin(100t + 105°) = 20.38\sin(100t + 105°) \text{A}$$

在例6-5中，如果最初将函数统一为余弦函数，那么最后对和相量进行相量反变换的结果也将是余弦函数。

2. 微分特性

设正弦量 $u(t) = \sqrt{2}U\sin(\omega t + \varphi)$，则 $u(t)$ 的一阶微分为

$$\frac{\text{d}u(t)}{\text{d}t} = \omega \cdot \sqrt{2}U\cos(\omega t + \varphi) = \omega \cdot \sqrt{2}U\sin(\omega t + \varphi + 90°)$$

若 $u(t) \Leftrightarrow \dot{U}$，则有

$$\text{ph}\left[\frac{\text{d}u(t)}{\text{d}t}\right] = \omega \cdot U\angle(\varphi + 90°) = \text{j}\omega \cdot U\angle\varphi = \text{j}\omega\dot{U}$$

由此可得，若有 $f(t) \Leftrightarrow \dot{F}$，则存在

$$\frac{\text{d}f(t)}{\text{d}t} \Leftrightarrow \text{j}\omega \cdot \dot{F} \qquad (6\text{-}26)$$

式（6-26）称为相量的微分特性，说明正弦量在时域的一阶微分运算结果所对应的相量为该正弦量的相量与 $\text{j}\omega$ 的乘积，通常称 $\text{j}\omega$ 为一阶微分算子。

例6-6 如图6-7所示的 RL 串联电路，已知 $u_s(t) = 100\sqrt{2}\sin(t + 30°)$ V，$R = 1\Omega$，$L = 1$H，试求：电路中电流 $i(t)$ 的正弦稳态解。

解：对图6-7所示电路列写KVL方程，结合元件VAR，得

$$u_s(t) = u_R + u_L = Ri + L\frac{di}{dt} \qquad (6\text{-}6\text{-}1)$$

显然在时域中涉及微分方程的求解，相对比较困难。

根据相量的代数和运算与微分运算法则，可得式（6-6-1）的相量形式为

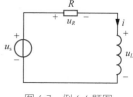

图 6-7　例 6-6 题图

$$\dot{U}_s = R\dot{I} + j\omega L\dot{I} = (R + j\omega L)\dot{I} \qquad (6\text{-}6\text{-}2)$$

由题意可知，$R = 1\Omega$，$L = 1H$，且有

$$\dot{U}_s = 100\angle 30° \,\text{V} \qquad \omega = 1\text{rad/s}$$

将上述数值代入式（6-6-2），解得

$$\dot{I} = \frac{100\angle 30°}{1 + j1} = \frac{100\angle 30°}{\sqrt{2}\angle 45°} = 50\sqrt{2}\angle -15° \,\text{A}$$

由相量的反变换，得 $i(t)$ 为

$$i(t) = 100\sin(t - 15°) \,\text{A}$$

由例 6-6 的分析过程可以看出，由于相量的微分特性将时域的微分运算转换为频域的乘法运算，避免了在正弦稳态电路中求解微分方程，使计算量大幅下降。用于求解正弦稳态问题的相量法将在第 7 章进行更为详细和系统的讨论。

6.4　基尔霍夫定律的相量形式

KCL 和 KVL 在电路分析中有着重要的作用。在频域中使用相量法分析电路时，依然离不开这两个定律。

KCL 的时域形式为

$$\sum i_k = 0 \qquad (6\text{-}27)$$

根据相量的代数和运算法则，可得 KCL 的相量形式为

$$\sum \dot{I}_k = 0 \qquad (6\text{-}28)$$

式（6-28）表明：在集总参数电路中，任一时刻，对任一节点，流入（或流出）该节点的所有支路电流的相量的代数和恒等于零。

KVL 的时域形式为

$$\sum u_k = 0 \qquad (6\text{-}29)$$

根据相量的代数和运算法则，可得 KVL 的相量形式为

$$\sum \dot{U}_k = 0 \qquad (6\text{-}30)$$

式（6-30）表明：在集总参数电路中，任一时刻，沿任一回路，该回路中所有支路电压的相量的代数和恒等于零。

6.5 阻抗和导纳

除了基尔霍夫定律，支路VAR方程也是分析电路的基本约束方程。为了获得正弦稳态电路的系统性分析方法，还必须建立起支路VAR的相量形式。

在正弦稳态电路的各支路中可能包含电阻 R、电感 L、电容 C 或它们的组合，因此首先研究单个元件VAR的相量形式，在此基础上进一步讨论含有多种元件的支路VAR的相量形式。

6.5.1 元件 VAR 的相量形式

1. 线性电阻 R 的VAR的相量形式

设线性电阻元件 R 两端电压为 $u_R(t)$，流过电流为 $i_R(t)$，关联参考方向下 R 的时域VAR为

$$u_R(t) = R \cdot i_R(t) \tag{6-31}$$

根据相量的数乘运算法则，式（6-31）所对应的相量形式为

$$\dot{U}_R = R \cdot \dot{I}_R = U_R \angle \varphi_u = R \cdot I_R \angle \varphi_i \tag{6-32}$$

式（6-32）为复数方程，等号两端的复数应满足模值和相位分别相等，可得

$$\begin{cases} U_R = R \cdot I_R \\ \varphi_u = \varphi_i \end{cases} \tag{6-33}$$

相应的相量图如图6-8所示。由式（6-33）和图6-8可知，电阻元件的电压和电流同相。反过来，若已知某端口的端口电压与端口电流同相，则该端口对外呈现纯阻性。

图6-9（a）所示为电阻元件 R 的时域模型。式（6-32）表明，电阻上的电压相量和电流相量满足欧姆定律，若将时域模型中的电压、电流换成对应的相量，电阻元件符号上仍标注 R，则可得到电阻元件 R 的相量模型，如图6-9（b）所示。

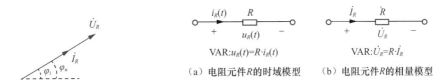

图 6-8　电阻元件 R 的相量图　　　　图 6-9　电阻元件 R 的时域模型和相量模型

（a）电阻元件 R 的时域模型　　（b）电阻元件 R 的相量模型

将式（6-32）改写为压控型方程，即得到关联参考方向下电压为 $\dot{U}_G$、电流为 $\dot{I}_G$ 的电导元件 G 的VAR为

$$\dot{I}_G = \frac{1}{R} \cdot \dot{U}_G = I_G \angle \varphi_i = G \cdot U_G \angle \varphi_u \tag{6-34}$$

式（6-34）为复数方程，等号两端的复数应满足模值和相位分别相等，可得

$$\begin{cases} I_G = G \cdot U_G \\ \varphi_i = \varphi_u \end{cases}$$

相应的相量图如图6-10所示。

图6-11给出了电导元件 G 的时域模型和相量模型。

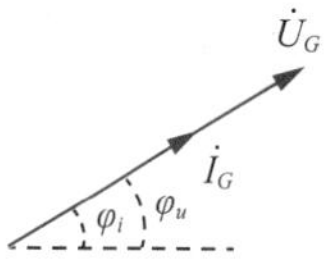

图 6-10　电导元件 G 的相量图

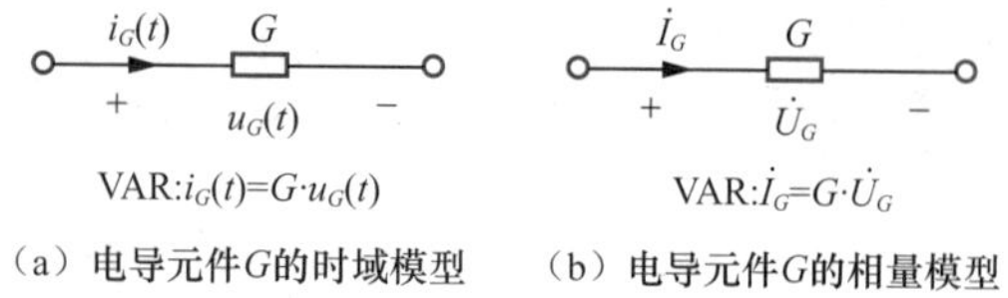

（a）电导元件 G 的时域模型　　（b）电导元件 G 的相量模型

图 6-11　电导元件 G 的时域模型和相量模型

2. 电感元件 L 的VAR的相量形式

设线性电感元件 L 两端电压为 $u_L(t)$，流过电流为 $i_L(t)$，关联参考方向下 L 的时域VAR为

$$u_L(t) = L \cdot \frac{\mathrm{d}i_L(t)}{\mathrm{d}t} \qquad (6\text{-}35)$$

根据相量的微分运算法则，式（6-35）所对应的相量形式为

$$\dot{U}_L = \mathrm{j}\omega L \cdot \dot{I}_L = U_L \angle \varphi_u = \omega L \cdot I_L \angle \varphi_i + 90° \qquad (6\text{-}36)$$

由式（6-36）可以看出，频域中电感元件 L 的VAR的数学形式由微分运算形式变为了乘法运算形式。将 $X_L = \omega L$ 称为感抗，表征频域中电感元件阻碍电流通过的能力，具有欧姆的量纲。

式（6-36）为复数方程，等号两端的复数应满足模值和相位分别相等，可得

$$\begin{cases} U_L = \omega L \cdot I_L \\ \varphi_u = \varphi_i + 90° \end{cases} \qquad (6\text{-}37)$$

相应的相量图如图6-12所示。由式（6-37）和图6-12可知，电感元件 L 电压的相位超前电流相位90°。反过来，若已知某端口的端口电压相位超前端口电流相位90°，则该端口对外呈现纯感性。

图6-13（a）所示为电感元件 L 的时域模型。式（6-36）表明，频域下电感元件的相量VAR具备与电阻元件相同的复数方程形式，因此其相量模型如图6-13（b）所示。

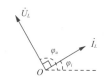

图 6-12　电感元件 L 的相量图

（a）电感元件 L 的时域模型　　（b）电感元件 L 的相量模型

图 6-13　电感元件 L 的时域模型和相量模型

将式（6-36）改写为压控型方程为

$$\dot{I}_L = \frac{1}{\mathrm{j}\omega L} \cdot \dot{U}_L = -\mathrm{j}\frac{1}{\omega L} \cdot \dot{U}_L \qquad (6\text{-}38)$$

将 $B_L = -\dfrac{1}{\omega L}$ 称为感纳，表征频域中电感元件导通电流的能力，具有西[门子]的量纲，单位符号S。

3. 线性电容元件 C 的VAR的相量形式

设线性电容元件 C 两端电压为 $u_C(t)$，流过的电流为 $i_C(t)$，关联参考方向下 C 的时域VAR为

$$i_C(t) = C \cdot \frac{\mathrm{d}u_C(t)}{\mathrm{d}t} \qquad (6\text{-}39)$$

根据相量的微分运算法则，式（6-39）所对应的相量形式为

$$\dot{I}_C = j\omega C \cdot \dot{U}_C = I_C \angle \varphi_i = \omega C \cdot U_C \angle \varphi_u + 90° \qquad （6-40）$$

由式（6-40）可以看出，在频域中，电容元件 C 的VAR的数学形式由微分运算形式变为了乘法运算形式。将 $B_C = \omega L$ 称为容纳，表征频域中电容元件导通电流的能力，具有西［门子］的量纲，其单位符号为S。

式（6-40）为复数方程，等号两端的复数应满足模值和相位分别相等，可得

$$\begin{cases} I_C = \omega C \cdot U_C \\ \varphi_u = \varphi_i - 90° \end{cases} \qquad （6-41）$$

相应的相量图如图6-14所示。由式（6-41）和图6-14可知，电容元件 C 电压的相位滞后电流的相位90°。反过来，若已知某端口的端口电压相位滞后端口电流相位90°，则该端口对外呈现纯容性。

将式（6-40）改写为流控型方程为

$$\dot{U}_C = \frac{1}{j\omega C} \cdot \dot{I}_C = -j\frac{1}{\omega C} \cdot \dot{I}_C \qquad （6-42）$$

将 $X_C = -\dfrac{1}{\omega C}$ 称为容抗，表征频域中电容元件阻碍电流通过的能力，具有欧［姆］的量纲，其单位符号为Ω。图6-15（a）所示为电容元件 C 的时域模型。式（6-42）表明，频域下电容元件的相量VAR具备与电阻元件相同的复数方程形式，因此其相量模型如图6-15（b）所示。

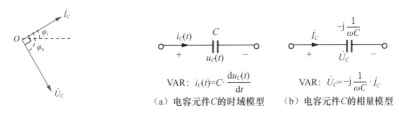

图 6-14　电容元件 C 的相量图　　图 6-15　电容元件 C 的时域模型和相量模型

4. 电源VAR的相量形式

无论是独立源，还是受控源，其VAR的相量形式都是直接对时域形式取相量即可得到的；相量模型与时域模型的区别仅在于元件两端的电压和流过元件的电流均为相量形式，其余都不变。图6-16以独立电压源为例给出说明。

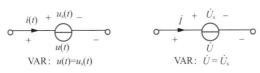

图 6-16　独立电压源的时域模型和相量模型

6.5.2　阻抗和导纳的概念

阻抗和导纳（1）

1. 阻抗

由式（6-32）、式（6-36）和式（6-42）发现，频域中电阻元件、电感元件和电容元件这3类

基本元件的流控型VAR展现出了相同的形式，自变量前的系数 R 、 $j\omega L$ 、 $-j\dfrac{1}{\omega C}$ 都具有欧姆的量纲，将 R 、 $j\omega L$ 、 $-j\dfrac{1}{\omega C}$ 或它们的组合统称为阻抗，用 Z 表示。于是3类基本元件的流控型VAR统一表示为

$$\dot{U} = Z\dot{I} \tag{6-43}$$

将式（6-43）称为欧姆定律的相量形式。

根据式（6-43），得到正弦稳态下如图6-17所示的不含独立电源的网络 N_0 的输入阻抗的定义式为

$$Z = \frac{\dot{U}}{\dot{I}} \tag{6-44}$$

由于电压和电流均为复数，二者之比所得阻抗也为复数，因此阻抗又称为复阻抗。虽然阻抗是一个复数，但并不与某一正弦量相对应，因此阻抗不是一个相量。

令 $\dot{U} = U\angle\varphi_u$ ， $\dot{I} = I\angle\varphi_i$ ，进一步推导式（6-44）可得

$$Z = \frac{\dot{U}}{\dot{I}} = \frac{U\angle\varphi_u}{I\angle\varphi_i} = \frac{U}{I}\angle(\varphi_u - \varphi_i) = |Z|\angle\theta_Z \tag{6-45}$$

将 $|Z| = \dfrac{U}{I}$ 称为阻抗的模值；辐角 $\theta_Z = \varphi_u - \varphi_i$ 称为阻抗角。

将式（6-45）改写为直角坐标形式为

$$Z = |Z|\angle\theta_Z = |Z|\cos\theta_Z + j|Z|\sin\theta_Z = R + jX \tag{6-46}$$

将 Z 的实部 R 称为电阻分量，虚部 X 称为电抗分量。观察式（6-46），发现极坐标下阻抗的两项 $|Z|$ 、 θ_Z 和直角坐标下阻抗的两项 R 、 X 满足

$$\begin{cases} R = |Z|\cos\theta_Z \\ X = |Z|\sin\theta_Z \end{cases} \Rightarrow \begin{cases} |Z| = \sqrt{R^2 + X^2} \\ \theta_Z = \arctan\dfrac{X}{R} \end{cases}$$

具备直角三角形的构成要素，将该三角形称为阻抗三角形，如图6-18所示。

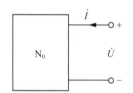

图6-17　不含独立电源的二端网络

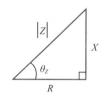

图6-18　阻抗三角形

2. 导纳

由式（6-34）、式（6-38）和式（6-40）发现，频域中电导元件、电感元件和电容元件这3类基本元件的压控型VAR展现出了相同的形式，自变量前的系数 G 、 $-j\dfrac{1}{\omega L}$ 、 $j\omega C$ 都具有西门子的量纲，将 G 、 $-j\dfrac{1}{\omega L}$ 、 $j\omega C$ 或它们的组合统称为导纳，用 Y 表示。于是这3类基本元件的压控型VAR统一表示为

$$\dot{I} = Y\dot{U} \tag{6-47}$$

式（6-47）也称为欧姆定律的相量形式。

根据式（6-47），得到正弦稳态下如图6-17所示的不含独立电源的网络 N_0 的输入导纳的定义式为

$$Y = \frac{\dot{I}}{\dot{U}} \tag{6-48}$$

与"阻抗不是相量"同理，导纳也并不是相量。

令 $\dot{I} = I\angle\varphi_i$，$\dot{U} = U\angle\varphi_u$，进一步推导式（6-48）可得

$$Y = \frac{\dot{I}}{\dot{U}} = \frac{I\angle\varphi_i}{U\angle\varphi_u} = \frac{I}{U}\angle(\varphi_i - \varphi_u) = |Y|\angle\theta_Y \tag{6-49}$$

将 $|Y| = \dfrac{I}{U}$ 称为导纳的模值，辐角 $\theta_Y = \varphi_i - \varphi_u$ 称为导纳角。

将式（6-49）改写为直角坐标形式为

$$Y = |Y|\angle\theta_Y = |Y|\cos\theta_Y + j|Y|\sin\theta_Y = G + jB \tag{6-50}$$

将 Y 的实部 G 称为电导分量，虚部 B 称为电纳分量。观察式（6-50）发现，极坐标下导纳的两项 $|Y|$、θ_Y 和直角坐标下导纳的两项 G、B 满足

$$\begin{cases} G = |Y|\cos\theta_Y \\ B = |Y|\sin\theta_Y \end{cases} \Rightarrow \begin{cases} |Y| = \sqrt{G^2 + B^2} \\ \theta_Y = \arctan\dfrac{B}{G} \end{cases}$$

具备了直角三角形的构成要素，将该三角形称为导纳三角形，如图6-19所示。

由式（6-44）、式（6-48），可得阻抗与导纳满足以下关系

$$Z = \frac{1}{Y} \tag{6-51}$$

由式（6-45）、式（6-49）进一步得以下关系成立

$$\begin{cases} |Z| = \dfrac{1}{|Y|} \\ \theta_Z = -\theta_Y \end{cases}$$

请读者思考：由式（6-46）和式（6-50），是否有 $R = \dfrac{1}{G}$、$X = \dfrac{1}{B}$ 成立？

阻抗和导纳是对偶元件，分别是电阻和电导概念在频域的推广，其电路符号与时域中电阻和电导的电路符号相同，如图6-20所示。

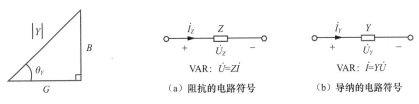

图 6-19　导纳三角形　　　　图 6-20　阻抗和导纳的电路符号

（a）阻抗的电路符号　　　　（b）导纳的电路符号

阻抗和导纳的串、并联公式分别与电阻和电导的形式相同，如阻抗 Z_1 和 Z_2，二者串联的

等效阻抗为 $Z = Z_1 + Z_2$，并联的等效阻抗 $Z = \dfrac{Z_1 Z_2}{Z_1 + Z_2}$；导纳 Y_1 和 Y_2，二者并联的等效导纳为

$Y = Y_1 + Y_2$，串联的等效导纳 $Y = \dfrac{Y_1 Y_2}{Y_1 + Y_2}$。

6.5.3 阻抗和导纳的性质

阻抗和导纳（2）

正弦交流电路
参数改变对
响应的影响

正弦稳态电路中，无源二端网络 N_0 对外电路呈现的性质可以通过其输入阻抗或输入导纳判断。

1. 当 N_0 呈现感性时

当 N_0 呈现感性时最简等效形式为电阻元件和电感元件的串联或并联，以串联为例，如图6-21所示。

图6-21所示 RL 串联网络的输入阻抗为

$$Z = R + j\omega L = R + jX \tag{6-52}$$

由式（6-52）可知，当电路对外呈现感性时，阻抗 Z 的虚部 $X > 0$，由于对偶，此时导纳 Y 的虚部 $B < 0$（请读者自行推导 RL 串联网络的导纳表达式）。

由图6-21可得方程

$$\dot{U} = \dot{U}_R + \dot{U}_L = R\dot{I} + j\omega L\dot{I}$$

令 $\dot{I} = I\angle 0°$，将各响应标示于相量图上，如图6-22所示。

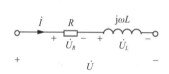

图 6-21 RL 串联电路

图 6-22 RL 串联电路相量图

观察图6-22所示相量图发现，当网络呈现感性时，端口电压 $\dot{U}$ 超前端口电流 $\dot{I}$，因此阻抗角 $\theta_Z > 0$，由对偶可知此时导纳角 $\theta_Y < 0$。

图6-22中 $\dot{U}$、$\dot{U}_R$、$\dot{U}_L$ 这3个电压相量形成了一个直角三角形，称为电压三角形。电压三角形的各条边均是在阻抗三角形的基础上乘以电流相量 $\dot{I}$ 得到的，因此电压三角形与阻抗三角形是相似三角形。

2. 当 N_0 呈现容性时

当 N_0 呈现容性时最简等效形式为电导元件和电容元件的串联或并联，以并联为例，如图6-23所示。

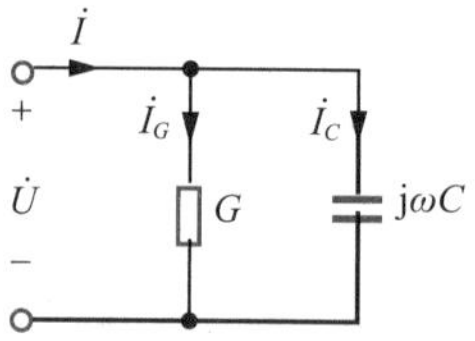

图6-23所示 GC 并联网络的输入导纳为

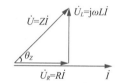

图 6-23 GC 并联电路

$$Y = G + j\omega C = G + jB \tag{6-53}$$

由式（6-53）可知，当电路对外呈现容性时，导纳 Y 的虚部 $B > 0$，由于对偶，此时阻抗 Z 的虚部 $X < 0$（请读者自行推导 GC 并联网络的阻抗表达式）。

由图6-23可得方程

$$\dot{I} = \dot{I}_G + \dot{I}_C = G\dot{U} + j\omega C\dot{U}$$

令 $\dot{U} = U\angle0°$，将各响应标示于相量图上，如图6-24所示。

观察图6-24所示相量图，发现当网络呈现容性时，端口电压 $\dot{U}$ 滞后端口电流 $\dot{I}$，因此导纳角 $\theta_Y > 0$，由对偶可知此时阻抗角 $\theta_Z < 0$。

图6-24中 $\dot{I}$、$\dot{I}_G$、$\dot{I}_C$ 这3个电流相量形成了一个直角三角形，称为电流三角形。电流三角形的各条边均是在导纳三角形基础上乘以电压相量 $\dot{U}$ 得到的，因此电流三角形与导纳三角形是相似三角形。

3. 当N$_0$呈现阻性时

当N$_0$呈现阻性时最简等效形式为电阻元件，如图6-25所示。

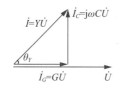
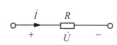

图 6-24　GC 并联电路相量图　　　　图 6-25　电阻电路

图6-25所示电阻元件的输入阻抗和输入导纳分别为

$$Z = R \qquad Y = G \qquad\qquad (6-54)$$

由式（6-54）可知，当电路对外呈现阻性时，阻抗 Z 和导纳 Y 的虚部均为零，且阻抗角 θ_Z 和导纳角 θ_Y 也均为零。

 **探索多一点**

（1）相量法和拓宽视野、转变思路。

如果一直局限于时域范围，读者可以想象对于正弦稳态电路的求解将会多么困难，相量法的提出正是由于拓宽了视野，转变了思路，才进入频域范围，看起来分析过程经历"时域—频域—时域"的曲折步骤，但每一步都走得相对简单，最终使得难题迎刃而解。生活中若遇到复杂难解的问题时，不妨试试打破固有视野及局限，换个思路，另辟蹊径，曲线迂回也不失为解决问题的一个好办法。

（2）以乐观主义精神迎接命运的挑战。

施泰因梅茨的先天残疾并没有成为他攀登科学高峰的绊脚石，反而激发了他更加勇猛的斗志，这种积极应对挑战的人生态度值得每一个人学习。人生不是坦途，荆棘密布是常态，追梦的路上每个人都会遇到这样、那样的不如意，战胜困难的法宝就是坚定的信仰和必胜的信心。生活以痛吻我，我却报之以歌，永不言弃的乐观主义精神会让我们把命运牢牢掌握在自己手中，以梦为马，不负韶华！

诗词遇见电路

青玉案·正弦量和相量

跌宕起伏正弦量。恰便似、人生路。
征途曲线因何固？
振幅高度，频率步幅，初相知来处。
正弦电路含容感，微分方程求解苦。
稳态特解可曾殊？
诸量同频，形借复数。相量应时出。

附：《青玉案·凌波不过横塘路》原文

青玉案·凌波不过横塘路

宋 贺铸

凌波不过横塘路。但目送、芳尘去。
锦瑟华年谁与度？
月桥花院，琐窗朱户。只有春知处。
飞云冉冉蘅皋暮。彩笔新题断肠句。
若问闲情都几许？
一川烟草，满城风絮。梅子黄时雨。

习题6

6-1 写出下列各正弦量的有效值相量和最大值相量，其中以有效值相量 $1\angle0°$ 代表正弦量 $\sqrt{2}\sin\omega t$。

（1） $u(t)=100\sin(\omega t+120°)\text{V}$；　　　　（2） $u(t)=-311\sin(314t+45°)\text{V}$；

（3） $i(t)=10\sqrt{2}\cos(\omega t-30°)\text{A}$；　　　（4） $i(t)=-30\sqrt{2}\cos(\omega t-50°)\text{A}$。

6-2 写出下列各相量对应的正弦量，其中以有效值相量 $1\angle0°$ 代表正弦量 $\sqrt{2}\sin\omega t$。

（1） $\dot{U}_\text{m}=10\angle30°\text{V}$；（2） $\dot{I}=100\angle-135°\text{A}$；（3） $\dot{U}=6+\text{j}8\text{V}$；（4） $\dot{I}_\text{m}=-3+\text{j}3\text{A}$。

6-3 求下列各小题中电压和电流的相位差，并指明它们的超前和滞后关系。

（1）$u(t) = 311\sin(\omega t + 120°)\text{V}$，$i(t) = 10\sqrt{2}\sin(\omega t - 30°)\text{A}$；

（2）$u(t) = 311\sin(314t + 45°)\text{V}$，$i(t) = 10\sqrt{2}\cos(314t + 45°)\text{A}$；

（3）$u(t) = -311\sin(314t + 45°)\text{V}$，$i(t) = 10\sqrt{2}\sin(314t - 30°)\text{A}$。

6-4　求解下列各小题中的复数运算。

（1）已知 $a = 2 + \text{j}2$，$b = \sqrt{2}\angle 45°$，求 $a + b$；

（2）已知 $a = 1 + \text{j}$，$b = \sqrt{2}\angle 45°$，求 $a \cdot b$；

（3）已知 $a = 6 + \text{j}8$，$b = \sqrt{2}\angle 45°$，求 a/b。

6-5　已知某二端元件的电压和电流表达式，试说明该元件是电阻、电容，还是电感。

（1）关联参考方向下：$u(t) = 311\sin(\omega t + 120°)\text{V}$，$i(t) = 10\sqrt{2}\sin(\omega t + 30°)\text{A}$；

（2）关联参考方向下：$u(t) = 311\sin(\omega t + 45°)\text{V}$，$i(t) = 10\sqrt{2}\cos(\omega t + 45°)\text{A}$；

（3）非关联参考方向下：$u(t) = 311\sin(\omega t + 120°)\text{V}$，$i(t) = 10\sqrt{2}\sin(\omega t + 120°)\text{A}$；

（4）非关联参考方向下：$u(t) = 311\sin(\omega t + 120°)\text{V}$，$i(t) = 10\sqrt{2}\sin(\omega t - 150°)\text{A}$。

6-6　正弦稳态电路如题6-6图（a）所示，其中 $u(t) = 10\sqrt{2}\sin(2t + 75°)\text{V}$，$i(t) = 2\sin(2t + 30°)\text{A}$，无源网络 N_0 可被等效为题6-6图（b）所示的串联形式最简等效电路。求题6-6图（b）中的元件参数 R 和 L。

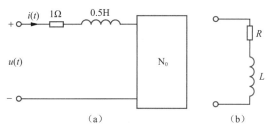

题6-6
视频讲解

题 6-6 图

6-7　试求：题6-7图所示正弦稳态电路在 50Hz 下的输入阻抗 Z_{in}，并指明该输入阻抗的性质。

6-8　某内部不含独立电源的正弦稳态网络 N_0 如题6-8图所示，已知 $u(t) = 10\sqrt{2}\sin(2t + 45°)\text{V}$，$i(t) = 20\sqrt{2}\sin(2t)\text{A}$，如欲将该网络变为纯阻性网络，需在端口处并联多大的电容？

题6-8
视频讲解

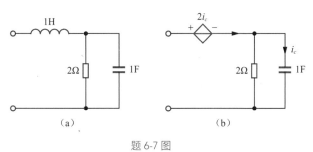

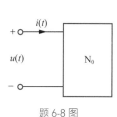

题 6-7 图

题 6-8 图

第 **7** 章

周期信号电路的稳态分析

第6章重点讲解了相量法的基础，主要包括正弦量与相量的对应关系、相量的运算法则、正弦稳态电路中两类约束的相量形式及基本元件对应的相量模型、阻抗和导纳的概念及性质等。在此基础上，本章将重点讨论周期信号电路的稳态分析，包括以下3个方面：一是正弦稳态电路的分析及功率，学习过程中要注意与直流电阻电路的分析相对比；二是三相电路的基础知识，尤其是对称三相电路的分析；三是对非正弦周期信号稳态电路的分析。

◉ 思考多一点

（1）电能转化成的光能、热能、机械能等，是直接以"有形可感"的形式存在的，其对应的功率被称为"有功功率"；交流电路中网络与外部电路周期性往复交换的那部分能量，不能被直接感知，其对应的功率被称为"无功功率"。电网中的无功功率是"无用"的功率吗？电网的高质量运行能缺少无功功率吗？"有"和"无"之间，到底有着怎样的辩证关系？

（2）发电机的容量一定时，负载的功率因数越低，其输出的平均功率越小，设备的利用率越低。负载的平均功率一定时，负载的功率因数越低，输电线路上电压损失和功率损耗越大。因此，提高功率因数具有重要的工程意义。为提高功率因数就要进行无功补偿，在感性负载两端并联电容器可以达到无功补偿的效果，但是当并联电容值过大时，功率因数反而降低，这种"过犹不及"的情况是否能给予读者一些启发呢？

7.1 正弦稳态电路

正弦稳态电路是在正弦激励下、响应与激励为同频正弦量的单频电路。正弦稳态电路中多含电容和电感元件，时域中所列方程为微分方程，由于电路已处于稳态，根据数学知识，可知此时电路的响应对应的是微分方程的特解。同时电容元件和电感元件的特性使得正弦稳态电路中的功率体现出不同于电阻电路的多样性。

相量法求解
正弦稳态电路

7.1.1 正弦稳态电路的分析

第6章中得到了基本元件的相量模型及两类约束的相量形式，这使得整个电路模型及对电路的分析能够从时域转到频域。相量法就是指基于电路的相量模型，利用两类约束、等效变换、节点电压法、网孔电流法、叠加定理、戴维南定理等电路分析方法的频域形式求解正弦稳态电路。频域中应用上述电路分析方法的思路与直流电路的相同，只需要注意将电压、电流都替换成相应的相量形式即可。

相量法的一般步骤如下。

（1）作出时域电路的相量模型；

（2）应用合适的电路分析方法求解感兴趣的响应，得到其相量形式；

（3）将响应的相量形式进行反变换，得到其时域表达式。

有时题目中给出的模型就是相量模型，所需求解的也是响应的相量形式，此时只需要进行上述步骤中的第（2）步即可。

例7-1 图7-1所示电路中，已知 $u_s = 141.4\sin(314t)\,\text{V}$，$R_1 = 100\Omega$，$R_2 = 10\Omega$，$L = 500\text{mH}$，$C = 10\mu\text{F}$，求各支路电流 i_1、i_2、i_3。

解：作出图7-1所示电路的相量模型，如图7-2所示。

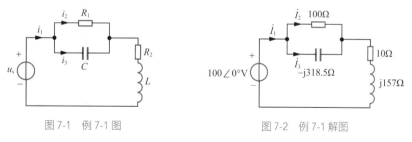

图 7-1 例 7-1 图   图 7-2 例 7-1 解图

R_1 与 C 并联支路的阻抗 Z_1 和 R_2 与 L 串联支路的阻抗 Z_2 分别为

$$Z_1 = \frac{R_1\left(-j\dfrac{1}{\omega C}\right)}{R_1 - j\dfrac{1}{\omega C}} = 92.2 - j289.3\ \Omega\ ,\quad Z_2 = R_2 + j\omega L = 10 + j157\ \Omega$$

回路总阻抗

$$Z = Z_1 + Z_2 = 102.2 - j132.3\ \Omega$$

回路总电流

$$\dot{I}_1 = \frac{\dot{U}}{Z} \approx 0.598\angle 52.3° \text{ A}$$

应用并联电路分流公式，得

$$\dot{I}_2 = \frac{-j\dfrac{1}{\omega C}}{R_1 - j\dfrac{1}{\omega C}}\dot{I}_1 \approx 0.182\angle -20° \text{ A} \quad , \quad \dot{I}_3 = \frac{R_1}{R_1 - j\dfrac{1}{\omega C}}\dot{I}_1 \approx 0.570\angle 70° \text{ A}$$

相应的时域结果分别为

$$i_1 \approx 0.598\sqrt{2}\sin(314t + 52.3°) \text{ A}$$

$$i_2 \approx 0.182\sqrt{2}\sin(314t - 20°) \text{ A}$$

$$i_3 \approx 0.57\sqrt{2}\sin(314t + 70°) \text{ A}$$

例7-2 列写图7-3所示电路相量形式的节点电压方程。

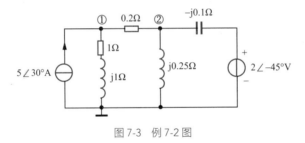

图 7-3　例 7-2 图

解：按照节点电压方程列写规律，得

$$\begin{cases} \left(\dfrac{1}{0.2} + \dfrac{1}{1+j1}\right)\dot{U}_{n1} - \dfrac{1}{0.2}\dot{U}_{n2} = 5\angle 30° \\ -\dfrac{1}{0.2}\dot{U}_{n1} + \left(\dfrac{1}{0.2} + \dfrac{1}{j0.25} + \dfrac{1}{-j0.1}\right)\dot{U}_{n2} = \dfrac{2\angle -45°}{-j0.1} \end{cases}$$

整理，得标准节点电压方程为

$$\begin{cases} (5.5 - j0.5)\dot{U}_{n1} - 5\dot{U}_{n2} = 5\angle 30° \\ -5\dot{U}_{n1} + (5 - j6)\dot{U}_{n2} = 20\angle 45° \end{cases}$$

例7-3 列写图7-4所示电路相量形式的网孔电流方程。

解：先把受控源当作独立源处理，同时注意到网孔2的独有支路上存在无伴电流源支路，列写网孔电流方程为

$$\begin{cases} (2+\mathrm{j}1)\cdot \dot{I}_{\mathrm{m1}} - \mathrm{j}1\cdot \dot{I}_{\mathrm{m2}} - 2\cdot \dot{I}_{\mathrm{m3}} = 3\angle 0° \\ \dot{I}_{\mathrm{m2}} = -1\angle 15° \qquad\qquad (\underline{7\text{-}3}\text{-}1) \\ -2\cdot \dot{I}_{\mathrm{m1}} - (-\mathrm{j}1)\cdot \dot{I}_{\mathrm{m2}} + (2+\mathrm{j}2-\mathrm{j}1)\cdot \dot{I}_{\mathrm{m3}} = 2\dot{I} \end{cases}$$

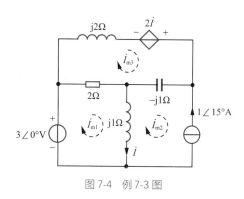

图 7-4　例 7-3 图

到控制量所在支路补充关于控制量 $\dot{I}$ 的方程为

$$\dot{I} = \dot{I}_{\mathrm{m1}} - \dot{I}_{\mathrm{m2}} \qquad (\underline{7\text{-}3}\text{-}2)$$

将方程（7-3-2）代入方程（7-3-1），消去控制量，整理，得网孔电流方程为

$$\begin{cases} (2+\mathrm{j}1)\dot{I}_{\mathrm{m1}} - \mathrm{j}1\dot{I}_{\mathrm{m2}} - 2\dot{I}_{\mathrm{m3}} = 3\angle 0° \\ \dot{I}_{\mathrm{m2}} = -1\angle 15° \\ -4\dot{I}_{\mathrm{m1}} + (2+\mathrm{j}1)\dot{I}_{\mathrm{m2}} + (2+\mathrm{j}1)\dot{I}_{\mathrm{m3}} = 0 \end{cases}$$

例7-4 试用叠加定理求图7-5所示电路中的电流 $\dot{I}$ 。

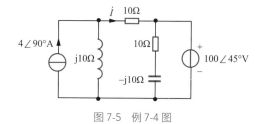

图 7-5　例 7-4 图

解：（1）令电流源单独作用，电路模型如图7-6（a）所示。

根据电流分流公式，解得电流 $\dot{I}'$ 为

$$\dot{I}' = 4\angle 90° \cdot \frac{\mathrm{j}10}{10+\mathrm{j}10} = 4\angle 90° \cdot \frac{1}{\sqrt{2}}\angle 45° = 2\sqrt{2}\angle 135°\,\mathrm{A}$$

（2）令电压源单独作用，电路模型如图7-6（b）所示。

$$\dot{I}'' = -\frac{100\angle 45°}{10+\mathrm{j}10} = -\frac{100\angle 45°}{10\sqrt{2}\angle 45°} = 5\sqrt{2}\angle 0°\,\mathrm{A}$$

（3）根据叠加定理，得

$$\dot{I} = \dot{I}' + \dot{I}'' = 2\sqrt{2}\angle 135° + 5\sqrt{2}\angle 0° = 5.07 + \mathrm{j}2\,\mathrm{A}$$

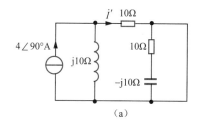
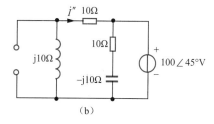

图 7-6　例 7-4 解图

例7-5 试用戴维南定理求解图7-7所示电路中的电压 $\dot{U}$ 。

解： 将电感断开，出现端口ab，电路如图7-8（a）所示。

（1）求端口的开路电压 $\dot{U}_{oc}$ 。

因为端口开路，所以端口电流 $\dot{I} = 0$ ，则

$$\dot{U}_{oc} = 5\angle -45° \times 1 = 5\angle -45°\text{V}$$

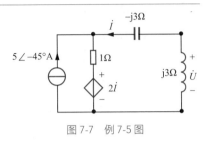

图 7-7　例 7-5 图

（2）求戴维南等效阻抗 Z_{eq} ，电路如图7-8（b）所示。

因为受控源与控制量位于同一条支路上，因此受控电压源可被等效成一个 $\dfrac{2\dot{I}}{\dot{I}} = 2\Omega$ 电阻

$$Z_{eq} = -\text{j}3 + 1 + 2 = 3 - \text{j}3\Omega$$

（3）将电感接在戴维南等效电路端口处，如图7-8（c）所示，由串联电路分压公式，得

$$\dot{U} = \frac{\text{j}3}{Z_{eq} + \text{j}3}\dot{U}_{oc} = \frac{\text{j}3}{(3-\text{j}3)+\text{j}3} \times 5\angle -45° = 5\angle 45°\text{V}$$

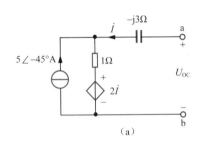
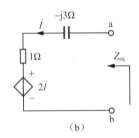
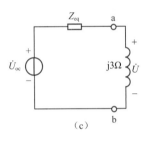

（a）　　　　　　　　　　（b）　　　　　　　　　　（c）

图 7-8　例 7-5 解图

7.1.2　正弦稳态电路的功率

1. 瞬时功率

对于图7-9所示二端网络 N ，设端口电压和电流分别为

$$\begin{cases} u(t) = \sqrt{2}U\sin(\omega t + \varphi_u) \text{ V} \\ i(t) = \sqrt{2}I\sin(\omega t + \varphi_i) \text{ A} \end{cases} \quad (7\text{-}1)$$

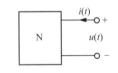

图 7-9　正弦稳态下的二端网络

则二端网络吸收的瞬时功率为

$$p(t) = u(t)i(t) \quad (7\text{-}2)$$

将式（7-1）代入式（7-2），可得

$$\begin{aligned} p(t) &= \sqrt{2}U\sin(\omega t + \varphi_u) \cdot \sqrt{2}I\sin(\omega t + \varphi_i) \\ &= UI\cos(\varphi_u - \varphi_i) - UI\cos(2\omega t + \varphi_u + \varphi_i) \end{aligned} \quad (7\text{-}3)$$

相应的电压、电流和瞬时功率的时域波形如图7-10所示。可以看出，瞬时功率 $p(t)$ 是一个具有偏置的正弦函数，其偏置量为 $UI\cos(\varphi_u - \varphi_i)$ ，频率为电压和电流的二倍频，振幅等于电压和电流有效值的乘积 UI 。

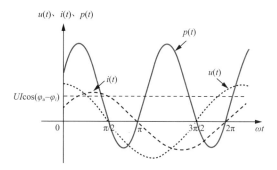

图 7-10　正弦稳态下二端网络 N 的瞬时功率

结合图7-11所示分析瞬时功率 $p(t)$ 在一个周期内的变化过程，可以发现，$p(t)$ 在一段时间内吸收功率（对应图中的斜线阴影部分，此时段内 $p(t) > 0$），而在另一时段发出功率（对应图中的横线阴影部分，此时段内 $p(t) < 0$）。这说明二端网络 N 与外部电路存在功率的交换，瞬时功率的流动并非是单方向的。

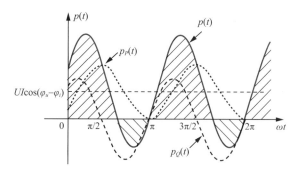

图 7-11　一个周期内瞬时功率情况分析

为详细分析 N 与外电路之间的功率关系，将式（7-3）改写为

$$p(t) = UI \cos(\varphi_u - \varphi_i)\left[1 - \cos(2\omega t + 2\varphi_i)\right] + UI \sin(\varphi_u - \varphi_i)\sin(2\omega t + 2\varphi_i)$$
$$= p_P(t) + p_Q(t) \tag{7-4}$$

将式（7-4）中的两部分 $p_P(t)$ 和 $p_Q(t)$ 绘于图7-11中，其中 $p_P(t)$ 恒不小于0，表征 N 吸收的功率，且不与外电路进行交换，称为瞬时功率的有功分量；$p_Q(t)$ 是一个周期性的正弦波，其值为正时的半个周期内 N 吸收功率，其值为负时的半个周期内 N 发出功率，且吸收的功率等于发出的功率，表征 N 与外电路进行周期性的能量交换，称为瞬时功率的无功分量。一个周期内真正被消耗的功率为有功分量 $p_P(t)$，而无功分量 $p_Q(t)$ 仅用于能量交换，并没有被消耗掉。

2. 平均功率

由于瞬时功率随时间不断变化，应用瞬时功率描述正弦稳态电路的功率并不方便。考虑到瞬时功率的变化是周期性的，可以通过瞬时功率在一个周期内的平均值来描述网络的功率，这就是平均功率，定义：正弦稳态下某网络在一个周期内所吸收能量的平均值称为平均功率。平均功率用大写字母 P 表示，定义式为

$$P = \frac{W\big|_0^T}{T} = \frac{1}{T}\int_0^T p(t)\cdot \mathrm{d}t \tag{7-5}$$

正弦稳态电路
的有功功率

平均功率的国际单位制单位为瓦特（W）。对于较大的平均功率，可以使用 kW、MW 等

作为单位，对于较小的平均功率，可以使用 mW 等作为单位。日常生活中用来计量电能的单位"度"，实际为 $kW \cdot h$，表示平均功率为 $1\,kW$ 的电气设备工作 1h 所消耗的电能。

将式（7-4）代入式（7-5），可得

$$P = UI\cos(\varphi_u - \varphi_i) = UI\cos\theta \tag{7-6}$$

式（7-6）是计算平均功率常用的表达式，其中 U 和 I 为待分析二端网络的端口电压和电流的有效值；$\theta = \varphi_u - \varphi_i$ 为端口电压和电流的相位差。特别地，对于不含独立源的二端网络，θ 即该网络的阻抗角。

由于瞬时功率 $p(t)$ 的无功分量 $p_Q(t)$ 在一个周期内的平均值为零，因此瞬时功率在一个周期内的平均值其实就是有功分量 $p_P(t)$ 在一个周期内的平均值，因此，平均功率也称为有功功率。

由式（7-6）可知，二端网络实际是吸收，还是发出有功功率取决于 $\cos(\varphi_u - \varphi_i)$ 的正负，即

$$P = UI\cos(\varphi_u - \varphi_i)\begin{cases} > 0, & |\varphi_u - \varphi_i| < 90° & \text{吸收有功功率} \\ = 0, & |\varphi_u - \varphi_i| = 90° & \text{没有有功功率} \\ < 0, & |\varphi_u - \varphi_i| > 90° & \text{发出有功功率} \end{cases} \tag{7-7}$$

表7-1列出了 R、L、C 的有功功率计算公式。

表 7-1　R、L、C 的有功功率计算公式

元件	VAR的相量形式	相量图	有功功率计算公式
电阻 R	$\dot{U}_R = R \cdot \dot{I}_R$		$P = U_R I_R$ 或 $P = U_R^2 / R$ 或 $P = I_R^2 R$
电感 L	$\dot{U}_L = \text{j}\omega L \cdot \dot{I}_L$		$P = U_L I_L \cos(90°) = 0$
电容 C	$\dot{I}_C = \text{j}\omega C \cdot \dot{U}_C$		$P = U_C I_C \cos(-90°) = 0$

由表7-1可知，正值电阻总是吸收有功功率，纯电感和纯电容元件没有有功功率。因此在求解仅含 R、L、C 的无源网络 N_0 的有功功率时，有以下两种方法：一是求出端口电压和电流的有效值及相位差，按照式（7-6）计算有功功率；二是计算网络 N_0 中所有电阻元件的有功功率。

3. 无功功率

由图7-11所示及其分析可知，无功分量 $p_Q(t)$ 体现的是能量的交换，由于 $p_Q(t)$ 与时间有关，不便进行分析，因此引入无功功率，定义：正弦稳态电路中，瞬时功率的无功分量的最大值称为无功功率，用大写字母 Q 表示。无功功率表征能量交换的最大速率。由式（7-4）得无功功率的表达式为

正弦稳态电路的无功功率

$$Q = UI \sin\left(\varphi_u - \varphi_i\right) = UI \sin \theta \qquad (7\text{-}8)$$

式中 $\theta = \varphi_u - \varphi_i$。无功功率的国际单位制单位为乏（var）。

为了叙述方便，也仿照有功功率定义了无功功率的"吸收"和"发出"。但是由于无功功率表征能量的交换，因此这里的"吸收"区别于有功功率中的"吸收"，并不是真正的"消耗"。由式（7-8）可知，二端网络实际是"吸收"，还是"发出"无功功率取决于 $\sin\left(\varphi_u - \varphi_i\right)$ 的正负，即

$$Q = UI \sin\left(\varphi_u - \varphi_i\right) \begin{cases} > 0, & 0 < \varphi_u - \varphi_i < 180° & \text{吸收无功功率} \\ = 0, & \varphi_u - \varphi_i = 0° & \text{没有无功功率} \\ < 0, & -180° < \varphi_u - \varphi_i < 0° & \text{发出无功功率} \end{cases} \qquad (7\text{-}9)$$

表7-2列出了 R、L、C 的无功功率计算公式。

表 7-2　R、L、C 的无功功率计算公式

元件	VAR的相量形式	相量图	无功功率计算公式
电阻 R	$\dot{U}_R = R \cdot \dot{I}_R$		$Q = U_R I_R \sin 0° = 0$
电感 L	$\dot{U}_L = \mathrm{j}\omega L \cdot \dot{I}_L$		$Q = U_L I_L$ 或 $Q = U_L^2 / (\omega L)$ 或 $Q = I_L^2 \cdot \omega L$
电容 C	$\dot{I}_C = \mathrm{j}\omega C \cdot \dot{U}_C$		$Q = -U_C I_C$ 或 $Q = -U_C^2 \cdot \omega C$ 或 $Q = -I_C^2 / \omega C$

由表7-2可知，电阻没有无功功率，而正值电感一定会"吸收"无功功率，正值电容则一定会"发出"无功功率。因此在求解仅含 R、L、C 的无源网络 N_0 的无功功率时，有两种方法，一是求出端口电压和电流的有效值及相位差，按照式（7-8）计算无功功率；二是计算网络 N_0 中所有电感元件和电容元件的无功功率。从这里也可以看出，无功功率中所谓的"吸收"和"发出"是指能量是以磁场还是电场的形式与外电路进行能量交换，在整个过程中并不会消耗能量。

4. 视在功率

电压的有效值和电流的有效值的乘积称为视在功率，用大写字母 S 表示，定义式为

$$S = UI \qquad (7\text{-}10)$$

视在功率的单位为伏安（VA），由于其数值为电气设备所能提供的最大平均功率，所以用视在功率来表示电气设备的最大供电能力，如电力变压器的铭牌会以容量的形式标注该设备视在功率的数值。

对于不含独立电源的二端网络，设其等效阻抗和导纳分别为 Z 和 Y，端口电压有效值为 U，端口电流有效值为 I，由式（7-10）可进一步推得

正弦稳态电路
的视在功率和
功率因数

$$S = |Z|I^2 = \frac{U^2}{|Z|} \text{ 或 } S = |Y|U^2 = \frac{I^2}{|Y|}$$

对比式（7-6）、式（7-8）和式（7-10），可得有功功率 P 、无功功率 Q 和视在功率 S 三者之间的关系为

$$\begin{cases} S = \sqrt{P^2 + Q^2} \\ \theta = \arctan \dfrac{Q}{P} \end{cases} \quad \begin{cases} P = S\cos\theta \\ Q = S\sin\theta \end{cases} \quad (7\text{-}11)$$

可见，有功功率 P 、无功功率 Q 和视在功率 S 构成一个直角三角形，称为功率三角形，如图7-12所示。

将有功功率 P 与视在功率 S 的比值称为功率因数 λ ，即

$$\lambda = \frac{P}{S} = \cos\theta \quad (7\text{-}12)$$

图 7-12　功率三角形

其中，θ 称为功率因数角。如前所述，θ 为端口电压与电流的相位差。特别地，对于不含独立电源的二端网络，其大小等于阻抗角。

一个电路或者系统的功率因数由负载决定，因此功率因数一般用来描述负载的特性。由于余弦函数为偶函数，当 $\cos\theta \geqslant 0$ 时，θ 可能位于第一象限，也可能位于第四象限，所以仅凭功率因数的数值无法辨别负载的容感性质。为此，通常会在功率因数后加上"超前"或"滞后"的字样（均指电流相对电压而言），以此来说明负载的性质。如标注"超前"，指电流超前电压，负载呈现容性；如标注"滞后"，指电流滞后电压，负载呈现感性。

对于发电机或者变压器等设备，在额定容量不变的前提下，负载的功率因数越低，有功功率就越小，电气设备的利用率就越低，反之则越高；对于负载，当其有功功率不变，电压等级固定，根据 $P = UI\lambda$ 可知，随着功率因数的提高，电流将减小，有利于降低线路上的损耗。因此，提高功率因数有利于提升系统的经济性。

电力系统以感性负载为主，随着感性增加，需要系统提供的无功功率就会增加，于是功率因数角 θ 增大，功率因数 $\cos\theta$ 降低，如果低到不满足电力系统对负载的功率因数要求时，就需要采取相应的措施以提高功率因数。

例7-6　图7-13所示电路，一感性负载连接于 U=220V 、f=50Hz 的供电电源上，试求：（1）定性分析提高负载功率因数的措施；（2）计算所配置元件的参数值，将功率因数提高到0.9。

解：（1）采取措施前，负载的整体阻抗为

$$Z_L = R_L + jX_L = 60 + j2\pi \cdot 50 \cdot 0.254 \approx 60 + j80\,\Omega$$

绘制图7-13所示电路的相量模型及相量图，分别如图7-14（a）、（b）所示。

令 $\dot{U} = 220\angle 0°$ V ，则流过负载的电流和功率因数分别为

$$\dot{I}_L = \frac{\dot{U}}{Z_L} = \frac{220\angle 0°}{60 + j80} \approx 2.2\angle -53.1° \text{ A} , \quad \lambda = \cos\theta_1 = \cos 53.1° = 0.6 \text{ （滞后）}$$

观察图7-14（b）可知，如果希望提高功率因数，需减小功率因数角。为达到此目标，可在负载两端并联电容器，如图7-15（a）所示。

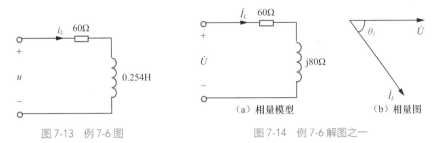

图 7-13 例 7-6 图   图 7-14 例 7-6 解图之一

电容电流超前电压 90°，使得负载和电容并联后的总电流 $\dot{I}$ 和电压 $\dot{U}$ 的夹角 $\theta < \theta_1$，从而提高功率因数。如果电流 $\dot{I}$ 仍滞后电压 $\dot{U}$，此时电路整体仍呈感性，称为欠补偿，相量图如图7-15（b）所示。

当负载和电容并联后的总电流 $\dot{I}$ 与电压 $\dot{U}$ 同相位时，$\theta = 0°$，功率因数达到最高 $\lambda = 1$，此时电路整体呈现纯阻性，称为全补偿，如图7-15（c）所示。

如果进一步加大并联的电容量，电容电流也将随之增大，这将导致补偿后的总电流 $\dot{I}$ 反而超前电压 $\dot{U}$，功率因数反而降低，电路整体呈容性，称为过补偿。

综上所述，由于电容是提供无功功率的，可以通过在负载两端并联电容器补偿感性负载需要的无功功率，达到功率因数提高的目的，这种措施又被称为"无功补偿"。电力系统一般应工作在微欠补偿的状态。

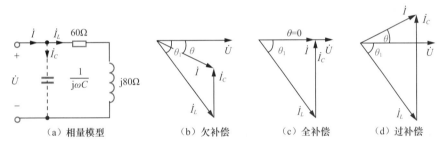

图 7-15 例 7-6 解图之二

（2）计算将功率因数提高到0.9所需并联电容的大小。

并联电容前，负载吸收的有功功率和无功功率分别为

$$P_1 = I_L^2 R_L \approx 290.4 \text{ W} , \quad Q_1 = I_L^2 X_L = P_1 \tan\theta_1 \approx 387.2 \text{ var}$$

电容提供的无功功率

$$Q_C = \omega C U^2$$

由于并联电容后，负载两端的电压不变，所以补偿后电路整体吸收的有功功率与补偿前保持不变，根据题目要求，需将功率因数提高到0.9，由此可得补偿后电路吸收的无功功率

$$Q = P_1 \tan\theta = P_1 \tan\left[\arccos(0.9)\right] \approx 140.65 \text{ var}$$

考虑到补偿前后的无功功率之差全部由电容提供，即

$$\omega C U^2 = Q_1 - Q$$

由此可得需要并联电容的大小为

$$C = \frac{Q_1 - Q}{\omega U^2} = \frac{P_1}{\omega U^2}\left(\tan\theta_1 - \tan\theta\right) \approx 16.22 \mu\text{F}$$

5. 复功率

因为有功功率 P 、无功功率 Q 和视在功率 S 组成了功率三角形，故可引入复功率概念将三者联系在一起。复功率用符号 $\tilde{S}$ 表示。对于图7-16所示的二端网络 N ，其复功率为

$$\tilde{S} = \dot{U}\dot{I}^{*} \tag{7-13}$$

复功率的单位为伏安（ VA ）。由于式（7-13）中电压相量和电流相量均为复数，因此复功率也是复数。

将 $\dot{U} = U\angle\varphi_u$ ， $\dot{I} = I\angle\varphi_i$ 代入式（7-13），可得

$$\tilde{S} = \dot{U}\dot{I}^{*} = UI\angle(\varphi_u - \varphi_i) = S\angle\theta = S\cos\theta + \mathrm{j}S\sin\theta = P + \mathrm{j}Q \tag{7-14}$$

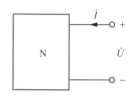

图 7-16　二端网络 N

式（7-14）表明复功率 $\tilde{S}$ 是以有功功率 P 为实部，无功功率 Q 为虚部构成的一个复数，其模值为视在功率 S ，辐角为功率因数角 θ 。应当说明的是，虽然复功率为复数，但其并不与任何正弦量相对应，因此不能称为相量。

例7-7 图7-17所示正弦稳态电路中， $\dot{U}_s = 10\angle0°\mathrm{V}$ ， $Y = (2 + \mathrm{j}3)\mathrm{S}$ ， $R = 0.5\Omega$ 。求3条支路各自的复功率。

解：标注3条支路电流如图7-18所示，由VAR可知

$$\dot{I}_R = \frac{\dot{U}_s}{R} = 20\angle0°\mathrm{A} \ , \quad \dot{I}_Y = Y\dot{U}_s = 20 + \mathrm{j}30 \ \mathrm{A}$$

由KCL可得

$$\dot{I}_{u_s} = \dot{I}_R + \dot{I}_Y = 40 + \mathrm{j}30 \ \mathrm{A}$$

电阻 R 支路、导纳 Y 支路吸收的复功率分别为

$$\tilde{S}_R = \dot{I}_R R \dot{I}_R^{*} = I_R^2 R = 20^2 \times 0.5 = 200\mathrm{VA} \ , \quad \tilde{S}_Y = \frac{\dot{I}_Y}{Y}\dot{I}_Y^{*} = \frac{I_Y^2}{Y} = \frac{20^2 + 30^2}{2 + \mathrm{j}3} = 200 - \mathrm{j}300\mathrm{VA}$$

电压源支路发出的复功率

$$\tilde{S}_{u_s} = \dot{U}_s \dot{I}_{u_s}^{*} = 10 \times (40 - \mathrm{j}30) = 400 - \mathrm{j}300\mathrm{VA}$$

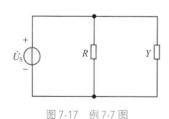

图 7-17　例 7-7 图

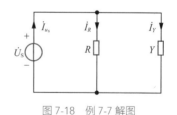

图 7-18　例 7-7 解图

观察例7-7的结果，可以得到

$$\tilde{S}_{u_s} = \tilde{S}_R + \tilde{S}_Y$$

说明该电路中复功率守恒，这个结论可推广至其他电路。这也为求解复功率提供了一种思路，即当题目中仅剩最后一个元件的复功率待求时，可以利用复功率守恒求解。由于复功率守恒，因此有功功率和无功功率作为复功率的实部和虚部都是守恒的。请读者思考，视在功率守恒吗？

6. 正弦稳态下的最大功率传输定理

第4章讨论了直流线性电阻性二端网络的最大功率传输问题，正弦稳态电路也常常面临同样的问题。当可调阻抗负载接于正弦稳态下的线性含独立源二端网络 N_s，如图7-19（a）所示，Z_L 取何值时其上可获得最大有功功率呢？解决思路与第4章中的相同，转化为数学中的极值问题：当自变量取何值时，函数可获得最大值？因此只需要写出负载功率 P_L 随负载 Z_L 变化的函数表达式，再研究 P_L 取得最大值的条件即可。

根据戴维南定理，将图7-19（a）所示电路等效化简为图7-19（b）所示电路。

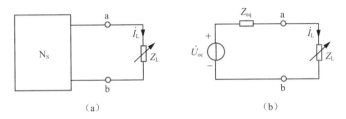

（a）　　　　　　　　　　　　　　　　（b）

图 7-19　正弦稳态下的最大功率传输分析

设 $Z_{eq} = R_{eq} + jX_{eq}$ ，$Z_L = R_L + jX_L$ ，于是得到 P_L 与 Z_L 之间的函数关系为

$$P_L = I_L^2 R_L = \left(\frac{U_{oc}}{|Z_{eq}+Z_L|} \right)^2 R_L = \frac{U_{oc}^2}{\left(R_{eq} + R_L \right)^2 + \left(X_{eq} + X_L \right)^2} R_L \tag{7-15}$$

Z_L 可调意味着其实部 R_L 和虚部 X_L 均可调，由数学知识可知，当同时满足

$$\begin{cases} \dfrac{\partial P_L}{\partial R_L} = 0 \\ \dfrac{\partial P_L}{\partial X_L} = 0 \end{cases} \tag{7-16}$$

时，函数 P_L 可取得极值。

由式（7-16）可得

$$\begin{cases} R_L = R_{eq} \\ X_L = -X_{eq} \end{cases} \tag{7-17}$$

式（7-17）表明，当 $Z_L = Z_{eq}^*$ 时可调负载 Z_L 可获得最大有功功率，$Z_L = Z_{eq}^*$ 称为共轭匹配。

或者观察式（7-15）发现，若要 P_L 最大，则等号右端分母 $\left(R_{eq} + R_L \right)^2 + \left(X_{eq} + X_L \right)^2$ 应取最小值，平方运算的最小值为零，显然当 Z_L 与 Z_{eq} 性质相反时可以使得 $\left(X_{eq} + X_L \right)^2$ 等于零，于是得到

$$X_L = -X_{eq} \tag{7-18}$$

将式（7-18）代入式（7-15），得

$$P_L = \frac{U_{oc}^2}{\left(R_{eq} + R_L \right)^2} R_L \tag{7-19}$$

式（7-19）与第4章中的式（4-3）形式完全相同，于是得到相同结论

$$R_L = R_{eq} \tag{7-20}$$

联立式（7-18）和式（7-20），发现与式（7-17）相同。

当式（7-17）成立时，可计算负载获得的最大有功功率为

$$P_{L\max} = \frac{U_{oc}^2}{4R_{eq}}$$ （7-21）

例7-8 如图7-20所示正弦稳态电路中，负载阻抗 Z_L 可调，试求 Z_L 为何值时可获得最大有功功率，并求此最大功率 $P_{L\max}$。

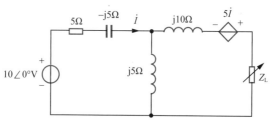

图 7-20 例 7-8 图

解：（1）断开负载 Z_L，作剩余网络的戴维南等效电路。

① 求端口的开路电压 $\dot{U}_{oc}$，电路如图7-21（a）所示。

因为端口开路，所以

$$\dot{I} = \frac{10\angle 0°}{5 - j5 + j5} = 2\angle 0° \text{ A}$$

$$\dot{U}_{oc} = 5\dot{I} + j5\dot{I} = (5+j5)\times 2\angle 0° = 10\sqrt{2}\angle 45° \text{ V}$$

② 求戴维南等效阻抗 Z_{eq}，电路如图7-21（b）所示。

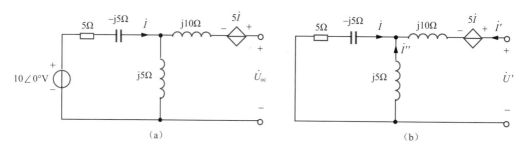

图 7-21 例 7-8 解图

对左侧网孔列写KVL方程，结合元件VAR，得

$$\dot{I}'' = \frac{(5-j5)\dot{I}}{j5} = (-1-j)\dot{I}$$

由KCL

$$\dot{I}' = -\dot{I} - \dot{I}'' = j\dot{I}$$

对右侧网孔列写KVL方程，结合元件VAR，得

$$\dot{U}' = 5\dot{I} + j10\dot{I}' - j5\dot{I}'' = 5\dot{I} + j10\times j\dot{I} - j5(-1-j)\dot{I} = (-10+j5)\dot{I}$$

所以

$$Z_{eq} = \frac{\dot{U}'}{\dot{I}'} = \frac{(-10+j5)\dot{I}}{j\dot{I}} = (5+j10)\,\Omega$$

（2）由最大功率传输定理可知，当 $Z_L = Z_{eq}{}^* = 5 - j10\ \Omega$ 时，负载可获得最大功率，其最大功率值为

$$P_{Lmax} = \frac{U_{oc}{}^2}{4R_{eq}} = \frac{\left(10\sqrt{2}\right)^2}{4\times5} = 10\text{W}$$

7.2 三相电路

目前，世界上交流电力系统的发电、输电、配电和用电普遍采用三相制，三相电路可以采用相量法进行分析求解。

7.2.1 概念

三相电路由三相电源、三相负载，以及电源与负载间的三相连接线构成。

1. 三相电源

三相电源由3个单相正弦交流电压源按照特定的方式连接而成，3个单相电源一般满足幅值相等、频率相同，相位互差120°，称为对称三相电源。把A相超前B相120°、B相超前C相120°、C相超前A相120°的相序关系称为正序。

除正序外，还存在其他两种相序关系，一种是负序，即A相滞后B相120°，B相滞后C相120°，C相滞后A相120°；另一种是零序，即A、B、C三相的相位相同。

电力系统一般采用正序，除特殊说明，本书均选用正序。

正序下三相电压的瞬时表达式为

$$\begin{cases} u_A = \sqrt{2}U\sin\left(\omega t + \varphi\right) \\ u_B = \sqrt{2}U\sin\left(\omega t + \varphi - 120°\right) \\ u_C = \sqrt{2}U\sin\left(\omega t + \varphi + 120°\right) \end{cases} \quad (7\text{-}22)$$

电力系统习惯用黄色、绿色和红色分别表示A相、B相和C相，对称三相电压波形如图7-22所示。

将式（7-22）改写为相量形式为

$$\begin{cases} \dot{U}_A = U\angle\varphi \\ \dot{U}_B = U\angle\left(\varphi - 120°\right) \\ \dot{U}_C = U\angle\left(\varphi + 120°\right) \end{cases} \quad (7\text{-}23)$$

以 $\varphi = 0°$ 为例，将 $\dot{U}_A$、$\dot{U}_B$、$\dot{U}_C$ 绘制在相量图上，并在图上进行求和，如图7-23所示。

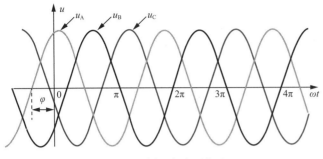

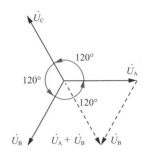

图 7-22　对称三相电压波形　　　　　　　　　图 7-23　对称三相电压的相量图求和

显然存在

$$\dot{U}_A + \dot{U}_B + \dot{U}_C = 0 \qquad\qquad (7\text{-}24)$$

式（7-24）同样适用于对称的三相电流。

三相电源的连接方式有星形接法（Y 接法）和三角形接法（△接法）两种，如图7-24所示，由电源侧 A、B、C 三个端子向外电路引出的线称为端线（俗称火线）。

星形接法的特点：三相电源的"＋"极性端分别引出与外电路相连；"－"极性端连接成一点 N，该点称为电源中性点。

三角形接法的特点：三相电源按"＋、－、＋、－、＋、－"的顺序依次连接，由KVL可得 $u_A + u_B + u_C = 0$，因此正确连接时在三角形回路中不会形成环流。可通过使用相序表测量相序的方法判断是否进行了正确的连接。

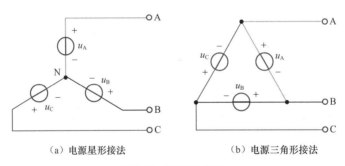

（a）电源星形接法　　　　　　　　　　　（b）电源三角形接法

图 7-24　三相电源接法

不做特殊说明的话，本书中的三相电源的连接方式一般默认为星形连接。

2. 三相负载

三相电路中的负载连接方式同样分为星形接法和三角形接法两种，与第2章所述星形接法和三角形接法相同，只是元件由电阻变为了阻抗，如图7-25所示。星形连接中三相负载的公共连接点 N′ 称为负载中性点。连接电源中性点 N 和负载中性点 N′ 的线称为中性线（俗称零线）。

若三相负载相等，即 $Z_A = Z_B = Z_C$，称为对称三相负载，否则称为不对称三相负载。两种连接形式的负载进行等效变换的方法及公式与第2章所述 Y-△ 变换相同。

3. 三相电路

三相负载通过三相线路与三相电源相连构成的电路称为三相电路。根据三相电源和三相负载的不同接法，三相电路分为三相三线制和三相四线制两大类，其中三相三线制包括 Y-Y 连接、Y-△ 连接、△-Y 连接和△-△ 连接，三相四线制指 Y_0-Y_0 连接，下标0意味着电路含有中性线。

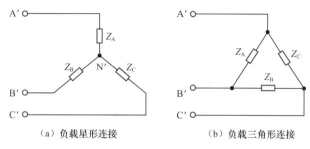

（a）负载星形连接　　　　　　（b）负载三角形连接

图 7-25　三相负载接法

对称三相电路是指三相电源和三相负载均对称、三相线路阻抗相等的三相电路，通常三相电源和三相线路都满足对称三相电路的要求，而负载的情况各异，因此三相电路是否对称主要取决于三相负载是否对称。

三相三线制接法适用于对称三相电路，以及电源侧或负载侧有三角形接法的情况。当电路不对称且电源侧和负载侧都采用星形接法时，为了保证各相负载均获得相同幅值的电压，通常接成三相四线制，典型的三相四线制电路如照明系统等。

以下介绍三相电路中的几个重要概念。

（1）相电压：三相电源上的电压称为电源侧相电压；三相负载上的电压称为负载侧相电压。

（2）相电流：流过三相电源的电流称为电源侧相电流；流过三相负载的电流称为负载侧相电流。

（3）线电压：端线与端线之间的电压称为线电压。

（4）线电流：流过端线的电流称为线电流。

（5）中性线电流：流过中性线的电流称为中性线电流。中性线电流只存在于 Y_0–Y_0 连接方式中。

（6）中性点电压：电源中性点与负载中性点之间的电压称为中性点电压。请读者思考中性点电压存在于何种三相电路中。

7.2.2　对称三相电路

对称三相电路

1. 对称三相电路中相电压与线电压的关系、相电流与线电流的关系

以下以负载侧为例进行讨论，相关结论同样适用于电源侧。

（1）负载星形连接。

图 7-26 给出了负载星形连接时的电路，同时标注了 3 个线电压 $\dot{U}_{A'B'}$、$\dot{U}_{B'C'}$、$\dot{U}_{C'A'}$，3 个相电压 $\dot{U}_{A'}$、$\dot{U}_{B'}$、$\dot{U}_{C'}$，3 个线电流 $\dot{I}_{A'}$、$\dot{I}_{B'}$、$\dot{I}_{C'}$ 和 3 个相电流 $\dot{I}_{A'N'}$、$\dot{I}_{B'N'}$、$\dot{I}_{C'N'}$。

由图 7-26 可知，线电流与相应相电流满足

$$\begin{cases} \dot{I}_{A'} = \dot{I}_{A'N'} \\ \dot{I}_{B'} = \dot{I}_{B'N'} \\ \dot{I}_{C'} = \dot{I}_{C'N'} \end{cases}$$

因此，星形连接的线电流等于相应的相电流。

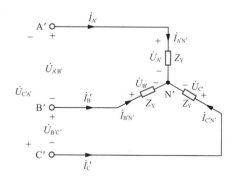

图 7-26　对称三相电路负载星形接法

对图7-26列写KVL方程可得线电压与相电压满足

$$\begin{cases} \dot{U}_{A'B'} = \dot{U}_{A'} - \dot{U}_{B'} \\ \dot{U}_{B'C'} = \dot{U}_{B'} - \dot{U}_{C'} \\ \dot{U}_{C'A'} = \dot{U}_{C'} - \dot{U}_{A'} \end{cases} \tag{7-25}$$

为了更清晰地表现线电压与相电压的关系，令 $\dot{U}_{A'} = U_{A'} \angle 0°$，按式（7-25）将各电压相量绘于相量图上，如图7-27所示。

由图7-27可以推出线电压与对应相电压的关系为

$$\begin{cases} \dot{U}_{A'B'} = \dot{U}_{A'} - \dot{U}_{B'} = \sqrt{3}\dot{U}_{A'} \angle 30° \\ \dot{U}_{B'C'} = \dot{U}_{B'} - \dot{U}_{C'} = \sqrt{3}\dot{U}_{B'} \angle 30° \\ \dot{U}_{C'A'} = \dot{U}_{C'} - \dot{U}_{A'} = \sqrt{3}\dot{U}_{C'} \angle 30° \end{cases}$$

因此，星形连接的线电压有效值是相电压有效值的 $\sqrt{3}$ 倍，相位超前相应的相电压30°。$\dot{U}_{A'B'}$ 相应的相电压为 $\dot{U}_{A'}$，$\dot{U}_{B'C'}$ 相应的相电压为 $\dot{U}_{B'}$，$\dot{U}_{C'A'}$ 相应的相电压为 $\dot{U}_{C'}$。

（2）负载三角形连接。

图7-28给出了负载三角形连接时的电路，同时标注了3个线电压 $\dot{U}_{A'B'}$、$\dot{U}_{B'C'}$、$\dot{U}_{C'A'}$，3个相电压 $\dot{U}_{A'}$、$\dot{U}_{B'}$、$\dot{U}_{C'}$，3个线电流 $\dot{I}_{A'}$、$\dot{I}_{B'}$、$\dot{I}_{C'}$ 和3个相电流 $\dot{I}_{A'B'}$、$\dot{I}_{B'C'}$、$\dot{I}_{C'A'}$。

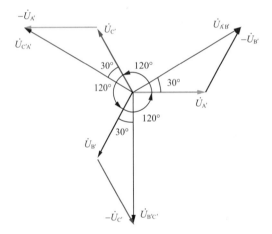

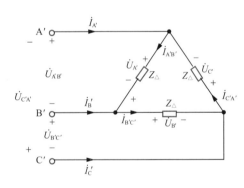

图 7-27 对称负载星形连接电压相量图　　　图 7-28 对称三相电路负载三角形接法

由图7-28可知，线电压与相应相电压满足

$$\begin{cases} \dot{U}_{A'B'} = \dot{U}_{A'} \\ \dot{U}_{B'C'} = \dot{U}_{B'} \\ \dot{U}_{C'A'} = \dot{U}_{C'} \end{cases}$$

因此，三角形连接的线电压等于相应的相电压。

对图7-28列写KCL方程可得线电流与相电流满足

$$\begin{cases} \dot{I}_{A'} = \dot{I}_{A'B'} - \dot{I}_{C'A'} \\ \dot{I}_{B'} = \dot{I}_{B'C'} - \dot{I}_{A'B'} \\ \dot{I}_{C'} = \dot{I}_{C'A'} - \dot{I}_{B'C'} \end{cases} \tag{7-26}$$

为了更清晰地表现线电流与相电流的关系，令 $\dot{I}_{A'B'} = I_{A'B'}\angle 0°$，按式（7-26）将各电流相量绘于相量图上，如图7-29所示。

由图7-29可以推出线电流与对应相电流的关系为

$$\begin{cases} \dot{I}_{A'} = \dot{I}_{A'B'} - \dot{I}_{C'A'} = \sqrt{3}\dot{I}_{A'B'}\angle -30° \\ \dot{I}_{B'} = \dot{I}_{B'C'} - \dot{I}_{A'B'} = \sqrt{3}\dot{I}_{B'C'}\angle -30° \\ \dot{I}_{C'} = \dot{I}_{C'A'} - \dot{I}_{B'C'} = \sqrt{3}\dot{I}_{C'A'}\angle -30° \end{cases}$$

因此，三角形连接的线电流有效值是相电流有效值的 $\sqrt{3}$ 倍，相位滞后相应的相电流30°。$\dot{I}_{A'}$ 相应的相电流为 $\dot{I}_{A'B'}$，$\dot{I}_{B'}$ 相应的相电流为 $\dot{I}_{B'C'}$，$\dot{I}_{C'}$ 相应的相电流为 $\dot{I}_{C'A'}$。

2. 对称三相电路的分析方法

对称 Y-Y 连接的三相电路如图7-30所示，Z_l 为线路阻抗，如何求解电路中的电流 $\dot{I}_A$ 呢？

单相等值电路

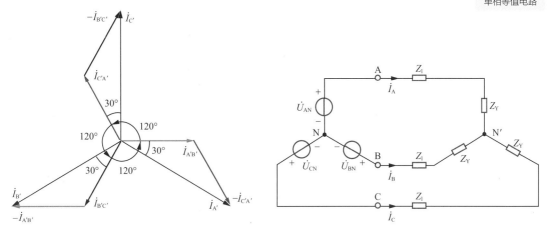

图 7-29　对称负载星形连接电压相量图　　　　图 7-30　对称Y-Y连接的三相电路

观察图7-30发现，图中的3个回路都会涉及两相电路，也就是无论对哪个回路列写方程都会引入其他相的变量，虽然由于对称关系，可以做到用一相的量表示另外一相的量，但是求解依然很难。

由节点电压方程可得

$$\left(\frac{1}{Z_l+Z_Y} + \frac{1}{Z_l+Z_Y} + \frac{1}{Z_l+Z_Y}\right)\dot{U}_{N'N} = \frac{\dot{U}_{AN}}{Z_l+Z_Y} + \frac{\dot{U}_{BN}}{Z_l+Z_Y} + \frac{\dot{U}_{CN}}{Z_l+Z_Y}$$
$$= \frac{1}{Z_l+Z_Y}(\dot{U}_{AN} + \dot{U}_{BN} + \dot{U}_{CN})$$
$$= 0$$

可知

$$\dot{U}_{N'N} = 0 \tag{7-27}$$

由此可以得出结论：在对称 Y-Y 连接的三相电路中，负载中性点 N′ 与电源中性点 N 等电位。于是图7-30所示电路可等效为图7-31所示电路。

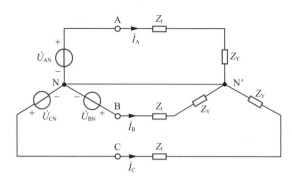

图 7-31　对称 Y–Y 连接的三相电路的等效电路

对图7-31所示电路最上面的网孔列写KVL方程，结合元件VAR，可得

$$\dot{I}_\mathrm{A} = \frac{\dot{U}_\mathrm{AN}}{Z_\mathrm{l} + Z_\mathrm{Y}} \qquad (7\text{-}28)$$

求得 $\dot{I}_\mathrm{A}$ 以后，如果还需要求解 $\dot{I}_\mathrm{B}$ 和 $\dot{I}_\mathrm{C}$，则可以根据与 $\dot{I}_\mathrm{A}$ 的对称关系写出，电路中的各个电压也可以在电流基础上得到。

请读者思考：图7-31所示电路中有中性线电流吗？

虽然是对三相电路列写方程，但是式（7-28）只涉及了A相的量，如同从图7-32所示的单相电路中列写的方程，将图7-32所示电路称为图7-30所示电路的"单相等值电路"，这种利用单相单路分析对称三相电路的方法称为"单相等值电路法"。

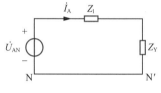

图 7-32　单相等值电路

当负载为三角形接法时，可先通过△-Y变换使负载侧出现中性点，然后应用单相等值电路法求解。等效变换使得负载结构发生变化，一定要分清楚等效变换前后电路中响应的对应关系。

例7-9　图7-33所示三相对称电路中，电源线电压有效值为 $220\sqrt{3}$ V，$Z_\triangle = 3\,\Omega$，$Z_\mathrm{l} = \mathrm{j}\,\Omega$，$Z_\mathrm{Y} = 1 - \mathrm{j}\,\Omega$。求三角形负载的相电流有效值。

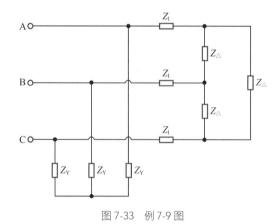

图 7-33　例 7-9 图

解：将图7-33中的三角形负载等效为星形负载，如图7-34（a）所示。由于三相电路对称，两个负载中性点 N′ 和 N″ 均与电源中性点 N 等电位，故可得单相等值电路如图7-34（b）所示。

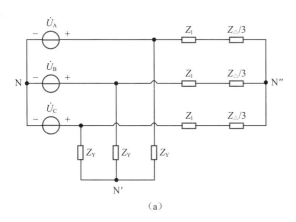

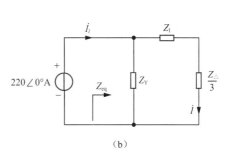

图 7-34　例 7-9 解图

由于电源线电压有效值为 $220\sqrt{3}$ V，所以电源相电压有效值为 $\dfrac{220\sqrt{3}}{\sqrt{3}}=220$V。

令 $\dot{U}_A = 220\angle 0°$V，得

$$\dot{I} = \frac{\dot{U}_A}{Z_1+\dfrac{Z_\triangle}{3}} = \frac{220\angle 0°}{1+j} = 110\sqrt{2}\angle -45° \text{ A}$$

电流 $\dot{I}$ 是原电路中三角形负载的线电流，根据对称三相电路的相线关系，三角形负载的相电流有效值为

$$I_{\triangle p} = \frac{110\sqrt{2}}{\sqrt{3}} = 89.81\text{A}$$

7.2.3　不对称三相电路

三相电路中无论是三相电源不对称，还是三相负载不对称，或者是三相连接线阻抗不相等，都称为不对称三相电路。如前所述，电力系统中的三相不对称主要是由负载的多样性引起的。不对称三相电路的三相电压、三相电流不再具有对称性。

如图7-35所示的 Y-Y 连接方式的三相电路，电源为三相对称电源，Z_A、Z_B 和 Z_C 为三相不对称负载。

利用节点电压法可求得负载中性点 N′ 的电位为

$$\left(\frac{1}{Z_A}+\frac{1}{Z_B}+\frac{1}{Z_C}\right)\dot{U}_{N'N} = \frac{\dot{U}_{AN}}{Z_A}+\frac{\dot{U}_{BN}}{Z_B}+\frac{\dot{U}_{CN}}{Z_C} \neq 0 \qquad (7-29)$$

由此得到

$$\dot{U}_{N'N} \neq 0$$

因此在不对称三相电路中，电源中性点与负载中性点不再等电位，这种情况称为"中性点位移"或"中性点漂移"。

H5

三相电路的
中性点电压和
负载电压

令 $\dot{U}_{AN} = U_{AN} \angle 0°$，将图7-35中各电压量标示在相量图上，如图7-36所示。

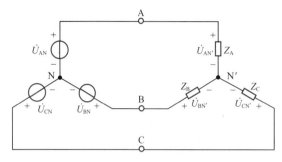

图 7-35　不对称三相电路

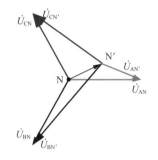

图 7-36　不对称三相电路的相量图

由图7-36可以看出，中性点位移导致各相负载上的电压 $\dot{U}_{AN'}$、$\dot{U}_{BN'}$ 和 $\dot{U}_{CN'}$ 不再对称，这使得各相负载都不能工作在额定电压下。随着三相电路不对称程度增大，中性点位移会越发严重，当负载上的电压与正常供电电压差异较大时，可能出现负载无法正常工作甚至损坏的情况。

负载的多样性是客观存在的，如何解决不对称负载下的中性点位移问题呢？通常会在电源中性点 N 和负载中性点 N' 之间引入一条中性线，强制负载中性点与电源中性点等电位，此时三相电路变为三相四线制电路，如图7-37所示。

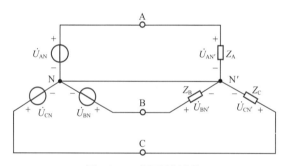

图 7-37　三相四线制电路

三相四线制电路中，中性线的存在使得 $\dot{U}_{N'N} = 0$，各相不对称负载因此可以获得对称的相电压。请读者思考，图7-37所示电路中有中性线电流吗？

例7-10　如图7-38所示，3个完全相同的白炽灯与相电压有效值为 220V 的三相对称电源相连，试分析：（1）图7-38（a）中a点发生断路（相当于开关 S 打开）后，B 相和 C 相白炽灯的工作状态；（2）图7-38（b）中 A 相白炽灯发生负载中性点短路故障（相当于开关 S 闭合）后，B相和 C 相白炽灯的工作状态。

解：（1）图7-38（a）中开关 S 打开后，加在 B 相和 C 相白炽灯上的电压为线电压 $U_{BC}=380V$，因为白炽灯完全相同，由分压公式可知其两端电压相等，均为190V，小于白炽灯正常工作的额定电压220V，所以，B 相和 C 相白炽灯的灯光都会变暗。

（2）图7-38（b）中开关 S 闭合后，加在 B 相和 C 相白炽灯上的电压分别为 $U_{BA}=380V$ 和 $U_{CA}=380V$，均超过了白炽灯正常工作的额定电压220V，所以白炽灯的灯光会变亮，长时间异常工作可能会损坏白炽灯。

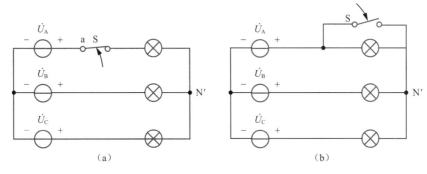

图 7-38　例 7-10 图

7.2.4　三相电路的功率

三相电路的
功率

1. 计算方法

三相电路的总功率为每相功率的和，以有功功率为例，即

$$P = P_{\text{A}} + P_{\text{B}} + P_{\text{C}} = U_{\text{A}} I_{\text{A}} \cos\theta_{\text{A}} + U_{\text{B}} I_{\text{B}} \cos\theta_{\text{B}} + U_{\text{C}} I_{\text{C}} \cos\theta_{\text{C}} \tag{7-30}$$

在对称三相电路中，式（7-30）进一步简化为

$$P = 3 U_{\text{P}} I_{\text{P}} \cos\theta \tag{7-31}$$

式（7-31）中，U_{P} 为相电压有效值；I_{P} 为相电流有效值；θ 为相电压超前相电流的角度，在负载侧表现为阻抗角。

一般，相电压与相电流不如线电压和线电流容易测量，因此需要将式（7-31）进一步改写为用线电压和线电流表示的公式。

星形接法中，线电流 I_1 与相电流 I_{P} 相等，线电压 U_1 等于相电压 U_{P} 的 $\sqrt{3}$ 倍，因此式（7-31）推导为

$$P = 3 U_{\text{P}} I_{\text{P}} \cos\theta = 3 \frac{U_1}{\sqrt{3}} I_1 \cos\theta = \sqrt{3} U_1 I_1 \cos\theta \tag{7-32}$$

三角形接法中，线电压 U_1 与相电压 U_{P} 相等，线电流 I_1 等于相电流 I_{P} 的 $\sqrt{3}$ 倍，因此式（7-31）推导为

$$P = 3 U_{\text{P}} I_{\text{P}} \cos\theta = 3 U_1 \frac{I_1}{\sqrt{3}} \cos\theta = \sqrt{3} U_1 I_1 \cos\theta \tag{7-33}$$

式（7-32）与式（7-33）完全相同，说明无论哪种接法，对称三相电路的功率都可以用 $P = \sqrt{3} U_1 I_1 \cos\theta$ 求解。这里要特别注意，θ 仍为相电压超前相电流的角度，而非线电压超前线电流的角度。

三相总的无功功率有类似结论，即

$$Q = Q_{\text{A}} + Q_{\text{B}} + Q_{\text{C}} = U_{\text{A}} I_{\text{A}} \sin\theta_{\text{A}} + U_{\text{B}} I_{\text{B}} \sin\theta_{\text{B}} + U_{\text{C}} I_{\text{C}} \sin\theta_{\text{C}}$$

在对称三相电路中，有

$$Q = 3 U_{\text{P}} I_{\text{P}} \sin\theta = \sqrt{3} U_1 I_1 \sin\theta$$

根据有功功率和无功功率的结论，可知三相总复功率为各相复功率之和，即

$$\tilde{S} = P + jQ = (P_A + P_B + P_C) + j(Q_A + Q_B + Q_C)$$
$$= (P_A + jQ_A) + (P_B + jQ_B) + (P_C + jQ_C)$$
$$= \tilde{S}_A + \tilde{S}_B + \tilde{S}_C$$

在对称三相电路中，有 $\tilde{S} = 3\tilde{S}_P$，$\tilde{S}_P$ 为单相复功率。

三相总视在功率为

$$S = \sqrt{P^2 + Q^2} = \sqrt{(P_A + P_B + P_C)^2 + (Q_A + Q_B + Q_C)^2}$$

各相的视在功率为

$$S_A = \sqrt{P_A^2 + Q_A^2}, S_B = \sqrt{P_B^2 + Q_B^2}, S_C = \sqrt{P_C^2 + Q_C^2}$$

在对称三相电路中，有 $S = 3S_P$，S_P 为单相视在功率；显然，当电路不对称时 $S \neq S_A + S_B + S_C$。

三相电路功率因数为

$$\lambda = \frac{P}{S}$$

对称三相电路的功率因数与单相电路的功率因数相同；不对称三相电路的功率因数与单相电路的功率因数无对应关系。

三相电路的瞬时功率等于各相电路瞬时功率的和，设在对称三相电路中，有

$$\begin{cases} u_A = \sqrt{2}U_P \sin\omega t, i_A = \sqrt{2}I_P \sin(\omega t - \varphi) \\ u_B = \sqrt{2}U_P \sin(\omega t - 120°), i_B = \sqrt{2}I_P \sin(\omega t - \varphi - 120°) \\ u_C = \sqrt{2}U_P \sin(\omega t + 120°), i_C = \sqrt{2}I_P \sin(\omega t - \varphi + 120°) \end{cases}$$

则

$$\begin{aligned} p(t) = u_A i_A + u_B i_B + u_C i_C &= \sqrt{2}U_P \sin\omega t \times \sqrt{2}I_P \sin(\omega t - \varphi) + \sqrt{2}U_P \sin(\omega t - 120°) \times \\ &\quad \sqrt{2}I_P \sin(\omega t - \varphi - 120°) + \sqrt{2}U_P \sin(\omega t + 120°) \times \sqrt{2}I_P \sin(\omega t - \varphi + 120°) \\ &= U_P I_P [\cos\varphi - \cos(2\omega t - \varphi)] + U_P I_P [\cos\varphi - \cos(2\omega t - \varphi - 240°)] + \\ &\quad U_P I_P [\cos\varphi - \cos(2\omega t - \varphi + 240°)] \end{aligned} \quad (7\text{-}34)$$

式（7-34）结论中的3个加数均是由一个常数项与一个二倍频的正弦量构成的，3个加数中的二倍频正弦量为3个对称量，相加以后为零，因此进一步计算式（7-34）得

$$p(t) = 3U_P I_P \cos\varphi = P \quad (7\text{-}35)$$

可知在对称三相电路中，瞬时功率表现为与时间无关的常量，其值等于有功功率的数值，因此对称三相电路是供用电平稳的电路。

2. 测量方法

（1）三表法。

三表法是用3块功率表测量三相电路的有功功率的方法，因此称为三表法，适用于三相四线制电路的功率测量。其测量电路及功率表的接法如图7-39所示。

在单相电路和三相电路中都可以使用功率表测量功率。以图7-39中的 PW_1 为例介绍功率

表的接线方法。功率表为四端元件，其中1、3端子为电流线圈的两个端子，串接在所采集电流的支路上；2、4端子为电压线圈的两个端子，并接在所采集电压的节点上；电流线圈"*"端表示所采集的电流从此端流入，电压线圈"*"端表示所采集的电压"+"极性端。功率表对采集的电压、电流进行有功功率运算并显示读数，图7-39中的3块功率表分别测量的是3个单相有功功率，因此其示数有明确的物理意义，3块功率表的示数之和即三相电路的总有功功率。

（2）两表法。

两表法适用于三相三线制电路的功率测量，接法如图7-40所示。

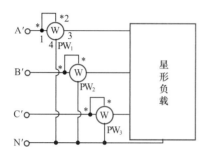
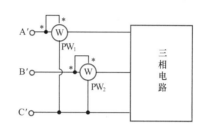

图 7-39　三表法测量三相四线制电路功率　　　　图 7-40　两表法测量三相三线制电路功率

根据图7-40中两块功率表的接法，其示数之和为

$$P_1 + P_2 = U_{AC}I_A\cos\left(\varphi_{u_{AC}} - \varphi_{i_A}\right) + U_{BC}I_B\cos\left(\varphi_{u_{BC}} - \varphi_{i_B}\right) = \mathrm{Re}\left[\dot{U}_{AC}\dot{I}_A^*\right] + \mathrm{Re}\left[\dot{U}_{BC}\dot{I}_B^*\right] \quad （7\text{-}36）$$

根据复数运算法则，两个复数的实部之和等于两个复数之和的实部，则式（7-36）可改写为

$$P_1 + P_2 = \mathrm{Re}\left[\dot{U}_{AC}\dot{I}_A^* + \dot{U}_{BC}\dot{I}_B^*\right]$$

进一步推导，可得

$$\begin{aligned}
P_1 + P_2 &= \mathrm{Re}\left[\left(\dot{U}_A - \dot{U}_C\right)\dot{I}_A^* + \left(\dot{U}_B - \dot{U}_C\right)\dot{I}_B^*\right] \\
&= \mathrm{Re}\left[\dot{U}_A\dot{I}_A^* + \dot{U}_B\dot{I}_B^* - \dot{U}_C\left(\dot{I}_A^* + \dot{I}_B^*\right)\right]
\end{aligned} \quad （7\text{-}37）$$

由图7-40所示电路的KCL方程可知

$$\dot{I}_A + \dot{I}_B = -\dot{I}_C \quad （7\text{-}38）$$

将式（7-38）代入式（7-37），可得

$$P_1 + P_2 = \mathrm{Re}\left[\dot{U}_A\dot{I}_A^* + \dot{U}_B\dot{I}_B^* + \dot{U}_C\dot{I}_C^*\right] = P$$

因此，两表法的两块功率表示数之和即三相电路的总功率。但需注意，两表法中任一块功率表的读数都没有实际的物理意义，不代表该三相电路中某一部分负载的功率。

请读者思考：除图7-40所示外，两表法还有其他接线方式吗？

7.3　非正弦周期信号稳态电路

实际生产和生活中的信号不完全是正弦信号，如电子与通信工程、电力电子、自动控制等领域的科学问题中普遍包含一类周期信号，这类信号随时间并不呈现正弦规律变化。电力系统的发电厂出口电压是严格的正弦信号，但是由于负载中非线性元件（如电力电子器件等）的存在，系统中也会产生非正弦规律的电压和电流。将这些不按正弦规律变化的周期信号称为非正弦周期信号。图7-41给出了一些非正弦周期信号的例子。以这类非正弦周期信号作为激励的电路称为非正弦周期信号电路，本节将重点讨论非正弦周期信号线性电路的稳态分析方法。

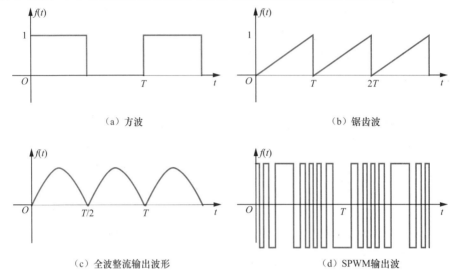

（a）方波 　　　　　　　　　　　　　　（b）锯齿波

（c）全波整流输出波形 　　　　　　　　　（d）SPWM输出波

图 7-41　几种非正弦周期信号

7.3.1　非正弦周期信号的傅里叶级数展开

非正弦周期信号傅里叶级数分解及非正弦周期电路的响应

傅里叶级数由法国数学家傅里叶提出，满足狄利克雷条件的任何周期函数 $f(t)$ 都可以由常数和一系列不同频率的正弦函数、余弦函数相加构成的无穷级数表示，该级数称为傅里叶级数。

狄利克雷条件包括以下3个内容：（1） $f(t)$ 在一个周期内含有限个极值点；（2） $f(t)$ 在一个周期内含有限个不连续点；（3） $\int_0^T |f(t)| \mathrm{d}t$ 的值存在。

工程实际中的周期信号通常都满足狄利克雷条件，因此，本书在傅里叶级数展开时不再对信号的狄利克雷条件进行校验。

设周期信号 $f(t)$ 的周期为 T，其傅里叶级数展开式为

$$f(t) = a_0 + \sum_{k=1}^{\infty} \left(a_k \cos k\omega t + b_k \sin k\omega t \right) \tag{7-39}$$

式中 $\omega = \dfrac{2\pi}{T}$。系数 a_0、a_k 和 b_k（ $k = 1,2,3,\cdots$ ）的计算公式为

$$\begin{cases} a_0 = \dfrac{1}{T} \int_0^T f(t) \mathrm{d}t \\[2mm] a_k = \dfrac{2}{T} \int_0^T f(t) \cos k\omega t \mathrm{d}t = \dfrac{1}{\pi} \int_0^{2\pi} f(t) \cos k\omega t \mathrm{d}(\omega t) \\[2mm] b_k = \dfrac{2}{T} \int_0^T f(t) \sin k\omega t \mathrm{d}t = \dfrac{1}{\pi} \int_0^{2\pi} f(t) \sin k\omega t \mathrm{d}(\omega t) \end{cases}$$

利用同频正弦函数与余弦函数之间的三角函数关系，式（7-39）还可改写为

$$f(t) = A_0 + \sum_{k=1}^{\infty} A_{km} \sin(k\omega t + \varphi_k) \qquad （7\text{-}40）$$

式中

$$\begin{cases} A_0 = a_0 = \dfrac{1}{T} \displaystyle\int_0^T f(t)\mathrm{d}t \\[3mm] A_{km} = \sqrt{a_k^2 + b_k^2}, \quad \varphi_k = \arctan\dfrac{a_k}{b_k} \end{cases}$$

式（7-40）中各部分表征的物理含义更为明确，在工程上被更多采用。

A_0：不随时间变化的常数，称为 $f(t)$ 中的直流分量。

$A_{1m} \sin(\omega t + \varphi_1)$：与 $f(t)$ 周期相同的正弦量，称为基波分量。

$A_{km} \sin(k\omega t + \varphi_k)$：频率为基波分量频率的 k 倍，称为 k 次谐波分量，通常称 k 为奇数的谐波为奇次谐波，k 为偶数的谐波为偶次谐波。

为了使读者更加形象地理解傅里叶级数的展开过程，图7-42展示了周期正脉冲方波的直流到5次谐波分量及其合成波形，可以看出，计及的高次谐波分量越丰富，合成波就越接近于原始波形，这说明一个周期为 T 的周期正脉冲方波可以看作一系列正弦信号的叠加，且随着谐波分量的频率越来越高，其幅值将越小。因此，虽然理论上傅里叶级数展开是无穷多项，但工程中根据实际情况采用有限项即可较好地描述原信号。

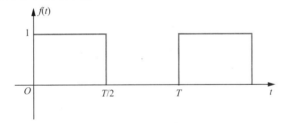

（a）原始方波信号

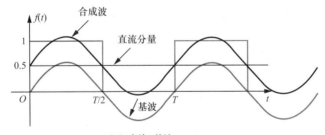

（b）直流+基波

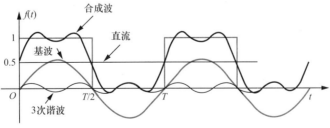

（c）直流+基波+3次谐波

图 7-42　方波信号的傅里叶级数不同展开项数

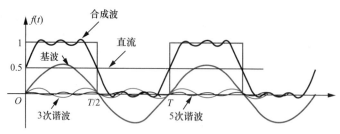

（d）直流+基波+3次谐波+5次谐波

图 7-42　方波信号的傅里叶级数不同展开项数（续）

需要说明的是，非正弦周期信号如何展开成傅里叶级数属于数学知识，非本书讨论的重点，因此在后文中将直接利用非正弦周期信号的傅里叶级数展开式进行电路分析。

7.3.2　非正弦周期信号的有效值和平均功率

1. 非正弦周期信号的有效值

在6.1节中提到，周期信号的有效值等于该信号在一个周期内的方均根值。设非正弦周期电流 $i(t) = I_0 + \sum_{k=1}^{\infty} I_{km} \sin(k\omega t + \varphi_k) = I_0 + \sum_{k=1}^{\infty} \sqrt{2} I_k \sin(k\omega t + \varphi_k)$ ，其有效值为

$$I = \sqrt{\frac{1}{T} \int_0^T i^2(t) \mathrm{d}t} = \sqrt{\frac{1}{T} \int_0^T \left[I_0 + \sum_{k=1}^{\infty} \sqrt{2} I_k \sin(k\omega t + \varphi_k) \right]^2 \mathrm{d}t} \qquad （7-41）$$

式（7-41）中 $i(t)$ 平方展开后共含有4种类型，这4种类型及其在一个周期内积分后的平均值如下。

（1）直流的平方：$\dfrac{1}{T} \int_0^T I_0^2 \mathrm{d}t = I_0^2$ 。

（2）两个相同次谐波项的乘积：$\dfrac{1}{T} \int_0^T 2 I_k^2 \sin^2(k\omega t + \varphi_k) \mathrm{d}t = I_k^2$ 。

（3）直流和各次谐波项的乘积：$\dfrac{1}{T} \int_0^T I_0 \sqrt{2} I_k \sin(k\omega t + \varphi_k) \mathrm{d}t = 0$ 。

（4）两个不同次谐波项的乘积：$\dfrac{1}{T} \int_0^T 2 I_k \sin(k\omega t + \varphi_k) \cdot I_{k'} \sin(k'\omega t + \varphi_{k'}) \mathrm{d}t = 0 \ (k \neq k')$ 。

将上述4类结果代入式（7-41），得非正弦周期电流的有效值为

$$I = \sqrt{I_0^2 + I_1^2 + I_2^2 + \cdots + I_k^2 + \cdots} = \sqrt{I_0^2 + \sum_{k=1}^{\infty} I_k^2} \qquad （7-42）$$

同理，非正弦周期电压的有效值为

$$U = \sqrt{U_0^2 + U_1^2 + U_2^2 + \cdots + U_k^2 + \cdots} = \sqrt{U_0^2 + \sum_{k=1}^{\infty} U_k^2}$$

例7-11　已知一非正弦周期电流 $i(t) = 10 + 70.7 \cos(\omega t + 45°) + 141.4 \cos(5\omega t - 30°)$ A 流过一个 2Ω 电阻，求此电阻电压的有效值 U 。

解：电流 $i(t)$ 的有效值为

$$I = \sqrt{I_0^2 + I_1^2 + I_5^2} = \sqrt{10^2 + \left(\frac{70.7}{\sqrt{2}}\right)^2 + \left(\frac{141.4}{\sqrt{2}}\right)^2} \approx \sqrt{10^2 + 50^2 + 100^2} \approx 112.2 \text{ A}$$

电阻电压的有效值 $U = RI = 2 \times 112.2 = 224.4 \text{ V}$。

2. 非正弦周期信号的平均功率

在图7-43所示网络 N 中，设

$$u(t) = U_0 + \sum_{k=1}^{\infty} \sqrt{2} U_k \sin\left(k\omega t + \varphi_{uk}\right) , \quad i(t) = I_0 + \sum_{k=1}^{\infty} \sqrt{2} I_k \sin\left(k\omega t + \varphi_{ik}\right)$$

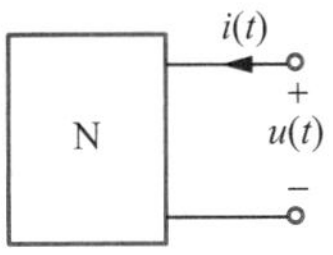

图 7-43　非正弦周期信号下的二端网络

则二端网络 N 吸收的平均功率

$$P = \frac{1}{T} \int_0^T p(t)\mathrm{d}t = \frac{1}{T} \int_0^T u(t)i(t)\mathrm{d}t$$

$$= \frac{1}{T} \int_0^T \left[U_0 + \sum_{k=1}^{\infty} U_{km} \sin\left(k\omega t + \varphi_{uk}\right)\right]\left[I_0 + \sum_{k=1}^{\infty} I_{km} \sin\left(k\omega t + \varphi_{ik}\right)\right]\mathrm{d}t \tag{7-43}$$

式（7-43）积分号内的乘积展开后共含有4种类型，这4种类型及其在一个周期内积分后的平均值如下。

（1）两个直流项相乘：$\dfrac{1}{T} \int_0^T U_0 I_0 \mathrm{d}t = U_0 I_0$。

（2）两个相同次谐波项的乘积：

$$\frac{1}{T} \int_0^T 2 U_k \sin\left(k\omega t + \varphi_{uk}\right) I_k \sin\left(k\omega t + \varphi_{ik}\right)\mathrm{d}t = U_k I_k \cos\left(\varphi_{uk} - \varphi_{ik}\right) = U_k I_k \cos\theta_k 。$$

（3）直流和各次谐波项的乘积：

$$\begin{cases} \dfrac{1}{T} \int_0^T I_0 \sqrt{2} U_k \sin\left(k\omega t + \varphi_{uk}\right)\mathrm{d}t = 0 \\ \dfrac{1}{T} \int_0^T U_0 \sqrt{2} I_k \sin\left(k\omega t + \varphi_{ik}\right)\mathrm{d}t = 0 \end{cases}$$

（4）两个不同次谐波项的乘积：

$$\frac{1}{T} \int_0^T 2 U_k \sin\left(k\omega t + \varphi_{uk}\right) \cdot I_{k'} \sin\left(k'\omega t + \varphi_{ik'}\right)\mathrm{d}t = 0 \ \left(k \neq k'\right)$$

将上述4类结果代入式（7-43），得非正弦周期信号的平均功率

$$P = U_0 I_0 + \sum_{k=1}^{\infty} U_k I_k \cos\theta_k = P_0 + \sum_{k=1}^{\infty} P_k \tag{7-44}$$

由式（7-44）可知，非正弦周期信号的平均功率为直流及各次同频谐波的平均功率之和。这

意味着只有同频的电压分量和电流分量才能产生平均功率，不同频率的电压、电流产生的瞬时功率为没有直流偏置的正弦信号，因此不会产生平均功率。

例7-12 已知图7-43中，二端网络 N 的端口电压、电流分别为 $u(t) = 10 + 100\sin 10t + 20\sin 30t + 10\sin 50t$ V，$i(t) = 10\sin(10t - 30°) + 2\sin(50t + 45°)$ A，求此二端网络吸收的平均功率。

解：因为只有同频率的电压、电流才能产生有功功率，所以直流功率和3次谐波功率都为零，只有基波和5次谐波会产生平均功率。

基波平均功率

$$P_1 = U_1 I_1 \cos\theta_1 = \frac{100}{\sqrt{2}} \times \frac{10}{\sqrt{2}} \cos 30° = 250\sqrt{3} \text{ W}$$

5次谐波功率

$$P_5 = U_5 I_5 \cos\theta_5 = \frac{10}{\sqrt{2}} \times \frac{2}{\sqrt{2}} \cos(-45°) = 5\sqrt{2} \text{ W}$$

二端网络 N 吸收的平均功率

$$P = P_1 + P_5 = 250\sqrt{3} + 5\sqrt{2} \approx 440.07 \text{ W}$$

7.3.3　非正弦周期信号稳态电路的分析

谐波分析法

　　非正弦周期信号可分解为直流分量、基波分量和各次谐波分量之和，因此非正弦周期信号激励下总的稳态响应看作各个激励分量单独作用所得响应之和，这种以叠加定理为基础的分析方法被称为"谐波分析法"，基本步骤如下。

　　（1）直流分量单独作用：电容元件等效为开路，电感元件等效为短路，得到直流电阻电路，在此电路中可以求出感兴趣响应的直流分量及有功功率。

　　（2）基波分量单独作用：作出基波单独作用下电路的相量模型，电容元件阻抗为 $-j\dfrac{1}{\omega C}$，电感元件阻抗为 $j\omega L$，得到正弦稳态电路，在此电路中可以求出感兴趣响应的基波分量的相量形式及有功功率，将基波分量的相量形式反变换回时域形式。

　　（3）k 次谐波分量单独作用：作出 k 次谐波分量单独作用下电路的相量模型，电容元件阻抗为 $-j\dfrac{1}{k\omega C}$，电感元件阻抗为 $jk\omega L$，得到正弦稳态电路，在此电路中可以求出感兴趣响应的 k 次谐波分量的相量形式及有功功率，将 k 次谐波分量的相量形式反变换回时域形式。

　　（4）将感兴趣响应各分量的时域形式叠加可得到其最终表达式，将各分量单独作用时的有功功率求和可得到总的有功功率。

　　请读者思考：为什么要对每个分量单独作用求得的响应的时域形式进行叠加？能否直接进行相量叠加？

例7-13 如图7-44所示稳态电路中，$u(t) = 60 + 80\sin(\omega t + 60°) + 20\sin(2\omega t + 30°)$V，$\dfrac{1}{\omega C_1} = 300\Omega$，$\dfrac{1}{\omega C_2} = 400\Omega$，$\omega L = 100\Omega$，$R_1 = R_2 = 20\Omega$，求电阻 R_1 上的电压 u_R 及 R_1 消耗的功率。

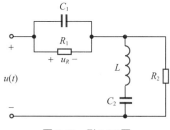

图 7-44　例 7-13 图

解：（1）直流分量单独作用：电路如图 7-45（a）所示，电阻 R_1 上的电压及消耗的功率分别为

$$U_{R0} = \frac{R_1}{R_1 + R_2} U_0 = \frac{20}{20 + 20} \times 60 = 30 \text{ V}, \quad P_0 = \frac{U_{R0}^2}{20} = \frac{30^2}{20} = 45 \text{ W}$$

（2）基波单独作用：电路如图 7-45（b）所示，由题意可知

$$\dot{U}_1 = \frac{80}{\sqrt{2}} \angle 60° = 40\sqrt{2} \angle 60° \text{ V}$$

$$j\omega L = j100\Omega, \quad -j\frac{1}{\omega C_1} = -j300\Omega, \quad -j\frac{1}{\omega C_2} = -j400\Omega$$

因为 $R_1 = R_2$，$-j\dfrac{1}{\omega C_1} = j\omega L - j\dfrac{1}{\omega C_2}$，所以

$$\dot{U}_{R1} = \frac{1}{2}\dot{U}_1 = \frac{1}{2} \times 40\sqrt{2} \angle 60° = 20\sqrt{2} \angle 60° \text{ V}$$

$$P_1 = \frac{U_{R1}^2}{20} = \frac{\left(20\sqrt{2}\right)^2}{20} = 40 \text{ W}$$

$$u_{R1}(t) = 40\sin(\omega t + 60°) \text{ V}$$

（3）2 次谐波单独作用：电路如图 7-45（c）所示，由题意可知

$$\dot{U}_2 = \frac{20}{\sqrt{2}} \angle 30° = 10\sqrt{2} \angle 30° \text{ V}$$

$$j2\omega L = j200\Omega, \quad -j\frac{1}{2\omega C_2} = -j200\Omega$$

所以 L 和 C_2 串联的阻抗为零，相当于短路，所以

$$\dot{U}_{R2} = \dot{U}_2 = 10\sqrt{2} \angle 30° \text{V}$$

$$P_2 = \frac{U_{R2}^2}{20} = \frac{\left(10\sqrt{2}\right)^2}{20} = 10 \text{ W}$$

$$u_{R2}(t) = 20\sin(2\omega t + 30°) \text{ V}$$

（4）根据谐波分析法，可得电阻 R_1 上的电压

$$u_R = U_{R0} + u_{R1}(t) + u_{R2}(t) = 30 + 40\sin(\omega t + 60°) + 20\sin(2\omega t + 30°) \text{ V}$$

电阻 R_1 消耗的总有功功率

$$P = P_0 + P_1 + P_2 = 45 + 40 + 10 = 95 \text{ W}$$

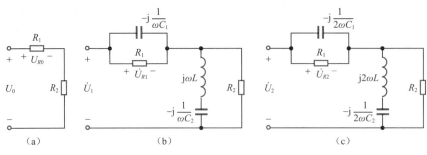

图 7-45　例 7-13 解图

例7-14 图7-46所示电路中，电压源为 $u_s(t) = 10 + 10\sqrt{2}\cos(1000t + 30°)\text{V}$，电流源为 $i_s(t) = \sqrt{2}\cos(500t + 45°)\text{A}$，求 1Ω 电阻上的电压 $u_R(t)$。

解：电路中两个电源含有不同频率，因此采用谐波分析法。

（1）电压源直流分量单独作用时，电路如图7-47（a）所示，可得

$$U_{R0} = 0\text{V}$$

（2）电压源交流分量单独作用时，电路如图7-47（b）所示。

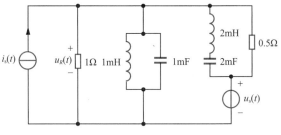

图 7-46　例 7-14 图

$j1\Omega$ 和 $-j1\Omega$ 支路并联的等效阻抗为无穷大，相当于开路；虚线框内网络的等效阻抗为

$$Z_{eq} = \frac{j(2-0.5)\times 0.5}{j(2-0.5)+0.5} = \frac{j3}{2+j6} = (0.45 + j0.15)\Omega$$

图7-47（b）所示电路进一步简化为图7-47（c）所示电路，电阻电压 $\dot{U}_R'$ 为

$$\dot{U}_R' = \frac{10\angle 30°}{1+0.45+j0.15}\times 1 = \frac{10\angle 30°}{1.46\angle 5.9°}\times 1 \approx 6.85\angle 24.1°\text{ V}$$

对应的瞬时值表达式为

$$u_R'(t) = 6.85\sqrt{2}\cos(1000t + 24.1°)\text{V}$$

（3）电流源单独作用时，电路如图7-47（d）所示。

由于 $j1\Omega$ 和 $-j1\Omega$ 支路串联后阻抗为零，相当于短路，则电阻电压 $\dot{U}_R''$ 为

$$\dot{U}_R'' = 0\text{ V}$$

对应的瞬时值表达式为

$$u_R''(t) = 0\text{ V}$$

（4）根据谐波分析法，电阻 R 的电压

$$u_R(t) = U_{R0} + u_R'(t) + u_R''(t) = 6.85\sqrt{2}\cos(1000t + 24.1°)\text{V}$$

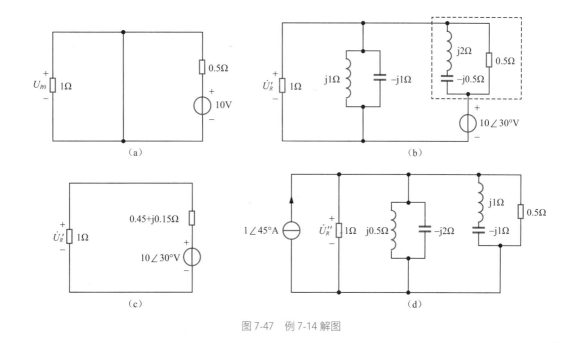

图 7-47　例 7-14 解图

探索多一点

（1）有功功率、无功功率和有之以为利，无之以为用。

《道德经》第十一章"无之以为用"中提到："三十辐共一毂，当其无，有车之用。埏埴以为器，当其无，有器之用。凿户牖以为室，当其无，有室之用。故有之以为利，无之以为用。"意思是说，辐条制造的车轮，中间有空的地方可以插车轴，才体现车的作用；泥土烧制的器皿，中间有空的地方放东西，才体现器皿的作用；开凿门窗建成房屋，中间有空的地方住人，才体现房屋的作用。所以物品本身"有"价值，然而这个价值因为它具有"无"才被体现出来。电网中由电能转化成光能、热能、机械能等"有功功率"部分极大地改善了人类生活，但如果没有"无功功率"，交流电网中的"有功功率"也无法顺利传输，为人所感知。

（2）无功补偿与量变和质变。

当利用电容器进行无功补偿时，随着电容值由小到大，可以分别达到欠补偿、全补偿和过补偿的效果。其中，过补偿时功率因数反而是随着电容值的增大而降低的，因此在补偿时要注意把握好"度"。世间万物，皆有其度，如厨师要恰当把握"火候"，医生要恰当把握"剂量"，画家要恰当把握"色彩"等。这里的"恰当把握"是指要把事物的发展控制在量变的范围内，才能获得预期可控的变化。量变是质变的基础，质变是量变的飞跃，一旦"过度"引起质变，超出事物发展所能承受的极限，则会出现不可预知的后果，甚至向反方向发展，这就是"过犹不及"。

仿《锦瑟》之三相电路

黄绿红蓝三相电，一相一线非等闲。
方苦相量迷人眼，哪堪线量乱心弦。
关系不明空蓄泪，单相等值助攻关。
三角常作星形换，中性点出无惘然。

附：《锦瑟》原文

锦瑟

唐　李商隐

锦瑟无端五十弦，一弦一柱思华年。
庄生晓梦迷蝴蝶，望帝春心托杜鹃。
沧海月明珠有泪，蓝田日暖玉生烟。
此情可待成追忆？只是当时已惘然。

习题 7

7-1　题7-1图所示正弦稳态电路中，已知 $u_s(t) = 110\sqrt{2}\sin(\omega t + 45°)\text{V}$，电感 L 的阻抗 $Z_L = j10\Omega$，$u_L(t) = 55\sqrt{2}\sin(\omega t - 135°)\text{V}$，求无源二端网络 N_0 的等效阻抗 Z。

7-2　题7-2图所示正弦交流电路中，已知 $\dfrac{1}{\omega C} = 25\Omega$，电压有效值 $U_1 = U_2 = U = 100\text{ V}$，若频率 $f = 50\text{Hz}$，求 R 和 L。

7-3　题7-3图所示电路中，$u_s(t) = 100\sqrt{2}\sin(100t)\text{V}$，$R_1 = 100\Omega$，$R_2 = 200\Omega$，$L_1 = L_2 = 1\text{H}$，$C = 100\mu\text{F}$，求电流 i_C 和电压 u_{L1}。

7-4　题7-4图所示正弦稳态电路中，已知正弦电压源 $u_s(t) = 5\sqrt{2}\cos(t + 30°)\text{V}$，正弦电流源 $i_s(t) = 8\sqrt{2}\sin(t + 45°)\text{A}$。求：（1）电流 $i(t)$ 及其有效值；（2）1Ω 电阻消耗的平均功率 P。

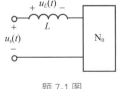

题 7-1 图

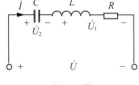

题 7-2 图

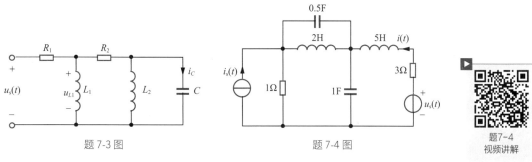

题 7-3 图　　　　　　　　题 7-4 图

题7-4
视频讲解

7-5　列写题7-5图所示电路相量形式的节点电压方程。

7-6　列写题7-6图所示电路相量形式的网孔电流方程。

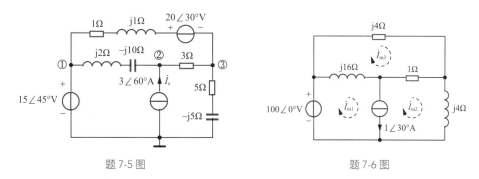

题 7-5 图　　　　　　　　题 7-6 图

7-7　稳态电路如题7-7图所示，已知 $u_s(t) = 30\sqrt{2}\sin\omega t$ V，$U_s = 24$V，$R = 6\Omega$，$\omega L = \dfrac{1}{\omega C} = 8\Omega$，试求：（1）电流 $i(t)$；（2）电阻消耗的有功功率 P；（3）电感吸收的无功功率 Q。

7-8　正弦稳态电路如题7-8图所示，负载 Z_L 可变，试求：（1）Z_L 为何值时可获得最大功率？并求此最大功率；（2）此时受控源吸收的无功功率。

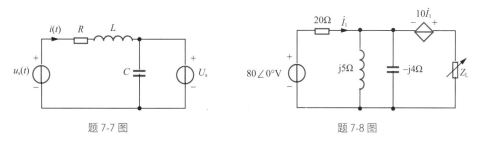

题 7-7 图　　　　　　　　题 7-8 图

7-9　题7-9图所示对称三相电路中，已知电源线电压 $\dot{U}_{AB} = 380\angle 30°$V，负载阻抗 $Z = 15 + j18$ Ω，线路阻抗 $Z_l = 1 + j2$ Ω。求负载的相电流 $\dot{I}_{C'A'}$ 和电源发出的有功功率和无功功率。

7-10　对称三相电路如题7-10图所示，已知线电压 $\dot{U}_{AB} = 220\angle 0°$V，$Z = (20 + j20)\Omega$。（1）求负载吸收的总有功功率；（2）若用两表法测量三相总功率，第一块功率表已如题7-10图所示连接完毕，请补充画出第二块功率表（要求画出两表法的完整接线图），并求出两块功率表的示数。

题7-9
视频讲解

7-11　非正弦周期电压如题7-11图所示，求其有效值 U。若将 $u(t)$ 施于 1Ω 电阻两端，求电阻吸收的平均功率。

7-12 如题7-12图所示的电路中，已知 $u=10+10\sin 314t+5\sin 942t\text{V}$ ， $i=4\sin\left(314t-\dfrac{\pi}{6}\right)+$

$2\sin\left(942t-\dfrac{\pi}{3}\right)\text{A}$ 。求电流有效值 I 及网络 N 吸收的平均功率 P 。

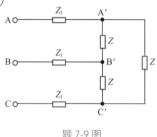
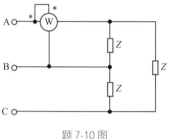

题 7-9 图　　　　　　　　　　　　　　题 7-10 图

7-13 题7-13图所示稳态电路中，已知 $u(t)=\left[10+5\sqrt{2}\sin 3\omega t\right]\text{V}$ ， $R=5\Omega$ ， $\omega L=5\Omega$ ，

$\dfrac{1}{\omega C}=45\Omega$ 。试求：（1）电流 $i(t)$ ；（2）电压表和电流表的读数。

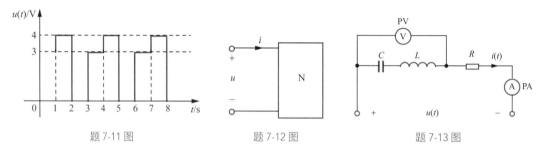

题 7-11 图　　　　　　　　题 7-12 图　　　　　　　　题 7-13 图

7-14 题7-14图所示稳态电路中，正弦电压源 $u_s(t)$ 的角频率 $\omega=10\text{rad/s}$ ， U_{s0} 为直流电压源；电容电压 $u_C(t)$ 和电流 $i_C(t)$ 的有效值分别为10V 和2A 。试求：（1）电流 $i(t)$ 的有效值；（2）4Ω 电阻消耗的平均功率 P 。

7-15 题7-15图所示稳态电路中，已知 $u_s(t)=150+100\sqrt{2}\sin\left(t+30°\right)+200\sqrt{2}\sin\left(2t+45°\right)\text{V}$ ，

$L_1=\dfrac{2}{3}\text{H}$ ， $C=0.5\text{F}$ ， $L_2=2\text{H}$ ， $R=50\Omega$ 。试求：（1）电流 $i(t)$ ；（2）电流表的读数；（3）功率表的读数。

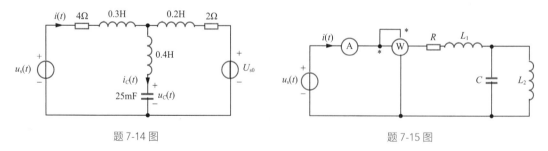

题 7-14 图　　　　　　　　　　　　　题 7-15 图

第 **8** 章

正弦稳态下的频率特性与谐振

　　在正弦稳态电路中，激励是包含频率信息的，电路中的容抗、感抗，各处的电压、电流等均会随着激励频率的变化而变化，这个变化可以通过频率特性体现出来。谐振是在特定频率下表现出的一种特殊电路现象，通过对本章进行学习，读者可以理解正弦稳态电路中由激励频率变化引起的响应变化规律，并在工程实际中应用这些规律达到预期的输出效果。本章主要内容包括正弦稳态下的网络函数、频率特性、滤波电路，以及串联谐振和并联谐振。

思考多一点

谐振是一种特殊的电路现象，发生谐振的时候，很容易使某处电压或电流的振幅急剧增大。这种现象对工程实际来说是利还是弊？要怎样"一分为二"地看待谐振？如果也能同样"一分为二"地辩证看待生活，是否可以帮助读者更加顺利地度过以后可能会遇到的低谷期？

8.1　正弦稳态下的频率特性

8.1.1　网络函数

在第4章中提到过线性电路的齐性定理，它体现了电路中激励（输入）与响应（输出）之间的"比例性"对应关系，特别是当电路中含有单一激励时，响应与激励呈现正比关系，这个体现输入与输出关系的比例系数就称为网络函数。网络函数只关注输入端和感兴趣的输出端的关系，但它与输入和输出的幅值无关，与输入和输出的类型（电压或电流）及位置、除输入端和感兴趣的输出端以外的电路结构和参数有关，是一个从整体上反映除输入端和感兴趣的输出端以外的电路性质的函数。在线性电阻电路中，网络函数为一实数，而在正弦稳态电路中，由于电容和电感的频域参数如 $j\omega L$、$\dfrac{1}{j\omega C}$ 等均与频率有关，因此在正弦稳态电路的相量模型中，网络函数是 $j\omega$ 的函数，定义式为

$$H(j\omega)=\frac{响应相量}{激励相量} \tag{8-1}$$

激励可以体现为电压源或电流源的形式，响应可以是电路中的某个电压或电流。

当激励与响应位于同一端口时，网络函数称为驱动点函数或策动点函数。若激励为电流源，响应为同一端口的电压，网络函数即该端口的输入阻抗 Z_i；若激励为电压源，响应为同一端口的电流，网络函数即该端口的输入导纳 Y_i。

当激励与响应位于不同端口时，网络函数称为转移函数。若激励为电流源，响应为另一端口的电压，网络函数即转移阻抗 Z_T；若激励为电流源，响应为另一端口的电流，网络函数即转移电流比 A_{iT}；若激励为电压源，响应为另一端口的电流，网络函数即转移导纳 Y_T；若激励为电压源，响应为另一端口的电压，网络函数即转移电压比 A_{uT}。

8.1.2　频率特性

正弦稳态电路中，由于阻抗、导纳、电压、电流等一般都是角频率 ω 的函数，通过研究其幅值与相位随频率的变化情况，就可以得到各参数和变量的频率特性，即幅频特性和相频特性，相应的曲线为幅频特性曲线和相频特性曲线。通过网络函数也可以研究网络的输出与输入之间的频率特性。

将网络函数 $H(j\omega)$ 以极坐标形式表示，则有

$$H(j\omega)=|H(j\omega)|\angle\theta(\omega) \tag{8-2}$$

其中 $|H(j\omega)|$ 是 $H(j\omega)$ 的幅值，$\theta(\omega)$ 是 $H(j\omega)$ 的相位，分别体现幅频特性和相频特性，并能通过其表达式绘制出幅频特性曲线和相频特性曲线。

▶

例8-1　试求图8-1所示电路的转移电压比 $\dfrac{\dot{U}_o}{\dot{U}_i}$，并绘制当 $R=1\Omega$、$C=0.1\mu F$ 时的幅频特性曲线和相频特性曲线。

解：作出图8-1（a）、图8-1（b）的相量模型，分别如图8-2（a）、图8-2（b）所示。

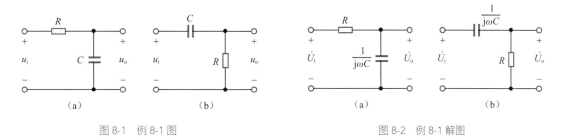

图 8-1　例 8-1 图　　　　　　　　　　　　　　　　　　图 8-2　例 8-1 解图

（1）在图8-2（a）中，根据串联电路分压公式，得

$$\dot{U}_\text{o} = \frac{\dfrac{1}{\text{j}\omega C}}{R + \dfrac{1}{\text{j}\omega C}} \dot{U}_\text{i}$$

$$A_{u\text{T}} = \frac{\dot{U}_\text{o}}{\dot{U}_\text{i}} = \frac{\dfrac{1}{\text{j}\omega C}}{R + \dfrac{1}{\text{j}\omega C}} = \frac{1}{1 + \text{j}\omega CR} = \frac{1}{\sqrt{1 + \omega^2 C^2 R^2}} \angle - \arctan(\omega CR)$$

其幅频特性为

$$\left| A_{u\text{T}} \right| = \frac{1}{\sqrt{1 + \omega^2 C^2 R^2}}$$

其相频特性为

$$\theta(\omega) = - \arctan(\omega CR)$$

在题目给定的参数下，绘制出的幅频特性曲线和相频特性曲线分别如图8-3（a）、（b）所示。（横坐标用频率 f 代替角频率 ω，由于二者存在线性比例关系，因此不影响曲线形状。）

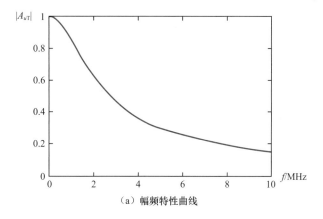

（a）幅频特性曲线

图 8-3　图 8-2（a）所示电路的频率特性曲线之一

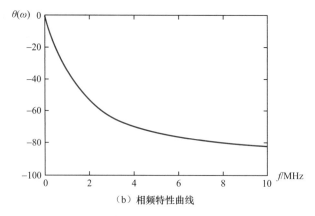

（b）相频特性曲线

图 8-3 图 8-2（a）所示电路的频率特性曲线之二

（2）在图 8-2（b）中，根据串联电路分压公式，得

$$\dot{U}_{o}=\frac{R}{R+\dfrac{1}{\mathrm{j}\omega C}}\dot{U}_{i}$$

$$A_{uT}=\frac{\dot{U}_{o}}{\dot{U}_{i}}=\frac{R}{R+\dfrac{1}{\mathrm{j}\omega C}}=\frac{\mathrm{j}\omega CR}{1+\mathrm{j}\omega CR}=\frac{\omega CR}{\sqrt{1+\omega^{2}C^{2}R^{2}}}\angle 90^{\circ}-\arctan\left(\omega CR\right)$$

其幅频特性为

$$\left|A_{uT}\right|=\frac{\omega CR}{\sqrt{1+\omega^{2}C^{2}R^{2}}}$$

其相频特性为

$$\theta\left(\omega\right)=90^{\circ}-\arctan\left(\omega CR\right)$$

在题目给定的参数下，绘制出的幅频特性曲线和相频特性曲线分别如图 8-4（a）、（b）所示。
将图 8-3 与图 8-4 做比较，你能发现什么？

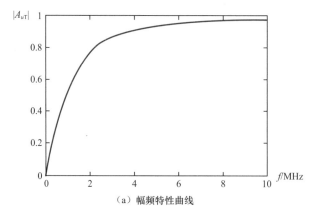

（a）幅频特性曲线

图 8-4 图 8-2（b）所示电路的频率特性曲线之一

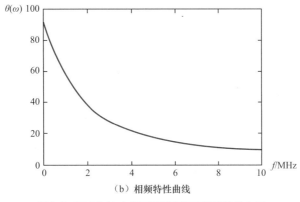

（b）相频特性曲线

图 8-4　图 8-2（b）所示电路的频率特性曲线之二

8.1.3　滤波电路

8.1.1 和 8.1.2 小节介绍了网络函数和频率特性的相关理论知识，回答并指导解决问题是理论的根本任务，那么前述理论知识能解决什么实际问题呢？

工程实际中通常会遇到这种问题：如何设计特定的电路并使其连接在输入端和输出端之间，使特定频率的信号在输出端顺利通过，或使特定频率的信号在输出端抑制消除？

只有把理论知识同具体实际相结合，才能正确回答实践提出的问题。在正弦稳态电路中，由于网络函数（输出与输入的比）是角频率的函数，因此当电源频率变化时，输入量在输出端的占比会随之变化。利用这一理论，可以在输入端和输出端之间设计并连接特定的电路以实现选频特性，这种可以实现选频特性的电路称为滤波电路。

观察图 8-3（a）可知，当 $f=0$（$\omega=0$）时，输出量电容电压达到最大，占到输入量的 100%，也就是说，输入量全部到达了输出端；随着频率的增大，输入量的输出占比逐渐减小，直至当 $f \to \infty$（$\omega \to \infty$）时，输出量电容电压最小，达到 0，此时输入量在输出端全部被消除。也就是说，频率越低的信号越容易通过图 8-1（a）所示的电路，因此从幅频特性来看，把这种电路称为 RC 低通滤波电路。

观察图 8-3（b）可知，当 $f=0$（$\omega=0$）时，输出量与输入量同相；随着频率的增大，输出量的相位逐渐滞后输入量，产生相移，直至当 $f \to \infty$（$\omega \to \infty$）时，输出量相位滞后输入量 90°。因此从相频特性来看，把图 8-1（a）所示的电路称为 RC 滞后网络。

同理，分别观察图 8-4（a）和图 8-4（b）可知，频率越高的信号越容易通过图 8-1（b）所示的电路，从幅频特性来看，把这种电路称为 RC 高通滤波电路；输出量的相位随频率的变化超前输入量 0°～90°，从相频特性来看，把图 8-1（b）所示的电路称为 RC 超前网络。

当输出量达到其最大值的 $1/\sqrt{2}$（约等于 0.707）倍及以上时，认为输出量可在输出端顺利输出，这部分输出量对应的频率范围称为通频带，其带宽记作 BW。将幅频特性曲线上纵坐标 0.707 处的点对应的横坐标称为截止频率 f_c，如图 8-5 和图 8-6 所示。

以上介绍的低通滤波电路和高通滤波电路都是 RC 电路，基于 RL、LC 都可以构建实现类似功能的滤波电路，请读者自行思考。

根据工程实际的需求，还可以设计出带通滤波电路和带阻滤波电路，其幅频特性曲线分别如

图8-7和图8-8所示，由图可知这两种滤波电路都含有两个截止频率 f_{cL} 和 f_{cH}。

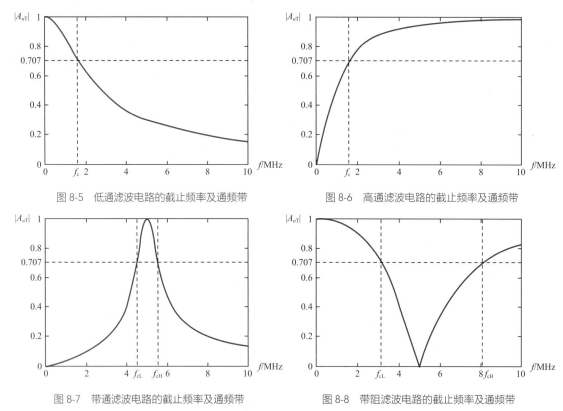

图 8-5　低通滤波电路的截止频率及通频带　　　　图 8-6　高通滤波电路的截止频率及通频带

图 8-7　带通滤波电路的截止频率及通频带　　　　图 8-8　带阻滤波电路的截止频率及通频带

8.2　谐振

　　谐振是一种特殊的电路现象。在正弦稳态电路中，当含有 L、C 的无源一端口网络端口电压和端口电流同相时，称电路发生了谐振。因此谐振是指电路在某个特定频率下电容性与电感性完全抵消，使端口对外电路呈现纯阻性。根据发生谐振的电容元件与电感元件的连接关系，把谐振分为串联谐振和并联谐振两种类型。

8.2.1　串联谐振

　　图8-9所示为 RLC 串联电路，该电路若发生谐振，则为串联谐振。

1. 谐振频率

图8-9所示电路的输入阻抗为

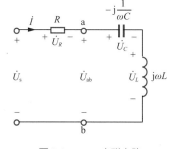

图 8-9　RLC 串联电路

$$Z = \frac{\dot{U}_s}{\dot{I}} = R - j\frac{1}{\omega C} + j\omega L = R + j\left(-\frac{1}{\omega C} + \omega L\right)$$

　　当电路发生谐振时，由于端口电压、端口电流同相，电路对外呈现纯阻性，因此输入阻抗 Z 的虚部应为零，即

$$\text{Im}[Z] = -\frac{1}{\omega C} + \omega L = 0$$

进一步可求得谐振时的频率

$$\omega_0 = \frac{1}{\sqrt{LC}} \tag{8-3}$$

式（8-3）说明，谐振频率是由参与该谐振的电容值和电感值决定的。调节电源频率 ω 或电路的参数（L 或 C），都可以使电路达到谐振。

2. 谐振时的阻抗、电流和电压

谐振时阻抗虚部为零，因此

$$Z = R + j\left(-\frac{1}{\omega C} + \omega L\right) = R \tag{8-4}$$

此时阻抗的模值最小，为

$$|Z| = \sqrt{R^2 + \left(-\frac{1}{\omega C} + \omega L\right)^2} = R$$

电路中的电流

$$\dot{I} = \frac{\dot{U}_s}{Z} = \frac{\dot{U}_s}{R} \tag{8-5}$$

电流有效值达到最大，为

$$I = \frac{U_s}{|Z|} = \frac{U_s}{R}$$

电阻上的电压

$$\dot{U}_R = R\dot{I} = \dot{U}_s \tag{8-6}$$

此时电阻电压等于电源电压，且有效值达到最大。

电容上的电压

$$\dot{U}_C = -j\frac{1}{\omega_0 C}\dot{I} = -j\sqrt{\frac{L}{C}}\frac{\dot{U}_s}{R} = -j\frac{1}{R}\sqrt{\frac{L}{C}}\dot{U}_s \tag{8-7}$$

电感上的电压

$$\dot{U}_L = j\omega_0 L\dot{I} = j\sqrt{\frac{L}{C}}\frac{\dot{U}_s}{R} = j\frac{1}{R}\sqrt{\frac{L}{C}}\dot{U}_s \tag{8-8}$$

观察式（8-7）和式（8-8）可知，谐振时电容电压 $\dot{U}_C$ 与电感电压 $\dot{U}_L$ 大小相等、方向相反，电路中的电容性和电感性完全抵消，由于 $\dot{U}_C$ 和 $\dot{U}_L$ 具有的这种特殊关系，因此串联谐振也称为"电压谐振"。请读者思考，谐振时 $\dot{U}_C$ 与 $\dot{U}_L$ 是否达到其最大值呢？若不是，$\dot{U}_C$ 与 $\dot{U}_L$ 的最大值分别在谐振点的什么位置？

从图8-9中可得

$$\dot{U}_{ab} = \dot{U}_C + \dot{U}_L = 0$$

所以ab端口对外相当于短路。

将谐振时的容抗和感抗的大小称为谐振电路的特性阻抗，用 ρ 表示，即

$$\rho = \frac{1}{\omega_0 C} = \omega_0 L = \sqrt{\frac{L}{C}} \qquad (8\text{-}9)$$

特性阻抗与外电路无关，仅由电路结构及元件参数决定。

3. 谐振时的品质因数

将 $\dot{U}_C$ 和 $\dot{U}_L$ 作为输出，可分别得到其对应的网络函数

$$A_{u_C\mathrm{T}} = \frac{\dot{U}_C}{\dot{U}_s} = \frac{-\mathrm{j}\dfrac{1}{\omega C}}{R + \mathrm{j}(-\dfrac{1}{\omega C} + \omega L)} \qquad (8\text{-}10)$$

$$A_{u_L\mathrm{T}} = \frac{\dot{U}_L}{\dot{U}_s} = \frac{\mathrm{j}\omega L}{R + \mathrm{j}(-\dfrac{1}{\omega C} + \omega L)} \qquad (8\text{-}11)$$

谐振时，$\omega = \omega_0$，$A_{u_C\mathrm{T}} = A_{u_L\mathrm{T}} = A_{u\mathrm{T}}$，把 $A_{u\mathrm{T}}$ 的模值称为谐振电路的品质因数，用 Q 表示，即

$$Q = |A_{u\mathrm{T}}| = \frac{U_C}{U_s} = \frac{U_L}{U_s} = \frac{1}{R}\sqrt{\frac{L}{C}} \qquad (8\text{-}12)$$

正弦稳态电路的无功功率也用 Q 表示，但无功功率的量纲是var，而品质因数是无量纲的，利用这一点可以分辨题目中的 Q 是指代无功功率还是品质因数。

式（8-7）和式（8-8）可分别用品质因数表示为

$$\dot{U}_C = -\mathrm{j}Q\dot{U}_s$$

$$\dot{U}_L = \mathrm{j}Q\dot{U}_s$$

因此当品质因数很大时，即使电源电压较低，也会在电容元件和电感元件上获得较大的电压。电力系统中电压等级本身比较高，若发生串联谐振且品质因数较大，则在电容元件和电感元件上容易出现"过电压"的情况，对设备造成危害。因此在电力系统中，要尽可能避免谐振的发生。然而在无线电等低电压电路中，常常利用谐振的这一特性来获取较高的电压。

4. 谐振时的能量

谐振时电路对外呈现纯阻性，因此电路总的无功功率为零，但这并不意味着电容元件和电感元件的无功功率都是零，而是指在一周期内电容元件发出的无功功率与电感元件吸收的无功功率相等，二者进行着完全的能量交换。接下来以图8-9所示电路为例，讨论谐振时电容元件和电感元件的能量。

设电源电压 $u_s = U_{sm}\sin\omega_0 t$，则电容电压 $u_C = U_{Cm}\sin\left(\omega_0 t - \dfrac{\pi}{2}\right) = U_{Cm}\cos\omega_0 t$，由于端口电压、电流同相，所以有

$$i = I_m\sin\omega_0 t = \omega_0 C U_{Cm}\sin\omega_0 t = \sqrt{\frac{C}{L}}U_{Cm}\sin\omega_0 t$$

计算得电容元件的能量

$$W_C = \frac{1}{2}Cu_C^2 = \frac{1}{2}CU_{Cm}^2\cos^2\omega_0 t$$

计算得电感元件的能量

$$W_L = \frac{1}{2}Li^2 = \frac{1}{2}CU_{Cm}^2 \sin^2 \omega_0 t$$

电路中的总能量

$$W = W_C + W_L = \frac{1}{2}CU_{Cm}^2 \cos^2 \omega_0 t + \frac{1}{2}CU_{Cm}^2 \sin^2 \omega_0 t = \frac{1}{2}CU_{Cm}^2 = \frac{1}{2}CU_C^2 \quad (8\text{-}13)$$

对偶分析可得到 $W = W_C + W_L = \frac{1}{2}LI^2$，可见谐振时电路储存的总能量与时间无关，是一个常数。

由于谐振时 $U_s = U_R$，因此

$$Q = \frac{U_C}{U_R} = \frac{\frac{1}{\omega_0 C}}{R} = \frac{\frac{1}{\omega_0 C}I^2}{RI^2} = \frac{Q_C}{P_R} \quad (8\text{-}14)$$

$$Q = \frac{U_L}{U_R} = \frac{\omega_0 L}{R} = \frac{\omega_0 LI^2}{RI^2} = \frac{Q_L}{P_R} \quad (8\text{-}15)$$

式（8-14）和式（8-15）表明，谐振时的品质因数也等于电容元件或电感元件的无功功率与电阻元件的有功功率的比值。

5. 通用谐振曲线

对于不同的 RLC 电路，参数不同导致 $\dot{U}_R$、$\dot{U}_C$、$\dot{U}_L$ 等电压的值也会不同，但是若以某电压幅值与谐振时激励幅值的比值作为纵坐标、频率 ω 与谐振频率 ω_0 的比值作为横坐标绘制曲线，相当于用一把相同的"比例尺子"归一化不同的 RLC 电路，会发现不同的 RLC 电路具有相似的频率特性变化规律，将这种曲线称为通用谐振曲线，它能一般性地反映 RLC 电路响应在非谐振状态与谐振状态下的对比情况，并能看出品质因数对电路选频特性的影响。

例如，电压 $\dot{U}_R$ 与谐振时 $\dot{U}_s$ 的比值为

$$H(\mathrm{j}\omega) = \frac{\dot{U}_R}{\dot{U}_s} = \frac{\dfrac{\dot{U}_s}{R+\mathrm{j}\left(-\dfrac{1}{\omega C}+\omega L\right)}R}{\dot{U}_s} = \frac{R}{R+\mathrm{j}\left(-\dfrac{1}{\omega C}+\omega L\right)} = \frac{1}{1+\mathrm{j}\dfrac{1}{R}\left(-\dfrac{1}{\omega C}+\omega L\right)} \quad (8\text{-}16)$$

$$= \frac{1}{1+\mathrm{j}\dfrac{\omega_0 L}{R}\left(-\dfrac{1}{\omega_0 \omega LC}+\dfrac{\omega}{\omega_0}\right)} = \frac{1}{1+\mathrm{j}Q\left(-\dfrac{\omega_0}{\omega}+\dfrac{\omega}{\omega_0}\right)}$$

其幅频特性为

$$\left|H(\mathrm{j}\omega)\right| = \frac{U_R}{U_s} = \frac{1}{\sqrt{1+Q^2\left(-\dfrac{\omega_0}{\omega}+\dfrac{\omega}{\omega_0}\right)^2}} \quad (8\text{-}17)$$

绘制曲线如图8-10所示。

观察图8-10发现通用谐振曲线具有与带通滤波器相似的形状，其通频带的宽窄与品质因数 Q 有关。图8-11给出了 $Q=1$ 和 $Q=5$ 两种情况下的通用谐振曲线。

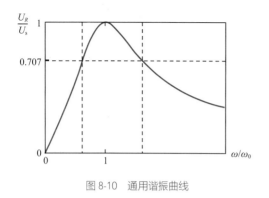

图 8-10　通用谐振曲线

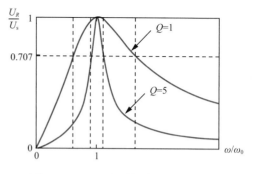

图 8-11　不同品质因数下的通用谐振曲线

可以清楚地看到，当 Q 增大时，通频带变窄，这意味着电路对信号的"准入门槛"提高了，即电路的选频特性好。请读者思考，是否 Q 值越大越好呢？

8.2.2　并联谐振

图8-12所示为 GLC 并联电路，该电路若发生谐振，则为并联谐振。

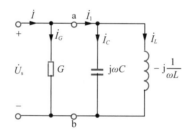

图 8-12　GLC 并联电路

1. 谐振频率

图8-12所示电路的输入导纳

$$Y = \frac{\dot{I}}{\dot{U}_s} = G + j\omega C - j\frac{1}{\omega L} = G + j\left(\omega C - \frac{1}{\omega L}\right)$$

当电路发生谐振时，由于端口电压、端口电流同相，电路对外呈现纯阻性，因此输入阻抗 Y 的虚部应为零，即

$$\text{Im}[Y] = \omega C - \frac{1}{\omega L} = 0$$

进一步可求得谐振时的频率 ω_0 为

$$\omega_0 = \frac{1}{\sqrt{LC}} \tag{8-18}$$

发现式（8-18）与式（8-3）相同，说明无论是串联谐振，还是并联谐振，谐振频率的求法是相同的。

2. 谐振时的导纳和电流

对图8-12中的ab端口来说，谐振时的输入导纳

$$Y_{ab} = j\left(\omega C - \frac{1}{\omega L}\right) = 0 \qquad (8\text{-}19)$$

电容支路电流 $\dot{I}_C$ 为

$$\dot{I}_C = j\omega_0 C \dot{U}_s = j\omega_0 C \frac{\dot{I}}{G} = j\frac{\omega_0 C}{G}\dot{I} = j\frac{1}{G}\sqrt{\frac{C}{L}}\dot{I} = jQ\dot{I} \qquad (8\text{-}20)$$

电感支路电流 $\dot{I}_L$ 为

$$\dot{I}_L = -j\frac{1}{\omega_0 L}\dot{U}_s = -j\frac{1}{\omega_0 L}\frac{\dot{I}}{G} = -j\frac{1}{\omega_0 LG}\dot{I} = -j\frac{1}{G}\sqrt{\frac{C}{L}}\dot{I} = -jQ\dot{I} \qquad (8\text{-}21)$$

其中，$Q = \frac{1}{G}\sqrt{\frac{C}{L}}$ 称为并联谐振的品质因数。

观察式（8-20）和式（8-21）可知，谐振时电容电流 $\dot{I}_C$ 与电感电流 $\dot{I}_L$ 大小相等、方向相反，电流在 LC 并联谐振网孔内部流动。由于 $\dot{I}_C$ 和 $\dot{I}_L$ 具有的这种特殊关系，因此并联谐振也被称为"电流谐振"。从图8-12中可得

$$\dot{I}_{ab} = \dot{I}_C + \dot{I}_L = 0$$

所以ab端口对外相当于开路。

工程实际中的并联谐振电路与图8-12所示电路不同，由于实际电感中的电阻性一般不可忽略，因此实际并联谐振电路模型如图8-13所示。

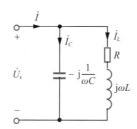

图 8-13　实际并联谐振电路模型

端口输入导纳

$$Y = \frac{\dot{I}}{\dot{U}_s} = \frac{\left(R + j\omega L\right)\left(-j\frac{1}{\omega C}\right)}{R + j\omega L - j\frac{1}{\omega C}} = \frac{R}{\left(\omega^2 LC - 1\right)^2 + \omega^2 C^2 R^2} - j\frac{\omega\left(\omega^2 L^2 C - L + CR^2\right)}{\left(\omega^2 LC - 1\right)^2 + \omega^2 C^2 R^2}$$

当电路发生实际并联谐振时，导纳模值仍然是最小值，但是由于实部的存在使之不能小到零，因此端口电流 $\dot{I}$ 不为零，端口对外不能等效为开路。

此时由于 $\mathrm{Im}[Y] = 0$，即

$$\omega^2 L^2 C - L + CR^2 = 0$$

所以可求得谐振频率为

$$\omega = \sqrt{\frac{L - CR^2}{L^2 C}} = \frac{1}{\sqrt{LC}}\sqrt{1 - \frac{CR^2}{L}} \qquad (8\text{-}22)$$

当电路中不含 R，且含多个 L 和 C 时，除了利用输入阻抗或输入导纳的虚部为零的条件求

解谐振频率外，还可以通过串联谐振相当于短路、并联谐振相当于开路的特点，得到参与谐振的等效电感 L_{eq} 和等效电容 C_{eq} ，从而得到谐振频率。

谐振频率的
求解方法

例8-2 试求图8-14所示电路中可能的谐振频率。

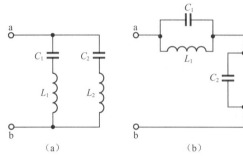

图 8-14　例 8-2 图

解：（a）观察电路，发现 L_1 与 C_1 串联，有发生串联谐振的可能； L_2 与 C_2 串联，有发生串联谐振的可能； $L_1 - C_1$ 支路与 $L_2 - C_2$ 支路并联，有发生并联谐振的可能。因此该电路共有3个可能的谐振频率。

L_1 与 C_1 串联谐振频率

$$\omega_{01} = \frac{1}{\sqrt{L_1 C_1}}$$

L_2 与 C_2 串联谐振频率

$$\omega_{02} = \frac{1}{\sqrt{L_2 C_2}}$$

$L_1 - C_1$ 支路与 $L_2 - C_2$ 支路发生并联谐振时，端口ab的端口电流为零，此时 L_1 与 L_2 为串联关系，其等效电感 $L_{eq} = L_1 + L_2$ ； C_1 与 C_2 为串联关系，其等效电容 $C_{eq} = \dfrac{C_1 C_2}{C_1 + C_2}$ ，因此并联谐振频率为

$$\omega_{03} = \frac{1}{\sqrt{L_{eq} C_{eq}}} = \frac{1}{\sqrt{(L_1 + L_2)\dfrac{C_1 C_2}{C_1 + C_2}}}$$

（b）观察电路，发现 L_1 与 C_1 并联，有发生并联谐振的可能； L_2 与 C_2 并联，有发生并联谐振的可能； $L_1 - C_1$ 支路与 $L_2 - C_2$ 支路串联，有发生串联谐振的可能。因此该电路共有3个可能的谐振频率。

L_1 与 C_1 并联谐振频率

$$\omega_{01} = \frac{1}{\sqrt{L_1 C_1}}$$

L_2 与 C_2 并联谐振频率

$$\omega_{02} = \frac{1}{\sqrt{L_2 C_2}}$$

$L_1 - C_1$ 支路与 $L_2 - C_2$ 支路发生串联谐振时，端口a端子与b端子等电位，可将端口ab短接，

此时 L_1 与 L_2 为并联关系，其等效电感 $L_{eq}=\dfrac{L_1 L_2}{L_1+L_2}$ ；C_1 与 C_2 为并联关系，其等效电容 $C_{eq}=C_1+C_2$，因此串联谐振频率

$$\omega_{03}=\frac{1}{\sqrt{L_{eq}C_{eq}}}=\frac{1}{\sqrt{\dfrac{L_1 L_2}{L_1+L_2}\left(C_1+C_2\right)}}$$

关于例8-2中的并联谐振频率和串联谐振频率，读者也可写出端口ab的输入阻抗或输入导纳的表达式，令其虚部为零，解出谐振频率。

探索多一点

谐振与事物的两面性。

网络发生谐振的时候，容易出现过电压或过电流的情形，若在强电网络如电力系统中，这种过电压或过电流可能会达到极高的数值，从而破坏设备的绝缘，危及系统安全，因此电力系统中要采取措施避免谐振的发生。但是在弱电网络如通信电路中，常常需要利用谐振放大电压以获得更加清晰的信号。

谐振的这种"此处砒霜，彼处蜜糖"的"两面性"并非特殊，而是事物的普遍规律，因为事物的运动发展是矛盾运动的结果，所以事物都具有两面性，既对立又统一。所以假如生活中一时不那么顺利，别灰心沮丧，要相信一定会有"好"的一面存在，比如把它看成生活的考验，愈挫愈勇，在挫折中，人可以更快地成长。

诗词遇见电路

念奴娇·谐振

二端网络，外特性，可阻可感可容。
容感势均，人道是，电路即现谐振。
压流同相，抗纳无虚，性与阻无异。
过压过流，一时扑朔迷离。

遥想相量图初，电容流超前，电感则反。
容感皆存，博弈间，压流相位归一。
串并相异，串时阻抗小，并则最大。
选频滤波，一席谐振之地。

附：《念奴娇·赤壁怀古》原文

念奴娇·赤壁怀古

宋 苏轼

大江东去，浪淘尽，千古风流人物。
故垒西边，人道是，三国周郎赤壁。
乱石穿空，惊涛拍岸，卷起千堆雪。
江山如画，一时多少豪杰。

遥想公瑾当年，小乔初嫁了，雄姿英发。
羽扇纶巾，谈笑间，樯橹灰飞烟灭。
故国神游，多情应笑我，早生华发。
人生如梦，一尊还酹江月。

📝 习题 8

8-1 试求题8-1图所示电路中的端口输入阻抗 $\dfrac{\dot{U}_\text{i}}{\dot{I}}$ 和转移电压比 $\dfrac{\dot{U}_\text{o}}{\dot{U}_\text{i}}$。

8-2 试求题8-2图所示各电路中的转移电压比 $\dfrac{\dot{U}_\text{o}}{\dot{U}_\text{i}}$。

题8-1
视频讲解

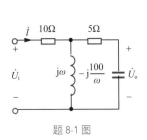

题 8-1 图

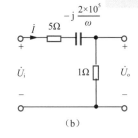

题 8-2 图

8-3 题8-3图所示电路中，$U_\text{s}=200\text{V}$。求端口电流有效值 I 最大时的：（1）电源角频率；（2）电压 U_C、U_L 的值；（3）品质因数 Q。

8-4 电路如题8-4图所示，$U_\text{s}=100\text{V}$，求电路谐振时的 X_C 及此时电源提供的有功功率。

8-5 求题8-5图所示各电路中的谐振频率。

8-6 求题8-6图所示电路中可能出现的谐振频率。

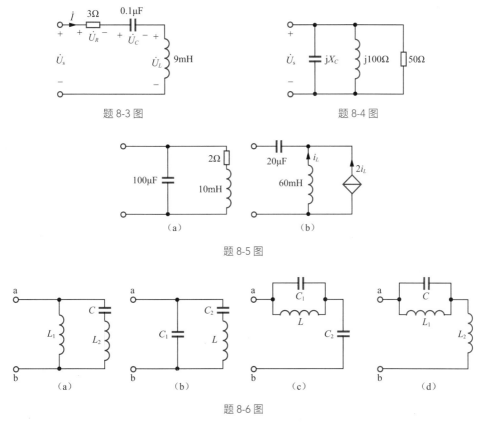

题 8-3 图　　　　　　　　　　　　　　题 8-4 图

（a）　　　　　　　（b）

题 8-5 图

（a）　　　　（b）　　　　（c）　　　　（d）

题 8-6 图

8-7　在题8-7图所示电路中，R、L_1、L_2、L_3、C 均为已知。求：（1）$i(t)=0$ 时的电源频率 ω；（2）电流 $i_1(t)=0$ 时的电源频率 ω；（3）$i(t)=\dfrac{u_s(t)}{R}$ 时的电源频率 ω。

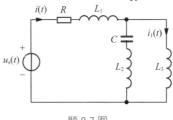

题 8-7 图

8-8　题8-8图所示正弦稳态电路中，电流源电流 $i_s(t)=2\sqrt{2}\sin 10t\ \text{A}$，功率表PW读数为40W，电流表PA读数为零。求：（1）R 和 C 的值；（2）电流源发出的复功率 $\tilde{S}$。

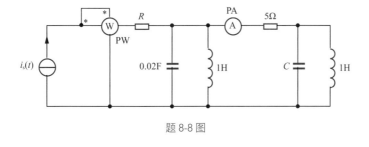

题 8-8 图

题8-8
视频讲解

第 **9** 章

耦合电感与变压器

当给电感线圈通交流电时，会在该电感处产生交变磁场并感应出电压，基于此建立电感元件的VAR方程，这是前面学过的内容。事实上，当两个电感线圈空间距离较近时，彼此之间的磁场会相互影响，这使一个线圈的端口电压不仅与自身电流有关系，还与临近的电感电流有关系，这就是本章要研究的耦合电感的内容。本章内容包括耦合电感及其伏安特性方程、耦合电感的去耦等效电路、含耦合电感电路的分析方法、空芯变压器及理想变压器。

⚡ 思考多一点

当给一组互相邻近的线圈通交流电时，任一线圈的电流所产生的磁通不仅与本线圈交链，还会与邻近的线圈交链。根据法拉第电磁感应定律可知，每一线圈两端的电压中，不仅含有自身电流产生的自感电压，还含有由于邻近线圈电流的变化所感应出的互感电压。这种"你中有我，我中有你"的现象，像不像一个共同体的表现？

9.1　耦合电感及其伏安特性方程

如图9-1所示的线圈结构，当给线圈通入交变电流 i 时，会产生磁通 ϕ 。假定线圈的匝数为 N ，则线圈的磁链 $\psi = N\phi$ ，电流和磁链的参考方向符合右手螺旋定则。如果线圈周围的磁介质是各向同性的线性介质，则磁链 ψ 与电流 i 呈线性关系，即

$$\psi = Li \tag{9-1}$$

当两个线圈互相邻近时，如图9-2所示，在线圈1中通入交变电流 i_1 ， i_1 产生的交变磁通既与线圈1本身相交链，又与相邻的线圈2相交链，从而在线圈1和线圈2中均产生感应电压。这种在一个线圈中通入交变电流，导致相邻线圈中产生感应电压的现象称为互感现象，这样一组线圈称为耦合电感，又称为互感。把线圈1中的电流 i_1 在自身线圈中产生的磁链记为 ψ_{11} ，称为自感磁链，与线圈2交链的磁链为 ψ_{21} ，称为互感磁链。同理，若在线圈2中通入交变电流 i_2 ，会在线圈2处产生自感磁链 ψ_{22} ，同时在线圈1处产生互感磁链 ψ_{12} 。

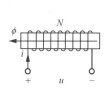

图 9-1　线圈结构

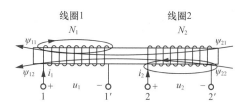

图 9-2　耦合电感

当周围为各向同性的线性磁介质时，两个线圈的自感磁链均与产生它的电流成正比，关系表示为

$$\psi_{11} = L_1 i_1 \qquad \psi_{22} = L_2 i_2 \tag{9-2}$$

互感磁链与电流之间的关系表示为

$$\psi_{12} = M_{12} i_2 \qquad \psi_{21} = M_{21} i_1 \tag{9-3}$$

式（9-2）中 L_1 和 L_2 分别称为线圈1和线圈2的自感系数，简称自感。自感 L 的大小由线圈的几何尺寸、材料特性及磁介质的磁导率共同决定。式（9-3）中 M_{12} 称为线圈1与线圈2之间的互感系数， M_{21} 称为线圈2与线圈1之间的互感系数，简称互感。自感和互感的国际单位制单位均为亨（H）。由电磁场理论可以证明两个线圈之间的互感系数相等，即

$$M_{12} = M_{21} = M$$

与自感的性质相同， M 的大小由两个线圈的几何参数、线圈间的相对位置及周围磁介质的磁导率等共同决定，与产生它的电流无关。

耦合系数反映了两个线圈耦合的紧密程度，用 k 表示，定义式为

$$k = \frac{M}{\sqrt{L_1 L_2}}$$

耦合系数的取值范围为 $0 \leqslant k \leqslant 1$ 。当 $k = 1$ 时，称为全耦合，即每个线圈电流所产生的磁通全部与另一线圈交链，如全耦合变压器和理想变压器。当 $k \approx 1$ 时，称为紧耦合，例如电力变压器中的线圈通过高磁导率的铁芯形成的耦合关系，耦合系数较大。当 $k \ll 1$ 时，称为松耦合，例

如在进行电子电路电磁兼容抗干扰设计时，为了减小两个感性回路之间的干扰，可以通过改变两个回路的位置和方向减小耦合系数。当 $k = 0$ 时，称为无耦合，表示两个线圈之间没有互感现象发生。

耦合电感中的总磁链等于自感磁链和互感磁链的代数和。在图9-2所示耦合电感中，根据右手螺旋定则，线圈1中自感磁链 ψ_{11} 和互感磁链 ψ_{12} 方向一致，磁场相互加强，线圈1的总磁链为两者之和；同理，线圈2中自感磁链 ψ_{22} 和互感磁链 ψ_{21} 方向一致，线圈2的总磁链也为两者之和，因此线性耦合电感的特性方程为

$$\begin{cases} \psi_1 = \psi_{11} + \psi_{12} = L_1 i_1 + M i_2 \\ \psi_2 = \psi_{22} + \psi_{21} = L_2 i_2 + M i_1 \end{cases}$$

当线圈2绕行方向发生变化时，如图9-3所示，电流 i_2 从端子2流入，产生的磁链方向发生变化，导致线圈1、2中的自感磁链和互感磁链方向相反，磁场相互减弱，两个线圈的总磁链为自感磁链和互感磁链之差，因此线性耦合电感的特性方程为

$$\begin{cases} \psi_1 = \psi_{11} - \psi_{12} = L_1 i_1 - M i_2 \\ \psi_2 = \psi_{22} - \psi_{21} = L_2 i_2 - M i_1 \end{cases}$$

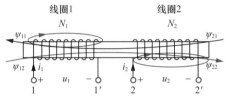

图 9-3　耦合电感

由法拉第电磁感应定律，线圈1、2中的自感磁链和互感磁链会分别感应出自感电压和互感电压，自感电压为

$$u_{11} = \frac{\mathrm{d}\psi_{11}}{\mathrm{d}t} \qquad u_{22} = \frac{\mathrm{d}\psi_{22}}{\mathrm{d}t}$$

互感电压为

$$u_{21} = \frac{\mathrm{d}\psi_{21}}{\mathrm{d}t} \qquad u_{12} = \frac{\mathrm{d}\psi_{12}}{\mathrm{d}t}$$

当耦合电感端口电压和电流的参考方向取关联参考方向时，耦合电感的VAR为

$$\begin{cases} u_1 = u_{11} \pm u_{12} = L_1 \dfrac{\mathrm{d}i_1}{\mathrm{d}t} \pm M \dfrac{\mathrm{d}i_2}{\mathrm{d}t} \\ u_2 = u_{22} \pm u_{21} = L_2 \dfrac{\mathrm{d}i_2}{\mathrm{d}t} \pm M \dfrac{\mathrm{d}i_1}{\mathrm{d}t} \end{cases} \tag{9-4}$$

式（9-4）中互感电压前取"+"表示磁场相互加强，互感电压前取"−"表示磁场相互减弱。例如，当图9-2中电流 i_2 从端子2中流入时，磁场相互加强，则耦合电感的VAR的互感电压前取"+"；当电流 i_2 从端子 2′ 中流入时，磁场相互减弱，则耦合电感的VAR的互感电压前取"−"。

由此可见，耦合电感的互感电压的正负由线圈的绕向和电流的参考方向共同决定。但是有时无法确定线圈的绕向，如封装起来的实际互感设备或电路理论中的互感模型等都存在这个问题，为此提出"同名端"的概念。

当两个电流从两个线圈的对应端子流入，若磁场相互加强，则这两个端子为同名端，否则为异名端。同名端总是成对出现，且分属于两个线圈，通常用"*"".'"等符号进行标记，未标记的另外一对端子也称为同名端。而一个线圈中有标记的端子与另一个线圈中没有标记的端子称为异名端。如图9-4（a）所示，端子1和端子2、端子 1′ 和端子 2′ 是同名端，端子1和端子 2′、端子 1′ 和端子2是异名端；图9-4（b）中，端子1和端子 2′、端子 1′ 和端子2是同名端，端子1和端子2、端子 1′ 和端子 2′ 是异名端。

确定耦合电感
同名端实验
视频

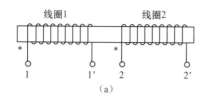 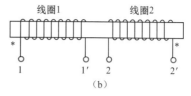

图 9-4　耦合电感标记同名端

　　有了同名端的概念，就可以方便地判断两个线圈的磁场情况及自感电压和互感电压的极性。自感电压其实就是之前不考虑互感现象时的电感电压，因此自感电压的方向与产生它的电流方向取关联参考方向；当电流从同名端流入时，磁场加强，互感电压的方向与自感电压的相同，在式（9-4）的VAR方程中符号一致；当电流从异名端流入时，磁场减弱，互感电压的方向与自感电压的相反，在式（9-4）的VAR方程中符号不同。

　　标记了同名端的耦合电感，其时域模型如图9-5所示。在图9-5中，自感电压 u_{11} 和 u_{22} 分别由电流 i_1 和电流 i_2 产生，其正极性位于电流的流入端。两个电流从同名端流入，线圈1的互感电压 u_{12} 与自感电压 u_{11} 相同，互感电压 u_{21} 与自感电压 u_{22} 相同。

　　对于图9-5所示耦合电感，其VAR为

$$\begin{cases} u_1 = L_1 \dfrac{\mathrm{d}i_1}{\mathrm{d}t} + M \dfrac{\mathrm{d}i_2}{\mathrm{d}t} \\[2mm] u_2 = L_2 \dfrac{\mathrm{d}i_2}{\mathrm{d}t} + M \dfrac{\mathrm{d}i_1}{\mathrm{d}t} \end{cases} \qquad (9\text{-}5)$$

对式（9-5）做相量变换可得耦合电感VAR的相量形式，相应的相量模型如图9-6所示。

$$\begin{cases} \dot{U}_1 = \mathrm{j}\omega L_1 \dot{I}_1 + \mathrm{j}\omega M \dot{I}_2 \\[2mm] \dot{U}_2 = \mathrm{j}\omega L_2 \dot{I}_2 + \mathrm{j}\omega M \dot{I}_1 \end{cases} \qquad (9\text{-}6)$$

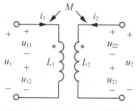 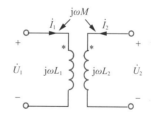

图 9-5　耦合电感的时域模型　　　　　　图 9-6　耦合电感的相量模型

例9-1 ▶ 耦合电感如图9-7所示，列写其时域和频域的VAR方程。

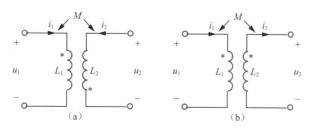

图 9-7　例 9-1 图

　　解：对于图9-7（a）所示耦合电感，端口电压和电流取关联参考方向，电流从异名端流入，

自感电压和互感电压极性标示如图9-8（a）所示，由KVL可得VAR为

$$\begin{cases} u_1 = L_1 \dfrac{\mathrm{d}i_1}{\mathrm{d}t} - M \dfrac{\mathrm{d}i_2}{\mathrm{d}t} \\ u_2 = L_2 \dfrac{\mathrm{d}i_2}{\mathrm{d}t} - M \dfrac{\mathrm{d}i_1}{\mathrm{d}t} \end{cases}$$

相量形式为

$$\begin{cases} \dot{U}_1 = \mathrm{j}\omega L_1 \dot{I}_1 - \mathrm{j}\omega M \dot{I}_2 \\ \dot{U}_2 = \mathrm{j}\omega L_2 \dot{I}_2 - \mathrm{j}\omega M \dot{I}_1 \end{cases}$$

对于图9-7（b）所示耦合电感，线圈1端口电压和电流取关联参考方向，线圈2端口电压和电流取非关联参考方向，电流从异名端流入，自感电压和互感电压极性标示如图9-8（b）所示，由KVL可得VAR为

$$\begin{cases} u_1 = L_1 \dfrac{\mathrm{d}i_1}{\mathrm{d}t} - M \dfrac{\mathrm{d}i_2}{\mathrm{d}t} \\ u_2 = -L_2 \dfrac{\mathrm{d}i_2}{\mathrm{d}t} + M \dfrac{\mathrm{d}i_1}{\mathrm{d}t} \end{cases}$$

相量形式为

$$\begin{cases} \dot{U}_1 = \mathrm{j}\omega L_1 \dot{I}_1 - \mathrm{j}\omega M \dot{I}_2 \\ \dot{U}_2 = -\mathrm{j}\omega L_2 \dot{I}_2 + \mathrm{j}\omega M \dot{I}_1 \end{cases}$$

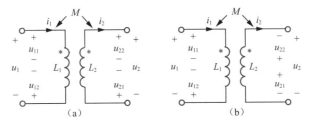

图 9-8　例 9-1 解图

例9-2　求图9-9所示电路中的开路电压 u_{oc}。

解：设图9-9中耦合电感电流从同名端流入，电流方向标示如图9-10所示，图中电流 $i_1 = 2\mathrm{e}^{-2t}$、$i_2 = 0$，因此 3H 电感中仅有 i_1 产生的自感电压，没有 i_2 产生的互感电压；4H 电感中仅有 i_1 产生的互感电压，没有 i_2 产生的自感电压。自感电压和互感电压极性标示如图9-10所示。

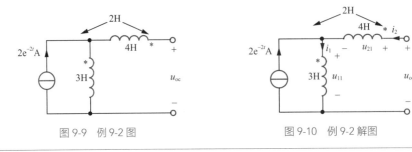

图 9-9　例 9-2 图　　　　　　　　　图 9-10　例 9-2 解图

由KVL可得

$$u_{oc} = u_{11} + u_{21} = L_1 \frac{\mathrm{d}i_1}{\mathrm{d}t} + M \frac{\mathrm{d}i_1}{\mathrm{d}t} = (3+2) \frac{\mathrm{d}\left(2\mathrm{e}^{-2t}\right)}{\mathrm{d}t} = -20\mathrm{e}^{-2t} (\mathrm{V})$$

9.2 耦合电感的去耦等效电路

在求解含有耦合电感的电路时，需要同时考虑自感电压和互感电压，过程比较复杂。如果能用无耦合关系的电感等效耦合电感，分析过程将变得简单，这个过程称为去耦等效或解耦。

9.2.1 二端去耦等效电路

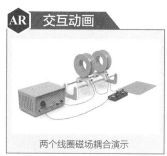

耦合电感进行串联或并联时，对外形成二端耦合电感。

耦合电感的串联可分为顺接串联和反接串联两种。耦合电感的两个线圈接到一起的一端称为公共端，若公共端为异名端，则称为顺接串联，如图9-11（a）所示；若公共端为同名端，则称为反接串联，如图9-12（a）所示。

图9-11（a）中，电流 i 从两个线圈的同名端流入，磁场相互加强，对每一个线圈而言，其两端的电压均为自感电压与互感电压之和，则端口电压、电流关系为

$$u = L_1 \frac{\mathrm{d}i}{\mathrm{d}t} + M \frac{\mathrm{d}i}{\mathrm{d}t} + M \frac{\mathrm{d}i}{\mathrm{d}t} + L_2 \frac{\mathrm{d}i}{\mathrm{d}t} = (L_1 + L_2 + 2M) \frac{\mathrm{d}i}{\mathrm{d}t}$$

所以顺接串联的耦合电感可被等效成一个电感，等效电感为 $L_{eq} = L_1 + L_2 + 2M$ ，如图9-11（b）所示。

图9-12（a）中，电流 i 从两个线圈的异名端流入，磁场相互减弱，对每一个线圈而言，其两端的电压均为自感电压与互感电压之差，则端口电压、电流关系为

$$u = L_1 \frac{\mathrm{d}i}{\mathrm{d}t} - M \frac{\mathrm{d}i}{\mathrm{d}t} + L_2 \frac{\mathrm{d}i}{\mathrm{d}t} - M \frac{\mathrm{d}i}{\mathrm{d}t} = (L_1 + L_2 - 2M) \frac{\mathrm{d}i}{\mathrm{d}t}$$

所以反接串联的耦合电感可被等效成一个电感，等效电感为 $L_{eq} = L_1 + L_2 - 2M$ ，如图9-12（b）所示。

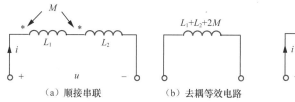

图 9-11 顺接串联耦合电感及其去耦等效电路

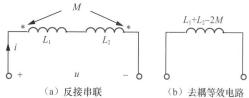

图 9-12 反接串联耦合电感及其去耦等效电路

耦合电感的并联可分为同侧并联和异侧并联两种。若公共端为同名端，称为同侧并联，如图9-13（a）所示；若公共端为异名端，称为异侧并联，如图9-14（a）所示。

图9-13（a）中，两个线圈的电流 i_1 和 i_2 从两个线圈的同名端流入，磁场相互加强，且满足 $i = i_1 + i_2$，则端口电压与各支路电流之间的关系为

$$\begin{cases} u = L_1 \dfrac{\mathrm{d}i_1}{\mathrm{d}t} + M \dfrac{\mathrm{d}i_2}{\mathrm{d}t} \\ u = L_2 \dfrac{\mathrm{d}i_2}{\mathrm{d}t} + M \dfrac{\mathrm{d}i_1}{\mathrm{d}t} \end{cases} \tag{9-7}$$

求解式（9-7），可得端口电压与电流的关系方程如下：

$$u = \frac{L_1 L_2 - M^2}{L_1 + L_2 - 2M} \frac{\mathrm{d}i}{\mathrm{d}t}$$

所以同侧并联的耦合电感可被等效成一个电感，等效电感 $L_{eq} = \dfrac{L_1 L_2 - M^2}{L_1 + L_2 - 2M}$，如图9-13（b）所示。

同理可得，图9-14（a）中异侧并联的耦合电感可被等效成一个电感，等效电感为 $L_{eq} = \dfrac{L_1 L_2 - M^2}{L_1 + L_2 + 2M}$，如图9-14（b）所示。

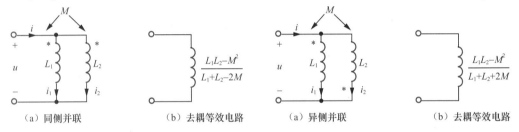

（a）同侧并联　　　　　　（b）去耦等效电路　　　　　　（a）异侧并联　　　　　　（b）去耦等效电路

图 9-13　同侧并联耦合电感及其去耦等效电路　　　　图 9-14　异侧并联耦合电感及其去耦等效电路

9.2.2　三端去耦等效电路

三端耦合电感分为以下两种：公共端为同名端的称为同名端相接的三端互感，如图9-15（a）所示；公共端为异名端的称为异名端相接的三端互感，如图9-16（a）所示。

图9-15（a）中，端子1的电流 i_1 和端子2的电流 i_2 从两个线圈的同名端流入，根据KCL，端子3流出的电流为 $(i_1 + i_2)$。端子1和端子3之间的电压 u_{13} 为线圈1的电压，端子2和端子3之间的电压 u_{23} 为线圈2的电压，其电压和电流的关系式如下：

$$\begin{cases} u_{13} = L_1 \dfrac{\mathrm{d}i_1}{\mathrm{d}t} + M \dfrac{\mathrm{d}i_2}{\mathrm{d}t} = (L_1 - M)\dfrac{\mathrm{d}i_1}{\mathrm{d}t} + M \dfrac{\mathrm{d}(i_1 + i_2)}{\mathrm{d}t} \\ u_{23} = L_2 \dfrac{\mathrm{d}i_2}{\mathrm{d}t} + M \dfrac{\mathrm{d}i_1}{\mathrm{d}t} = (L_2 - M)\dfrac{\mathrm{d}i_2}{\mathrm{d}t} + M \dfrac{\mathrm{d}(i_1 + i_2)}{\mathrm{d}t} \end{cases} \tag{9-8}$$

由式（9-8）得到同名端相接的三端互感的去耦等效电路如图9-15（b）所示。图9-15（b）中的3个电感彼此之间已无耦合关系。

图9-16（a）中，端子1的电流 i_1 和端子2的电流 i_2 分别从两个线圈的异名端流入，u_{13} 和 u_{23} 与电流关系及重新组合后的表达式如下：

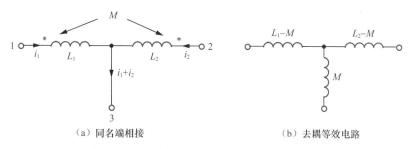

（a）同名端相接 （b）去耦等效电路

图 9-15 同名端相接的三端互感及其去耦等效电路

$$\begin{cases} u_{13} = L_1 \dfrac{\mathrm{d}i_1}{\mathrm{d}t} - M \dfrac{\mathrm{d}i_2}{\mathrm{d}t} = (L_1 + M) \dfrac{\mathrm{d}i_1}{\mathrm{d}t} - M \dfrac{\mathrm{d}(i_1 + i_2)}{\mathrm{d}t} \\ u_{23} = L_2 \dfrac{\mathrm{d}i_2}{\mathrm{d}t} - M \dfrac{\mathrm{d}i_1}{\mathrm{d}t} = (L_2 + M) \dfrac{\mathrm{d}i_2}{\mathrm{d}t} - M \dfrac{\mathrm{d}(i_1 + i_2)}{\mathrm{d}t} \end{cases} \tag{9-9}$$

由式（9-9）得到异名端相接的三端互感的去耦等效电路如图9-16（b）所示。图9-16（b）中的3个电感彼此之间已无耦合关系。

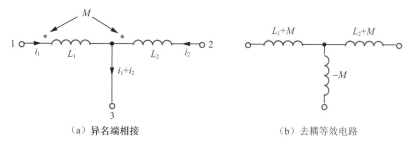

（a）异名端相接 （b）去耦等效电路

图 9-16 异名端相接的三端互感及其去耦等效电路

图9-15（b）和图9-16（b）所示的等效电路称为 T 形等效电路。

耦合电感串联或并联后形成的二端耦合电感也可以看作三端互感，并按照三端互感的去耦等效方法作其等效电路。对于图9-13（a）所示的同侧并联耦合电感，可将两个线圈上面连在一起的节点看作两个端子，于是就形成了同名端相接的三端互感，其去耦等效电路如图9-17（a）所示。同理，图9-14（a）所示的异侧并联耦合电感可看成异名端相接的三端互感，其去耦等效电路如图9-17（b）所示。通过电感的串、并联计算公式，同样可以得到等效电感的数值。

请思考：图9-17（b）中的 $-M$ 元件的物理本质是什么？

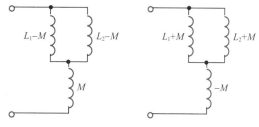

（a）同侧并联去耦等效电路 （b）异侧并联去耦等效电路

图 9-17 将并联耦合电感看作三端互感的去耦等效电路

9.2.3 四端去耦等效电路

通过以上耦合电感的去耦等效电路可知，两个耦合线圈必须有公共端才可以去耦。图9-18(a)所示电路为四端耦合电感，从电路的结构看，两个线圈没有公共端，但可以人为地将两个线圈通过一条连接线连接起来以构造一个公共端，如图9-18（b）所示，由广义节点KCL可知，该连接线中无电流，并且其两端无电压，因此不会影响电路的工作状态。图9-18（a）和图9-18（b）所示的两个电路对外电路等效，但图9-18（b）所示电路由于有了公共端，可以看作三端互感，并根据三端互感的去耦方法获得对应的去耦等效电路，如图9-18（c）所示。

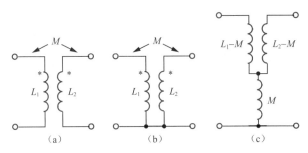

图 9-18　将四端耦合电感看作三端互感的去耦过程

在以上四端耦合电感的去耦过程中，构造公共端是非常关键的一步，需要保证添加的这条线上既无电压又无电流，因此要求原四端耦合电感的两个线圈之间没有支路相连时才可以这样做。

9.2.4　含受控源的去耦等效电路

耦合电感可以直接根据VAR得到其含受控源的等效电路。例如，式（9-6）中耦合电感的VAR包括自感电压和互感电压两部分，将互感电压用CCVS表示，则图9-6所示的耦合电感可用图9-19所示的电路进行等效。

同理，对于图9-20（a）所示耦合电感，也可得到其含受控源的等效电路，如图9-20（b）所示。

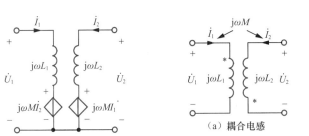

图 9-19　耦合电感及其含受控源等效电路

图 9-20　耦合电感及其含受控源等效电路

9.3　含耦合电感电路的分析方法

含耦合电感电路的去耦分析法

9.3.1　去耦等效法

耦合电感的去耦等效分析法仅适用于含二端、三端及能构造出公共端的四端耦合电感的电路。下面通过例题说明去耦等效方法在电路中的实际应用。

例9-3 正弦稳态电路如图9-21所示，已知 $u_s(t) = 20\sqrt{2}\sin(10t)$ V。求：（1）电源发出的有功功率和无功功率；（2）电压 u_{L1} 的有效值。

解：图9-21所示耦合电感是同名端相接的三端互感，去耦等效电路如图9-22（a）所示，相量模型如图9-22（b）所示。去耦之后一定要注意电压 u_{L1} 的位置，此电压应该包含自感电压和互感电压。

图9-22（b）中 $\dot{I}_1$ 支路的电感和电容发生串联谐振，相当于短路，使得 j50Ω 的电感和 −j50Ω 的电容发生理想的并联谐振，相当于开路，于是图9-22（b）所示电路简化得图9-22（c）所示电路。

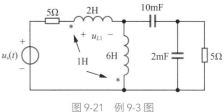

图 9-21　例 9-3 图

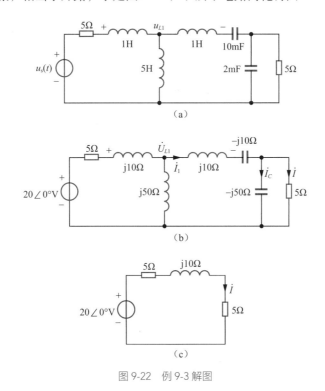

图 9-22　例 9-3 解图

（1）由图9-22（c）可知，电源电流

$$\dot{I} = \frac{20\angle 0°}{5+5+\text{j}10} = \sqrt{2}\angle -45° \text{ A}$$

电源发出的复功率

$$\tilde{S} = \dot{U}_s \cdot \dot{I}^* = 20\angle 0° \times \sqrt{2}\angle 45° = (20 + \text{j}20) \text{ VA}$$

因此电源发出的有功功率为20W，无功功率为20var。

（2）由图9-22（b），得

$$\dot{U}_{L1} = \text{j}10\dot{I} + \text{j}10\dot{I}_1 = \text{j}10\dot{I} + \text{j}10(\dot{I}_C + \dot{I}) = \text{j}20\dot{I} + \text{j}10\frac{5\dot{I}}{-\text{j}50} = (19 + \text{j}21) \text{ V}$$

$$U_{L1} = \sqrt{19^2 + 21^2} \approx 28.3 \text{ V}$$

因此电压 u_{L1} 的有效值为28.3V。

例9-4 电路如图9-23所示，求其去耦等效电路。

解：图9-23中每两个线圈之间均有耦合，因此需逐个去耦。将端子1和端子2之间去耦，等效电路如图9-24（a）所示；将端子2和端子3之间去耦，等效电路如图9-24（b）所示；将端子1和端子3之间去耦，等效电路如图9-24（c）所示。

当 $L_1 = L_2 = L_3 = L$，$M_{12} = M_{23} = M_{31} = M$ 时，去耦等效电路如图9-24（d）所示。

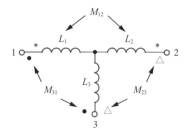

图 9-23　例 9-4 图

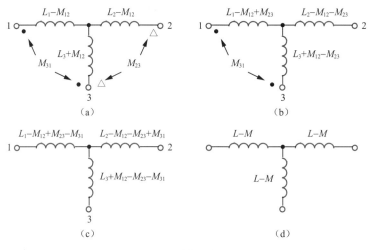

图 9-24　例 9-4 解图

9.3.2 回路分析法

含耦合电感电路的回路分析法

去耦等效法仅适用于含有公共端的耦合电感的电路分析，实际电路中若耦合电感4个端子无公共端时需采用回路分析法。回路分析法适用于所有含耦合电感的电路。

例9-5 列写图9-25所示电路的回路电流方程。

解：图9-25中耦合电感无公共端，不能采用去耦等效方法进行求解，因此采用回路分析法。选网孔为基本回路，电路中回路电流即网孔电流，方向如图9-25所示。

当含耦合电感电路列回路电流方程时，须考虑互感电压，由耦合电感同名端和电流方向可判断互感电压极性，当互感电压与回路电流方向一致时，互感电压前符号取"+"，当互感电压与回路电流方向相反时，互感电压前符号取"–"。

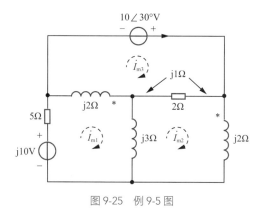

图 9-25　例 9-5 图

在回路电流方程的列写过程中，可以先不考虑互感影响，最后补充互感电压即可，其方程为

$$\begin{cases} (5+\text{j}2+\text{j}3)\dot{I}_{\text{m1}} - \text{j}3\dot{I}_{\text{m2}} - \text{j}2\dot{I}_{\text{m3}} - \text{j}\dot{I}_{\text{m2}} = \text{j}10 \\ -\text{j}3\dot{I}_{\text{m1}} + \left(2+\text{j}2+\text{j}3\right)\dot{I}_{\text{m2}} - 2\dot{I}_{\text{m3}} - \text{j}\left(\dot{I}_{\text{m1}} - \dot{I}_{\text{m3}}\right) = 0 \\ -\text{j}2\dot{I}_{\text{m1}} - 2\dot{I}_{\text{m2}} + \left(\text{j}2+2\right)\dot{I}_{\text{m3}} + \text{j}\dot{I}_{\text{m2}} = 10\angle 30^\circ \end{cases}$$

整理，可得

$$\begin{cases} (5+\text{j}5)\dot{I}_{\text{m1}} - \text{j}4\dot{I}_{\text{m2}} - \text{j}2\dot{I}_{\text{m3}} = \text{j}10 \\ -\text{j}4\dot{I}_{\text{m1}} + \left(2+\text{j}5\right)\dot{I}_{\text{m2}} - \left(2-\text{j}\right)\dot{I}_{\text{m3}} = 0 \\ -\text{j}2\dot{I}_{\text{m1}} - \left(2-\text{j}\right)\dot{I}_{\text{m2}} + \left(\text{j}2+2\right)\dot{I}_{\text{m3}} = 10\angle 30^\circ \end{cases}$$

写成矩阵形式为

$$\begin{bmatrix} 5+\text{j}5 & -\text{j}4 & -\text{j}2 \\ -\text{j}4 & 2+\text{j}5 & \text{j}-2 \\ -\text{j}2 & \text{j}-2 & 2+\text{j}2 \end{bmatrix} \begin{bmatrix} \dot{I}_{\text{m1}} \\ \dot{I}_{\text{m2}} \\ \dot{I}_{\text{m3}} \end{bmatrix} = \begin{bmatrix} \text{j}10 \\ 0 \\ 10\angle 30^\circ \end{bmatrix}$$

9.4 ▸ 空芯变压器

　　空芯变压器是指两个耦合线圈绕在非铁磁材料上，通过磁耦合将能量或信号从一个电路传递到另一个电路的器件。由于空芯变压器不含铁芯，故其质量较轻，耦合系数较小，属于松耦合，主要应用于电子与通信工程和测量仪器领域。

　　空芯变压器的等效电路模型如图9-26所示。图中 $\dot{U}_{\text{s}}$ 为外加电源，Z_{L} 为外接负载阻抗。与电源相连的一边称为原边或一次侧，其线圈称为一次绕组，R_1 表示一次绕组的铜耗等效电阻，L_1 表示一次绕组的电感。与负载相连的一边称为副边或二次侧，其线圈称为二次绕组，R_2 表示二次绕组的铜耗等效电阻，L_2 表示二次绕组的电感。M 表示两个绕组之间的互感系数。

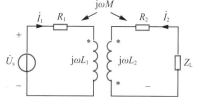

图 9-26　空芯变压器的等效电路模型

对空芯变压器的一次侧和二次侧分别列写KVL方程，得

$$\begin{cases} R_1\dot{I}_1 + j\omega L_1\dot{I}_1 + j\omega M\dot{I}_2 = \dot{U}_s \\ R_2\dot{I}_2 + j\omega L_2\dot{I}_2 + j\omega M\dot{I}_1 + Z_L\dot{I}_2 = 0 \end{cases} \quad (9\text{-}10)$$

令 $Z_{11} = R_1 + j\omega L_1$，$Z_{22} = R_2 + j\omega L_2 + Z_L$，其中 Z_{11} 表示一次侧总阻抗，Z_{22} 表示二次侧总阻抗。求解式（9-10）得一次侧电流 $\dot{I}_1$ 为

$$\dot{I}_1 = \frac{\dot{U}_s}{Z_{11} + \dfrac{(\omega M)^2}{Z_{22}}} \quad (9\text{-}11)$$

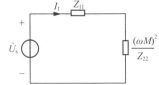

图 9-27 空芯变压器等效电路

根据式（9-11），一次侧电流 $\dot{I}_1$ 可以用图9-27所示等效电路进行求解。

图9-27中，$\dfrac{(\omega M)^2}{Z_{22}}$ 是二次侧反映到一次侧的阻抗，称为反映阻抗。由于反映阻抗与 Z_{22} 的倒数成正比，因此反映阻抗的性质与 Z_{22} 相反。若 Z_{22} 为感性，反映到一次侧会变成容性；若 Z_{22} 为容性，反映到一次侧则变成感性。根据图9-27所示等效电路求解含耦合电感电路的方法称为反映阻抗法，电路中一次绕组的输入阻抗

$$Z_{in} = Z_{11} + \frac{(\omega M)^2}{Z_{22}} \quad (9\text{-}12)$$

例9-6 求图9-28所示电路的输入阻抗。

解：方法一 去耦等效法。

将四端子变压器的两个端子连接，构造三端互感如图9-29（a）所示，其去耦等效电路如图9-29（b）所示。

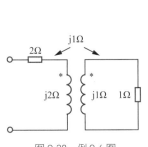

图 9-28 例 9-6 图

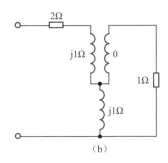

图 9-29 例 9-6 解图之一

由图9-29（b）可知，输入阻抗

$$Z_{in} = 2 + j1 + \frac{j1 \times 1}{j1 + 1} = (2.5 + j1.5)\,\Omega$$

方法二 反映阻抗法。

由反映阻抗法，图9-28所示电路可被等效为如图9-30所示电路。

$$Z_{11} = (2 + j2)\,\Omega, \quad \omega M = 1\,\Omega, \quad Z_{22} = (1 + j1)\,\Omega$$

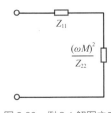

图 9-30 例 9-6 解图之二

则输入阻抗

$$Z_{in} = Z_{11} + \frac{(\omega M)^2}{Z_{22}} = 2 + j2 + \frac{1}{1+j1} = (2.5 + j1.5)\,\Omega$$

9.5 理想变压器

实际的铁芯变压器耦合系数接近于1，属于紧耦合，其等效电路模型中需要考虑铜损和铁损，线圈的自感和互感的大小也是有限值。理想变压器为实际铁芯变压器的理想化模型，满足3个理想化条件：（1）无损耗，既没有铜损，也没有铁损；（2）全耦合，即耦合系数 $k=1$；（3）自感和互感无穷大，即 $L_1 = \infty$、$L_2 = \infty$、$M = \infty$，且满足

$$\sqrt{\frac{L_1}{L_2}} = \frac{N_1}{N_2} = n \tag{9-13}$$

式（9-13）中，N_1 和 N_2 分别为一次绕组和二次绕组的匝数；n 称为匝数比或者变比。

1. 理想变压器的VAR

理想变压器的电路符号如图9-31所示，虽然理想变压器符号的电路结构与耦合电感相同，但耦合电感的参量包含自感和互感，而理想变压器的参量仅有变比 n。

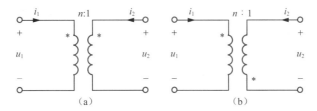

图 9-31　理想变压器的电路符号

图9-31（a）中，一次侧电压 u_1 和二次侧电压 u_2 的正极性位于同名端，表示两个电压关系方程的系数前取正号；一次侧电流 i_1 和二次侧电流 i_2 均由同名端流入，表示两个电流关系方程的系数前取负号，得到理想变压器的VAR为

$$\begin{cases} u_1 = nu_2 \\ i_1 = -\dfrac{1}{n}i_2 \end{cases} \tag{9-14}$$

图9-31（b）中，一次侧电压 u_1 和二次侧电压 u_2 的正极性位于异名端，表示两个电压关系方程的系数前取负号；一次侧电流 i_1 和二次侧电流 i_2 均由异名端流入，表示两个电流关系方程的系数前取正号，得到理想变压器的VAR为

$$\begin{cases} u_1 = -nu_2 \\ i_1 = \dfrac{1}{n}i_2 \end{cases} \tag{9-15}$$

由式（9-14）和式（9-15）可知，理想变压器端口的电压和电流关系为代数关系，所以理想

变压器属于电阻元件，直流和交流电路均适用，而工程实际中只有交流电路才能产生电磁感应现象，因此变压器类设备只适用于交流电路，理想变压器仅作为电路模型存在。

2. 理想变压器的功率

单相理想变压器属于双口元件，其吸收的功率为两个端口吸收的功率之和。根据式（9-14）或式（9-15），任意时刻 t，理想变压器吸收的功率

$$p(t) = u_1 i_1 + u_2 i_2 = n u_2 i_1 + u_2(-n i_1) = -n u_2 i_1 + u_2(n i_1) = 0$$

由此可见，理想变压器任意时刻将一个端口输入的功率全部输出到另一个端口，理想变压器自身不消耗能量。

请思考：理想变压器整体功率为零，是否意味着输入端口和输出端口的功率均为零？

3. 理想变压器的阻抗变换

理想变压器除能实现一次侧和二次侧的电压、电流变换以外，还能实现阻抗变换，多用于工程中的阻抗匹配。

如图9-32（a）所示电路，从理想变压器的一次侧看进去的输入阻抗

$$Z_{\mathrm{in}} = \frac{\dot{U}_1}{\dot{I}_1} = \frac{n\dot{U}_2}{-\frac{1}{n}\dot{I}_2} = n^2\left(-\frac{\dot{U}_2}{\dot{I}_2}\right) = n^2 Z_2 \tag{9-16}$$

如图9-32（b）所示电路，从理想变压器的一次侧看进去的输入阻抗

$$Z_{\mathrm{in}} = \frac{\dot{U}_1}{\dot{I}_1} = \frac{-n\dot{U}_2}{\frac{1}{n}\dot{I}_2} = n^2\left(-\frac{\dot{U}_2}{\dot{I}_2}\right) = n^2 Z_2 \tag{9-17}$$

式（9-16）和式（9-17）说明，理想变压器的阻抗变换公式与同名端的位置无关。

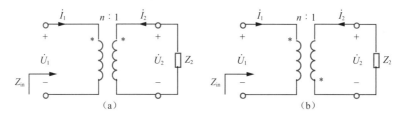

图 9-32　理想变压器的阻抗变换

例9-7 含理想变压器的电路如图9-33所示，求输入阻抗 Z_{in}。

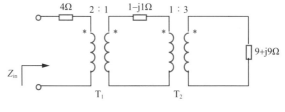

图 9-33　例 9-7 图

解：将理想变压器 T_1、T_2 的输入阻抗 $Z_{\mathrm{in}1}$、$Z_{\mathrm{in}2}$ 分别标示在电路图上，如图9-34所示。

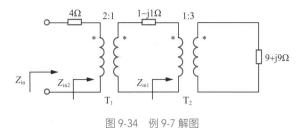

图 9-34 例 9-7 解图

T_2 的一次侧输入阻抗

$$Z_{in1} = \left(\frac{1}{3}\right)^2 \times (9 + j9) = (1 + j1) \ \Omega$$

T_1 的一次侧输入阻抗

$$Z_{in2} = 2^2 \times \left(1 - j1 + Z_{in1}\right) = 2^2 \times 2 = 8 \ \Omega$$

端口输入阻抗

$$Z_{in} = 4 + Z_{in2} = 4 + 8 = 12 \ \Omega$$

例9-8 含理想变压器的电路如图9-35所示，当 $R_L = 100\Omega$ 时可获得最大功率。求：（1）变比 n ；（2）此时的电压 u_2 。

解：将理想变压器的端口电流和一次侧输入阻抗 Z_{in} 分别标示在电路图上，如图9-36所示。

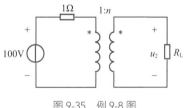

图 9-35 例 9-8 图

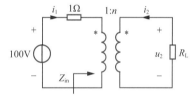

图 9-36 例 9-8 解图之一

（1）已知当 $R_L = 100\Omega$ 时获得最大功率，根据最大功率传输定理，此时变压器一次侧输入阻抗应等于1Ω ，即有

$$Z_{in} = \left(\frac{1}{n}\right)^2 \times 100 = 1 \ \Omega$$

可得

$$n = 10$$

（2）当获得最大功率时，图9-36所示电路可变换为图9-37所示的等效电路，则一次侧电流

$$i_1 = \frac{100}{1+1} = 50 \ A$$

由变压器VAR可得，二次侧电流

$$i_2 = -\frac{1}{n}i_1 = -\frac{1}{10} \times 50 = -5 \ A$$

则有

$$u_2 = -R_L i_2 = 500V$$

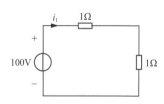

图 9-37 例 9-8 解图之二

探索多一点

互感与命运共同体。

在互感现象中，两个电流产生的磁场都会同时交链邻近的线圈，使得线圈端口处的电压既有自感电压，又有互感电压，你中有我，我中有你，很像一个命运共同体。通过学习，读者知道在这个共同体中并不总是互相增强的情形，也可能会出现彼此互相削弱的情况。因此，在共同体中要想达到合力增强的效果，对个体是有要求的。在互感现象中，就要求两个电流要从同名端流入。对中华民族这个共同体来说，就需要每一个个体都能做到"心往一处想，劲往一处使"，那就一定能同心聚力、合力增强，早日实现我们中华民族伟大复兴的中国梦。

诗词遇见电路

清平乐·耦合电感

电感距小，磁场彼此绕。
不见绕向难明了，同名一出便晓。
去耦等效清奇，互感巧妙剥离。
最喜回路分析，莫忘互压相依。

附：《清平乐·村居》原文

清平乐·村居

宋 辛弃疾

茅檐低小，溪上青青草。
醉里吴音相媚好，白发谁家翁媪？
大儿锄豆溪东，中儿正织鸡笼。
最喜小儿亡赖，溪头卧剥莲蓬。

📝 习题 9

9-1 什么是耦合电感的同名端？如何确定同名端？

9-2 对含耦合电感的电路一般有哪些分析方法？

9-3 含耦合电感的电路如题9-3图所示，已知：$L_1 = 4\text{mH}$，$L_2 = 9\text{mH}$，$M = 3\text{mH}$。求在 S 断开和闭合时端口ab的等效电感。

9-4 正弦稳态电路如题9-4图所示，试求两个电压表V_1和V_2的示数。

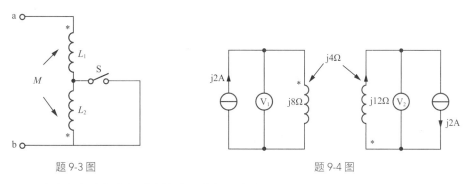

题 9-3 图　　　　　　　　　　　　题 9-4 图

9-5 正弦稳态电路如题9-5图所示，试求电流 $\dot{I}_2$。

9-6 正弦稳态电路如题9-6图所示，$u_s(t) = 20\sin(100t + 45°)\text{V}$，且 $u_s(t)$ 与 $i(t)$ 同相。求电容 C 和电流 $i(t)$。

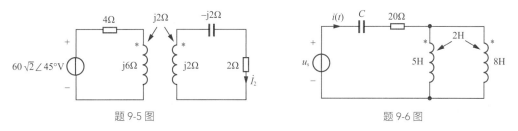

题 9-5 图　　　　　　　　　　　　题 9-6 图

9-7 正弦稳态电路如题9-7图所示，已知 $\dot{U}_s = 110\angle 0°\text{ V}$，$\omega L_1 = \omega L_2 = 10\Omega$，$\omega M = 6\Omega$，$\omega = 1 \times 10^6 \text{rad/s}$，$R = 20\Omega$。问 C 为何值时 $\dot{I}_1$ 为零，此时的 $\dot{I}_2$ 为多少？

9-8 正弦稳态电路如题9-8图所示，已知 $u_s(t) = 10\sqrt{2}\sin 2t \text{ V}$，求 $i(t)$ 及电压源提供的功率。

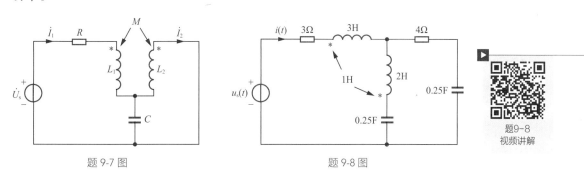

题 9-7 图　　　　　　　　　　　　题 9-8 图

题9-8
视频讲解

9-9 正弦稳态电路如题9-9图所示，试求负载阻抗 Z 为何值时可获得最大功率，并求此最大功率。

9-10 正弦稳态电路如题9-10图所示，图中 k_1 和 k_2 分别为两个耦合电感的耦合系数。已知 $i_1(t) = 5\sin 40t\,\text{A}$，$i_2(t) = 2\sin 40t\,\text{A}$，试求：$i(t)$ 和 $u(t)$。

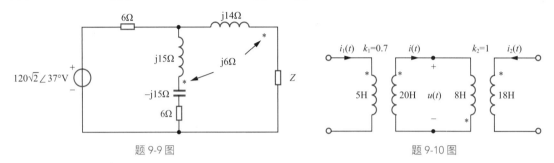

题 9-9 图   题 9-10 图

9-11 正弦稳态电路如题9-11图所示，已知 $u_s(t) = 10\sqrt{2}\sin t\,\text{V}$，$i_s(t) = 5\sqrt{2}\cos t\,\text{A}$，网孔电流的参考方向如题9-11图所示，试列写该电路相量形式的网孔电流方程。

9-12 如题9-12图所示电路，分别求当开关S断开和闭合时 u_2 的大小。

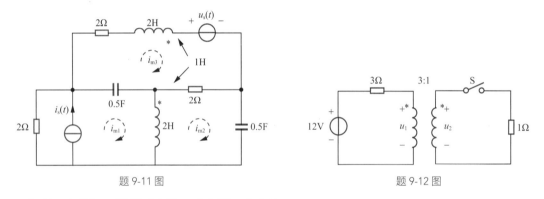

题 9-11 图   题 9-12 图

9-13 如题9-13图所示电路，求电压 u 和电流 i。

9-14 如题9-14图所示电路，已知 $\dot{U}_s = 10\angle 0°\,\text{V}$，试求：电流表的示数。

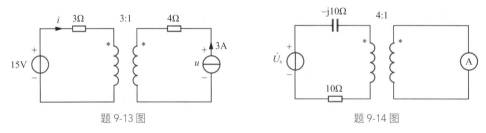

题 9-13 图   题 9-14 图

9-15 题9-15图所示电路中，如果使10Ω电阻能获得最大功率，试确定理想变压器的变比 n。

9-16 题9-16图所示正弦稳态电路中，$u_s(t) = 10\sqrt{2}\sin(2t+15°)\,\text{V}$，求 $i(t)$。

9-17 题9-17图所示正弦稳态电路中，已知 $i_s(t) = 4\sqrt{2}\sin 100t\,\text{A}$，试求电流源提供的功率。

9-18 题9-18图所示正弦稳态电路中，耦合电感的耦合系数 $k=1$，问 R 为何值时可获得最大功率，并求此最大功率。

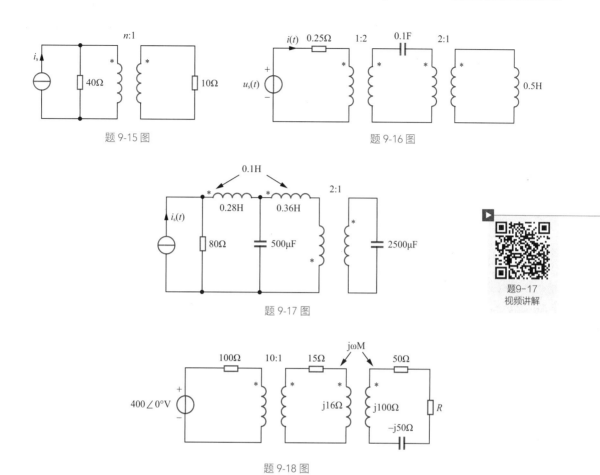

题 9-15 图

题 9-16 图

题 9-17 图

题9-17
视频讲解

题 9-18 图

第 **10** 章

双口网络

　　在前面的学习中，分析对象通常有两个端子与外电路相连，进而形成单口网络（一端口网络），我们主要研究这个单口网络的端口电压、电流或功率等问题。在实际应用中，有时会遇到网络有多个端子与外电路相连，形成多端网络，若这些端子之间又构成多个端口，则形成多端口网络。这些端口之间的电压、电流满足怎样的关系，属于多端口网络的研究内容。本章主要介绍不含独立源的双口网络（二端口网络）的基本概念及分析方法。通过对本章进行学习，读者可以加深对抽象电路分析方法的理解。本章内容包括双口网络及其参数方程、双口网络的连接、双口网络的等效电路分析法和双口网络的端口分析法。

⏏ 思考多一点

对于一个结构复杂的双口网络，我们要直接求出其参数有时是十分困难的。但是，一些简单的双口网络的参数较容易求得，甚至可以直接写出。如果能将一个复杂的双口网络分解成若干个简单的双口网络的复合连接，那么可先求出这些简单的双口网络的参数，进而求得复杂的双口网络的参数。同样，当我们树立了远大的理想，又感觉它远在天边、遥不可及、想要放弃时，这种"集中优势兵力各个歼灭"的思路——从实现一个个局部小目标开始，最终取得整体的胜利——是否能给你提供前进方向的指引呢？

10.1 双口网络及其参数方程

第2章中提到，两个端子是否形成一个端口是有条件的，电路中当流入一个端子的电流等于流出另一个端子的电流时，称这一对端子为"端口"。图10-1（a）所示网络 N_0 有1、1′、2、2′这4个端子与外电路相连，由广义节点KCL，可列出方程

$$\dot{I}_1 + \dot{I}_1' + \dot{I}_2 + \dot{I}_2' = 0$$

得到从4个端子流入的电流和为零的结论，但无法确定是否有哪两个端子能形成端口。因此该网络只能被确认为四端网络。如果能进一步得到

$$\begin{cases} \dot{I}_1 + \dot{I}_1' = 0 \\ \dot{I}_2 + \dot{I}_2' = 0 \end{cases}$$

则可得到"端子1与端子1′形成一个端口，端子2与端子2′形成一个端口"的结论，该网络既是四端网络，也是双口网络。双口网络通常表现为图10-1（b）所示的结构表达。

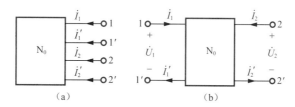

图 10-1 四端网络与双口网络

为叙述方便，对本章所讨论的双口网络，端口电压、电流均采用图10-1（b）所示的参考方向，把端子1与端子1′形成的端口称为端口1或输入端口；把端子2与端子2′形成的端口称为端口2或输出端口。

双口网络的端口变量共有端口电压 $\dot{U}_1$、$\dot{U}_2$ 和端口电流 $\dot{I}_1$、$\dot{I}_2$ 4个。在这4个变量中，任选两个作为自变量（激励），剩余两个作为因变量（响应），最多可写出6种端口变量之间的关系，如表10-1所示。

表 10-1 端口变量之间的关系

编号	自变量	因变量
1	$\dot{I}_1$、$\dot{I}_2$	$\dot{U}_1$、$\dot{U}_2$
2	$\dot{U}_1$、$\dot{U}_2$	$\dot{I}_1$、$\dot{I}_2$
3	$\dot{U}_1$、$\dot{I}_1$	$\dot{U}_2$、$\dot{I}_2$
4	$\dot{U}_2$、$\dot{I}_2$	$\dot{U}_1$、$\dot{I}_1$
5	$\dot{U}_1$、$\dot{I}_2$	$\dot{I}_1$、$\dot{U}_2$
6	$\dot{U}_2$、$\dot{I}_1$	$\dot{I}_2$、$\dot{U}_1$

可以发现关系3和关系4都是取同一个端口的电压、电流作为自变量，另一个端口的电压、电流作为因变量，本质上是相同的，同理关系5和关系6本质上也是相同的。因此后面主要讨论上述6种关系中的4种，按照这4种关系可以写出4组方程，方程中的系数即网络参数。

1. 开路阻抗参数

如图10-2所示，以端口电流 $\dot{I}_1$ 和 $\dot{I}_2$ 作为自变量（激励），端口电压 $\dot{U}_1$ 和 $\dot{U}_2$ 作为因变量（响应），可得开路阻抗参数。

由叠加定理和齐性定理可得

$$\begin{cases} \dot{U}_1 = Z_{11}\dot{I}_1 + Z_{12}\dot{I}_2 \\ \dot{U}_2 = Z_{21}\dot{I}_1 + Z_{22}\dot{I}_2 \end{cases} \quad (10\text{-}1)$$

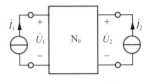

图 10-2 开路阻抗参数示例

式（10-1）为双口网络的开路阻抗参数方程，写成矩阵形式为

$$\begin{bmatrix} \dot{U}_1 \\ \dot{U}_2 \end{bmatrix} = \begin{bmatrix} Z_{11} & Z_{12} \\ Z_{21} & Z_{22} \end{bmatrix} \begin{bmatrix} \dot{I}_1 \\ \dot{I}_2 \end{bmatrix} \quad (10\text{-}2)$$

其中系数矩阵 $\boldsymbol{Z} = \begin{bmatrix} Z_{11} & Z_{12} \\ Z_{21} & Z_{22} \end{bmatrix}$ 称为开路阻抗参数矩阵，简称 $\boldsymbol{Z}$ 矩阵。

根据式（10-1）可得

$$Z_{11} = \left. \frac{\dot{U}_1}{\dot{I}_1} \right|_{\dot{I}_2=0}, \quad Z_{12} = \left. \frac{\dot{U}_1}{\dot{I}_2} \right|_{\dot{I}_1=0}, \quad Z_{21} = \left. \frac{\dot{U}_2}{\dot{I}_1} \right|_{\dot{I}_2=0}, \quad Z_{22} = \left. \frac{\dot{U}_2}{\dot{I}_2} \right|_{\dot{I}_1=0} \quad (10\text{-}3)$$

可见，Z_{11} 表示端口 2 开路时从端口 1 看进去的输入阻抗，也称为驱动点阻抗；Z_{12} 表示端口 1 开路时端口 1 与端口 2 之间的转移阻抗；Z_{21} 表示端口 2 开路时端口 2 与端口 1 之间的转移阻抗；Z_{22} 表示端口 1 开路时从端口 2 看进去的输入阻抗，也称为驱动点阻抗。

由式（10-3）可以看出，$\boldsymbol{Z}$ 矩阵的4个系数均具有阻抗的量纲，且在计算每个阻抗时都需要将其中一个端口开路，因此，这4个系数称为开路阻抗参数。式（10-3）为开路阻抗参数的定义式。

例10-1 求图10-3所示 T 形双口网络的开路阻抗参数矩阵 $\boldsymbol{Z}$ 。

解：方法一 由定义法求解。

（1）令端口2开路，即 $\dot{I}_2 = 0$ ，得

$$Z_{11} = \left. \frac{\dot{U}_1}{\dot{I}_1} \right|_{\dot{I}_2=0} = Z_1 + Z_3$$

$$Z_{21} = \left. \frac{\dot{U}_2}{\dot{I}_1} \right|_{\dot{I}_2=0} = Z_3$$

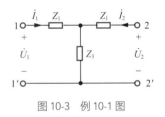

图 10-3 例 10-1 图

（2）令端口1开路，即 $\dot{I}_1 = 0$ ，得

$$Z_{12} = \left. \frac{\dot{U}_1}{\dot{I}_2} \right|_{\dot{I}_1=0} = Z_3$$

$$Z_{22} = \left. \frac{\dot{U}_2}{\dot{I}_2} \right|_{\dot{I}_1=0} = Z_2 + Z_3$$

所以开路阻抗参数矩阵

$$\boldsymbol{Z} = \begin{bmatrix} Z_1 + Z_3 & Z_3 \\ Z_3 & Z_2 + Z_3 \end{bmatrix}$$

方法二　由网孔电流法求解。

由替代定理,将双口网络的端口用值为端口电压的电压源替换,如图10-4所示。

设端口电流为网孔电流,列写图10-4所示电路的网孔电流方程为

$$\begin{cases} \dot{U}_1 = (Z_1 + Z_3)\dot{I}_1 + Z_3\dot{I}_2 \\ \dot{U}_2 = Z_3\dot{I}_1 + (Z_2 + Z_3)\dot{I}_2 \end{cases} \quad (10\text{-}1\text{-}1)$$

这里要注意,两个网孔公共支路上的网孔电流是同向的,因此互阻抗前面为正号。

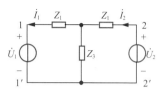

图 10-4　例 10-1 解图

将式（10-1-1）与式（10-1）所示的双口网络开路阻抗参数方程进行对比,可得

$$\boldsymbol{Z} = \begin{bmatrix} Z_1 + Z_3 & Z_3 \\ Z_3 & Z_2 + Z_3 \end{bmatrix}$$

与例10-1中方法一的定义法相比,方法二的网孔电流法具有简单、便捷的特点,但是网孔电流法在应用时有个前提条件,即只有双口网络具有图10-3所示的T形结构时,其端口电流正好对应两个网孔的电流,列写的网孔电流方程才能恰好与双口网络的开路阻抗参数方程具有相同的形式。其他情况若想通过列写网孔电流方程得到开路阻抗参数,通常还需要增加其他方程进行变量代换,反而可能导致过程比定义法更加烦琐。

互易定理指出,对于不含独立源和受控源的线性网络,在单一激励的情况下,当激励和响应互换位置时,将不改变同一激励产生的响应。满足互易定理的双口网络称为互易双口网络。由开路阻抗参数的定义式可知,Z_{12} 和 Z_{21} 这两个参数的计算式涉及的激励和响应恰好互换了位置,因此互易双口网络应满足 $Z_{12} = Z_{21}$。图10-3所示双口网络即互易网络。可以证明,仅由线性电阻、线性电感（包括互感）、线性电容或它们的组合构成的双口网络都是互易的。

若双口网络两个端口位置互调后,其外特性不发生任何改变,则称该双口网络为对称双口网络。显然对称双口网络除了满足 $Z_{12} = Z_{21}$ 外,还同时满足 $Z_{11} = Z_{22}$。在图10-3所示网络中,若有 $Z_1 = Z_2$,则该网络为对称网络。

例10-2　求图10-5所示双口网络的开路阻抗参数矩阵 $\boldsymbol{Z}$。

解:因为该双口网络具有T形结构,所以可通过列写网孔电流方程求其 $\boldsymbol{Z}$ 参数。

$$\begin{cases} (j5 - j10)\dot{I}_1 - j10\dot{I}_2 = \dot{U}_1 + 2\dot{I}_2 \\ -j10\dot{I}_1 + (10 - j10)\dot{I}_2 = \dot{U}_2 \end{cases}$$

整理,得

$$\begin{cases} \dot{U}_1 = -j5\dot{I}_1 - (2 + j10)\dot{I}_2 \\ \dot{U}_2 = -j10\dot{I}_1 + (10 - j10)\dot{I}_2 \end{cases}$$

与式（10-1）所示的双口网络开路阻抗参数方程进

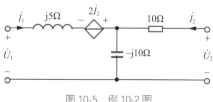

图 10-5　例 10-2 图

行对比，可得

$$Z = \begin{bmatrix} -j5 & -2-j10 \\ -j10 & 10-j10 \end{bmatrix} \Omega$$

在例10-2中，$Z_{12} \neq Z_{21}$，所以，图10-5所示双口网络不是互易网络。当网络中含有受控源时，一般不属于互易双口网络。

2. 短路导纳参数

如图10-6所示，以端口电压 $\dot{U}_1$ 和 $\dot{U}_2$ 作为自变量（激励），端口电流 $\dot{I}_1$ 和 $\dot{I}_2$ 作为因变量（响应），可得短路导纳参数。短路导纳参数与开路阻抗参数具有对偶性，可对偶理解。

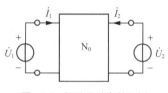

图 10-6　短路导纳参数示例

由叠加定理和齐性定理可得

$$\begin{cases} \dot{I}_1 = Y_{11}\dot{U}_1 + Y_{12}\dot{U}_2 \\ \dot{I}_2 = Y_{21}\dot{U}_1 + Y_{22}\dot{U}_2 \end{cases} \tag{10-4}$$

式（10-4）为双口网络的短路导纳参数方程，写成矩阵形式为

$$\begin{bmatrix} \dot{I}_1 \\ \dot{I}_2 \end{bmatrix} = \begin{bmatrix} Y_{11} & Y_{12} \\ Y_{21} & Y_{22} \end{bmatrix} \begin{bmatrix} \dot{U}_1 \\ \dot{U}_2 \end{bmatrix} \tag{10-5}$$

其中系数矩阵 $Y = \begin{bmatrix} Y_{11} & Y_{12} \\ Y_{21} & Y_{22} \end{bmatrix}$ 称为短路导纳参数矩阵，简称 Y 矩阵。

根据式（10-4）可得

$$Y_{11} = \frac{\dot{I}_1}{\dot{U}_1}\bigg|_{\dot{U}_2=0}, \quad Y_{12} = \frac{\dot{I}_1}{\dot{U}_2}\bigg|_{\dot{U}_1=0}, \quad Y_{21} = \frac{\dot{I}_2}{\dot{U}_1}\bigg|_{\dot{U}_2=0}, \quad Y_{22} = \frac{\dot{I}_2}{\dot{U}_2}\bigg|_{\dot{U}_1=0} \tag{10-6}$$

可见，Y_{11} 表示端口2短路时从端口1看进去的输入导纳，也称为驱动点导纳；Y_{12} 表示端口1短路时端口1与端口2之间的转移导纳；Y_{21} 表示端口2短路时端口2与端口1之间的转移导纳；Y_{22} 表示端口1短路时从端口2看进去的输入导纳，也称为驱动点导纳。

由式（10-6）可以看出，Y 矩阵的4个系数均具有导纳的量纲，且在计算每个导纳时都需要将其中一个端口短路，因此，这4个系数称为短路导纳参数。式（10-6）为短路导纳参数的定义式。

由式（10-2）和式（10-5）可知，开路阻抗参数矩阵 Z 与短路导纳参数矩阵 Y 互为逆矩阵，即 $Y = Z^{-1}$。

例10-3　求图10-7所示双口网络的短路导纳参数矩阵 Y。

解：方法一　由定义法求解。

（1）令端口2短路，即 $\dot{U}_2 = 0$，因为 $\dot{U}_2$ 是受控电流源的控制量，当控制量为零时，受控电流源的输出电流为零，相当于一条开路线，同时2Ω 电阻被短路，电路如图10-8（a）所示。

由短路导纳参数的定义式可得

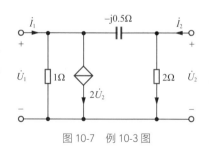

图 10-7　例 10-3 图

$$Y_{11} = \frac{\dot{I}_1}{\dot{U}_1}\bigg|_{\dot{U}_2=0} = \frac{1}{1} + \frac{1}{-j0.5} = (1+j2)\ \text{S}$$

$$Y_{21} = \frac{\dot{I}_2}{\dot{U}_1}\bigg|_{\dot{U}_2=0} = -\frac{1}{-j0.5} = -j2\ \text{S}$$

（2）令端口1短路，即 $\dot{U}_1 = 0$，1Ω 电阻被短路，电路如图10-8（b）所示。

由图可知，$\dot{I}' = \frac{\dot{U}_2}{-j0.5} = j2\dot{U}_2$。

由KCL可得

$$\dot{I}_1 = 2\dot{U}_2 - \dot{I}' = 2\dot{U}_2 - j2\dot{U}_2 = (2-j2)\dot{U}_2$$

则

$$Y_{12} = \frac{\dot{I}_1}{\dot{U}_2}\bigg|_{\dot{U}_1=0} = \frac{(2-j2)\dot{U}_2}{\dot{U}_2} = (2-j2)\ \text{S}$$

由KCL，得

$$\dot{I}_2 = \frac{\dot{U}_2}{2} + \dot{I}' = 0.5\dot{U}_2 + j2\dot{U}_2 = (0.5+j2)\dot{U}_2。$$

则

$$Y_{22} = \frac{\dot{I}_2}{\dot{U}_2}\bigg|_{\dot{U}_1=0} = \frac{(0.5+j2)\dot{U}_2}{\dot{U}_2} = (0.5+j2)\ \text{S}。$$

所以短路导纳参数矩阵

$$Y = \begin{bmatrix} 1+j2 & 2-j2 \\ -j2 & 0.5+j2 \end{bmatrix} \text{S}$$

方法二 由节点电压法求解。

由替代定理，将双口网络的端口用值为端口电流的电流源替换，电路如图10-8（c）所示，此时节点①和节点②的节点电压恰好是端口电压，列写该电路的节点电压方程，得

$$\begin{cases} \left(\dfrac{1}{1} + \dfrac{1}{-j0.5}\right)\dot{U}_1 - \left(\dfrac{1}{-j0.5}\right)\dot{U}_2 = \dot{I}_1 - 2\dot{U}_2 \\ -\left(\dfrac{1}{-j0.5}\right)\dot{U}_1 + \left(\dfrac{1}{2} + \dfrac{1}{-j0.5}\right)\dot{U}_2 = \dot{I}_2 \end{cases}$$

整理，得

$$\begin{cases} \dot{I}_1 = (1+j2)\dot{U}_1 + (2-j2)\dot{U}_2 \\ \dot{I}_2 = -j2\dot{U}_1 + (0.5+j2)\dot{U}_2 \end{cases} \qquad (\underline{10\text{-}3}\text{-}1)$$

将式（10-3-1）与式（10-4）所示的双口网络短路导纳参数方程进行对比，可得

$$Y = \begin{bmatrix} 1+j2 & 2-j2 \\ -j2 & 0.5+j2 \end{bmatrix} \text{S}$$

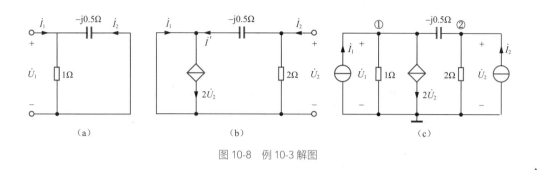

图 10-8　例 10-3 解图

与例 10-3 中方法一的定义法相比，方法二的节点电压法具有简单、便捷的特点，但是节点电压法在应用时有个前提条件，即只有双口网络具有图 10-7 所示的 ∏ 形结构时，其端口电压正好对应两个节点的节点电压，列写的节点电压方程才能恰好与双口网络的短路导纳参数方程具有相同的形式。其他情况若想通过列写节点电压方程得到短路导纳参数，通常还需要增加其他方程进行变量代换，反而可能导致过程比定义法更加烦琐。

对于互易双口网络，其短路导纳参数满足 $Y_{12} = Y_{21}$；对于对称双口网络，其短路导纳参数满足 $Y_{11} = Y_{22}$、$Y_{12} = Y_{21}$。

3. 传输参数

当以一个端口的电压和电流作为自变量，另一个端口的电压和电流作为因变量时，可得传输参数。显然传输参数描述了两个端口之间的传递关系，如单相变压器的一次绕组和二次绕组的关系，电力传输线始端与终端的关系，运算放大器输入端与输出端的关系等都可以用传输参数描述。在表 10-1 中，关系 3 对应传输参数，关系 4 对应逆传输参数，以下以传输参数为例进行讨论。

当以输出端的电压 $\dot{U}_2$ 和电流 $\dot{I}_2$ 为自变量，输入端的电压 $\dot{U}_1$ 和电流 $\dot{I}_1$ 作为因变量时，可得方程

$$\begin{cases} \dot{U}_1 = T_{11}\dot{U}_2 + T_{12}\left(-\dot{I}_2\right) \\ \dot{I}_1 = T_{21}\dot{U}_2 + T_{22}\left(-\dot{I}_2\right) \end{cases} \tag{10-7}$$

式（10-7）为双口网络的传输参数方程，写成矩阵形式为

$$\begin{bmatrix} \dot{U}_1 \\ \dot{I}_1 \end{bmatrix} = \begin{bmatrix} T_{11} & T_{12} \\ T_{21} & T_{22} \end{bmatrix} \begin{bmatrix} \dot{U}_2 \\ -\dot{I}_2 \end{bmatrix} \tag{10-8}$$

其中，系数矩阵 $\boldsymbol{T} = \begin{bmatrix} T_{11} & T_{12} \\ T_{21} & T_{22} \end{bmatrix}$ 称为传输参数矩阵，简称 $\boldsymbol{T}$ 矩阵。

这里需要特别注意方程中自变量 $\dot{I}_2$ 前面的负号，传输参数多用于信号和能量传输、处理电路中，这种电路的输出口电流一般设置为流出端口的方向，如传输线上的终端电流、电子器件的输出端电流等，而双口网络中输出口电流设置为流入端口的方向，为了与实际电路保持一致，在 $\boldsymbol{T}$ 参数方程中自变量 $\dot{I}_2$ 前面加负号。除此以外，更加重要的是在后续讨论双口网络的级联时，读者会发现在 $\dot{I}_2$ 前加负号以后会给分析带来极大的便利。

根据式（10-7）可得

$$T_{11} = \left.\frac{\dot{U}_1}{\dot{U}_2}\right|_{\dot{I}_2=0}, \quad T_{12} = \left.\frac{\dot{U}_1}{-\dot{I}_2}\right|_{\dot{U}_2=0}, \quad T_{21} = \left.\frac{\dot{I}_1}{\dot{U}_2}\right|_{\dot{I}_2=0}, \quad T_{22} = \left.\frac{\dot{I}_1}{-\dot{I}_2}\right|_{\dot{U}_2=0} \tag{10-9}$$

可见，T_{11} 表示端口 2 开路时两个端口的转移电压比，没有量纲；T_{12} 表示端口 2 短路时两个端口

的转移阻抗；T_{21} 表示端口 2 开路时两个端口的转移导纳；T_{22} 表示端口 2 短路时两个端口的转移电流比，没有量纲。

说明：

T 矩阵有时写为 $T = \begin{bmatrix} A & B \\ C & D \end{bmatrix}$，对应的传输参数方程为 $\begin{cases} \dot{U}_1 = A\dot{U}_2 + B(-\dot{I}_2) \\ \dot{I}_1 = C\dot{U}_2 + D(-\dot{I}_2) \end{cases}$。

例10-4 求图10-9所示双口网络的传输参数矩阵 T。

解：由定义式求解。

（1）令端口2开路，即 $\dot{I}_2 = 0$。因为 $\dot{I}_2$ 是受控电流源的控制量，所以此时受控电流源的输出电流为零，受控源支路开路，电路如图10-10（a）所示。

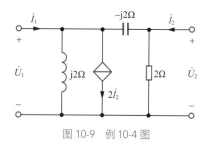

图 10-9　例 10-4 图

由分压公式可知

$$\dot{U}_2 = \frac{2}{2 - \mathrm{j}2}\dot{U}_1$$

则

$$T_{11} = \left. \frac{\dot{U}_1}{\dot{U}_2} \right|_{\dot{I}_2 = 0} = \frac{2 - \mathrm{j}2}{2} = 1 - \mathrm{j}$$

由分流公式，可知

$$\dot{I}' = \frac{\mathrm{j}2}{2 - \mathrm{j}2 + \mathrm{j}2}\dot{I}_1 = \mathrm{j}\dot{I}_1$$

由欧姆定律可知，电阻两端的电压

$$\dot{U}_2 = 2\dot{I}' = \mathrm{j}2\dot{I}_1$$

因此

$$T_{21} = \left. \frac{\dot{I}_1}{\dot{U}_2} \right|_{\dot{I}_2 = 0} = \frac{\dot{I}_1}{\mathrm{j}2\dot{I}_1} = -\mathrm{j}0.5 \ \mathrm{S}$$

（2）令端口2短路，即 $\dot{U}_2 = 0$，2Ω 电阻被短路，电路如图10-10（b）所示。

由图10-10（b）可知

$$T_{12} = \left. \frac{\dot{U}_1}{-\dot{I}_2} \right|_{\dot{U}_2 = 0} = -\mathrm{j}2 \ \Omega$$

因图中3个元件为并联关系，故

$$\dot{I}'' = -\frac{-\mathrm{j}2\dot{I}_2}{\mathrm{j}2} = \dot{I}_2$$

由KCL可得

$$\dot{I}_1 = \dot{I}'' + 2\dot{I}_2 - \dot{I}_2 = 2\dot{I}_2$$

则

$$T_{22} = \frac{\dot{I}_1}{-\dot{I}_2}\bigg|_{\dot{U}_2=0} = \frac{2\dot{I}_2}{-\dot{I}_2} = -2$$

所以，双口网络的传输参数矩阵

$$T = \begin{bmatrix} 1-\text{j} & -\text{j}2\Omega \\ -\text{j}0.5\text{S} & -2 \end{bmatrix}$$

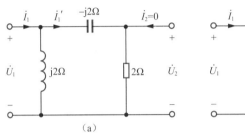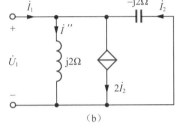

图 10-10　例 10-4 解图

有些双口网络由于其结构的特殊性，可以利用两类约束而非定义法求解 T 参数。

例10-5 求图10-11所示双口网络的传输参数矩阵 T。

解：由图10-11可知，端子 1 与端子 2′ 为等电位点，端子 2 和端子 1′ 是等电位点，有

$$\dot{U}_1 = -\dot{U}_2 \qquad（10\text{-}5\text{-}1）$$

由KCL可知

$$\dot{I}_1 + \dot{I}_Y = \dot{I}_2 \qquad（10\text{-}5\text{-}2）$$

由导纳 Y 的VAR可知

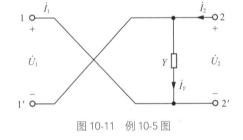

图 10-11　例 10-5 图

$$\dot{I}_Y = Y\dot{U}_2 \qquad（10\text{-}5\text{-}3）$$

将式（10-5-3）代入式（10-5-2），得

$$\dot{I}_1 + Y\dot{U}_2 = \dot{I}_2$$

整理，得

$$\dot{I}_1 = -Y\dot{U}_2 + \dot{I}_2 \qquad（10\text{-}5\text{-}4）$$

将式（10-5-1）和式（10-5-4）与式（10-7）进行比较，得双口网络的传输参数矩阵

$$T = \begin{bmatrix} -1 & 0 \\ -Y & -1 \end{bmatrix}$$

对于互易双口网络，传输参数满足 $T_{11}T_{22} - T_{12}T_{21} = 1$；对于对称双口网络，传输参数满足 $T_{11} = T_{22}$、$T_{11}T_{22} - T_{12}T_{21} = 1$。

4. 混合参数

当以一个端口的电压和另一个端口的电流作为自变量，剩下的电流和电压作为因变量时，可得混合参数。在晶体管电路中，混合参数具有广泛的应用。在表10-1中，关系5对应混合参数，关系6对应逆混合参数，以下以混合参数为例进行讨论。

当以输入端的电流 $\dot{I}_1$ 和输出端的电压 $\dot{U}_2$ 为自变量，输入端的电压 $\dot{U}_1$ 和输出端的电流 $\dot{I}_2$ 作为因变量，可得方程

$$\begin{cases} \dot{U}_1 = H_{11}\dot{I}_1 + H_{12}\dot{U}_2 \\ \dot{I}_2 = H_{21}\dot{I}_1 + H_{22}\dot{U}_2 \end{cases} \tag{10-10}$$

式（10-10）为双口网络的混合参数方程，写成矩阵形式为

$$\begin{bmatrix} \dot{U}_1 \\ \dot{I}_2 \end{bmatrix} = \begin{bmatrix} H_{11} & H_{12} \\ H_{21} & H_{22} \end{bmatrix} \begin{bmatrix} \dot{I}_1 \\ \dot{U}_2 \end{bmatrix} \tag{10-11}$$

其中，$\boldsymbol{H} = \begin{bmatrix} H_{11} & H_{12} \\ H_{21} & H_{22} \end{bmatrix}$ 称为混合参数矩阵，简称 $\boldsymbol{H}$ 矩阵。

根据式（10-10）可得

$$H_{11} = \left.\frac{\dot{U}_1}{\dot{I}_1}\right|_{\dot{U}_2=0}, \quad H_{12} = \left.\frac{\dot{U}_1}{\dot{U}_2}\right|_{\dot{I}_1=0}, \quad H_{21} = \left.\frac{\dot{I}_2}{\dot{I}_1}\right|_{\dot{U}_2=0}, \quad H_{22} = \left.\frac{\dot{I}_2}{\dot{U}_2}\right|_{\dot{I}_1=0} \tag{10-12}$$

可见，H_{11} 表示端口2短路时从端口1看进去的输入阻抗（驱动点阻抗）；H_{12} 表示端口1开路时两个端口的转移电压比，没有量纲；H_{21} 表示端口2短路时两个端口的转移电流比，没有量纲；H_{22} 表示端口1开路时从端口2看进去的输入导纳（驱动点导纳）。

例10-6 图10-12所示为中频段下晶体管的小信号等效电路，求该电路的混合参数矩阵 $\boldsymbol{H}$。

解：（1）令端口2短路，即 $\dot{U}_2 = 0$，此时受控电压源的输出为零，相当于短路，$8 \times 10^5 \Omega$ 电阻被短路，电路如图10-13（a）所示，可得

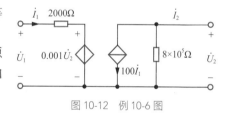

图 10-12 例 10-6 图

$$\dot{U}_1 = 2000\dot{I}_1 \qquad \dot{I}_2 = 100\dot{I}_1$$

所以

$$H_{11} = \left.\frac{\dot{U}_1}{\dot{I}_1}\right|_{\dot{U}_2=0} = \frac{2000\dot{I}_1}{\dot{I}_1} = 2000\Omega \qquad H_{21} = \left.\frac{\dot{I}_2}{\dot{I}_1}\right|_{\dot{U}_2=0} = \frac{100\dot{I}_1}{\dot{I}_1} = 100$$

（2）令端口1开路，即 $\dot{I}_1 = 0$，此时受控电流源的输出为零，相当于开路，如图10-13（b）所示，可得

$$\dot{U}_1 = 0.001\dot{U}_2 \qquad \dot{U}_2 = 8 \times 10^5 \dot{I}_2$$

所以

$$H_{12} = \left.\frac{\dot{U}_1}{\dot{U}_2}\right|_{\dot{I}_1=0} = \frac{0.001\dot{U}_2}{\dot{U}_2} = 0.001 \qquad H_{22} = \left.\frac{\dot{I}_2}{\dot{U}_2}\right|_{\dot{I}_1=0} = \frac{\dot{I}_2}{8 \times 10^5 \dot{I}_2} = \frac{1}{8} \times 10^{-5} \text{S}$$

该双口网络的混合参数矩阵

$$\boldsymbol{H} = \begin{bmatrix} 2000\Omega & 0.001 \\ 100 & \dfrac{1}{8}\times10^{-5}\text{S} \end{bmatrix}$$

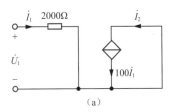 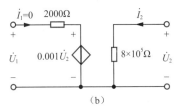

图 10-13　例 10-6 解图

观察例10-6中的数据，发现 H_{11} 即端口1处的串联电阻值， H_{12} 为端口1处受控电压源的控制量系数， H_{21} 为端口2处受控电流源的控制量系数， H_{22} 为端口2处的并联电导值。因此，图10-12所示电路其实是以 $\boldsymbol{H}$ 参数表示的中频段晶体管等效电路的一个例子。以 $\boldsymbol{H}$ 参数表示的中频段晶体管等效电路的一般形式如图10-14所示。

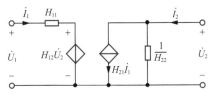

图 10-14　用 $\boldsymbol{H}$ 参数表示的中频段晶体管等效电路

对于互易双口网络，混合参数满足 $H_{12} = -H_{21}$ ；对于对称双口网络，混合参数满足 $H_{12} = -H_{21}$ ， $H_{11}H_{22} - H_{12}H_{21} = 1$ 。

5. 各参数之间的关系

显然，可以通过某一个网络参数方程的变形推导出其他网络参数，这意味着同一个双口网络的不同网络参数之间是可以相互转换的。

例10-7　求图10-15所示双网络的传输参数矩阵 $\boldsymbol{T}$ 和混合参数矩阵 $\boldsymbol{H}$ 。

解：图10-15属于 T 形网络，可借助网孔电流方程得到开路阻抗参数 $\boldsymbol{Z}$ 的网络参数方程为

$$\begin{cases} 6\dot{I}_1 + 4\dot{I}_2 = \dot{U}_1 \\ 4\dot{I}_1 + 7\dot{I}_2 = \dot{U}_2 - 3\times2\dot{I}_1 \end{cases}$$

整理，得

$$\begin{cases} \dot{U}_1 = 6\dot{I}_1 + 4\dot{I}_2 \\ \dot{U}_2 = 10\dot{I}_1 + 7\dot{I}_2 \end{cases} \quad （10\text{-}7\text{-}1）$$

图 10-15　例 10-7 图

将式（10-7-1）的第二个方程变形可得

$$\dot{I}_1 = 0.1\dot{U}_2 - 0.7\dot{I}_2 \quad （10\text{-}7\text{-}2）$$

将式（10-7-2）代入式（10-7-1）的第一个方程，可得

$$\dot{U}_1 = 0.6\dot{U}_2 - 0.2\dot{I}_2 \quad （10\text{-}7\text{-}3）$$

将式（10-7-3）、式（10-7-2）分别与式（10-7）的两个方程对比，可得该双口网络的传输参

数矩阵

$$T = \begin{bmatrix} 0.6 & 0.2\Omega \\ 0.1S & 0.7 \end{bmatrix}$$

将式（10-7-1）的第二个方程变形可得

$$\dot{I}_2 = -\frac{10}{7}\dot{I}_1 + \frac{1}{7}\dot{U}_2 \tag{10-7-4}$$

将式（10-7-4）代入式（10-7-1）的第一个方程，可得

$$\dot{U}_1 = \frac{2}{7}\dot{I}_1 + \frac{4}{7}\dot{U}_2 \tag{10-7-5}$$

将式（10-7-5）、式（10-7-4）分别与式（10-10）的两个方程对比，可得该双口网络的混合参数矩阵

$$H = \begin{bmatrix} \dfrac{2}{7}\Omega & \dfrac{4}{7} \\[2mm] -\dfrac{10}{7} & \dfrac{1}{7}S \end{bmatrix}$$

总结一下双口网络各参数之间的对应关系并列表，如表10-2所示。应该注意，对于一个具体的双口网络，不一定所有的网络参数都同时存在。比如，理想变压器的开路阻抗参数 Z 和短路导纳参数 Y 就不存在。

表 10-2　4 种网络参数矩阵 Z、Y、T、H 之间的互换关系

参数矩阵	用 Z 表示	用 Y 表示	用 T 表示	用 H 表示
Z	$\begin{bmatrix} Z_{11} & Z_{12} \\ Z_{21} & Z_{22} \end{bmatrix}$	$\begin{bmatrix} \dfrac{Y_{22}}{\Delta_Y} & -\dfrac{Y_{12}}{\Delta_Y} \\[2mm] -\dfrac{Y_{21}}{\Delta_Y} & \dfrac{Y_{11}}{\Delta_Y} \end{bmatrix}$	$\begin{bmatrix} \dfrac{T_{11}}{T_{21}} & \dfrac{\Delta_T}{T_{21}} \\[2mm] \dfrac{1}{T_{21}} & \dfrac{T_{22}}{T_{21}} \end{bmatrix}$	$\begin{bmatrix} \dfrac{\Delta_H}{H_{22}} & \dfrac{H_{12}}{H_{22}} \\[2mm] -\dfrac{H_{21}}{H_{22}} & \dfrac{1}{H_{22}} \end{bmatrix}$
Y	$\begin{bmatrix} \dfrac{Z_{22}}{\Delta_Z} & -\dfrac{Z_{12}}{\Delta_Z} \\[2mm] -\dfrac{Z_{21}}{\Delta_Z} & \dfrac{Z_{11}}{\Delta_Z} \end{bmatrix}$	$\begin{bmatrix} Y_{11} & Y_{12} \\ Y_{21} & Y_{22} \end{bmatrix}$	$\begin{bmatrix} \dfrac{T_{22}}{T_{12}} & -\dfrac{\Delta_T}{T_{12}} \\[2mm] -\dfrac{1}{T_{12}} & \dfrac{T_{11}}{T_{12}} \end{bmatrix}$	$\begin{bmatrix} \dfrac{1}{H_{11}} & -\dfrac{H_{12}}{H_{11}} \\[2mm] \dfrac{H_{21}}{H_{11}} & \dfrac{\Delta_H}{H_{11}} \end{bmatrix}$
T	$\begin{bmatrix} \dfrac{Z_{11}}{Z_{21}} & \dfrac{\Delta_Z}{Z_{21}} \\[2mm] \dfrac{1}{Z_{21}} & \dfrac{Z_{22}}{Z_{21}} \end{bmatrix}$	$\begin{bmatrix} -\dfrac{Y_{22}}{Y_{21}} & -\dfrac{1}{Y_{21}} \\[2mm] -\dfrac{\Delta_Y}{Y_{21}} & -\dfrac{Y_{11}}{Y_{21}} \end{bmatrix}$	$\begin{bmatrix} T_{11} & T_{12} \\ T_{21} & T_{22} \end{bmatrix}$	$\begin{bmatrix} -\dfrac{\Delta_H}{H_{21}} & -\dfrac{H_{11}}{H_{21}} \\[2mm] -\dfrac{H_{22}}{H_{21}} & -\dfrac{1}{H_{21}} \end{bmatrix}$
H	$\begin{bmatrix} \dfrac{\Delta_Z}{Z_{22}} & \dfrac{Z_{12}}{Z_{22}} \\[2mm] -\dfrac{Z_{21}}{Z_{22}} & \dfrac{1}{Z_{22}} \end{bmatrix}$	$\begin{bmatrix} \dfrac{1}{Y_{11}} & -\dfrac{Y_{12}}{Y_{11}} \\[2mm] \dfrac{Y_{21}}{Y_{11}} & \dfrac{\Delta_Y}{Y_{11}} \end{bmatrix}$	$\begin{bmatrix} \dfrac{T_{12}}{T_{22}} & \dfrac{\Delta_T}{T_{22}} \\[2mm] -\dfrac{1}{T_{22}} & \dfrac{T_{21}}{T_{22}} \end{bmatrix}$	$\begin{bmatrix} H_{11} & H_{12} \\ H_{21} & H_{22} \end{bmatrix}$

注：表中 Δ 表示各矩阵对应的行列式的值。

$$\Delta_Z = |Z| = Z_{11}Z_{22} - Z_{12}Z_{21} \qquad \Delta_Y = |Y| = Y_{11}Y_{22} - Y_{12}Y_{21}$$

$$\Delta_T = |T| = T_{11}T_{22} - T_{12}T_{21} \qquad \Delta_H = |H| = H_{11}H_{22} - H_{12}H_{21}$$

双口网络的连接

许多结构复杂的大型双口网络其实是由多个简单的子网络连接而成的，先分析子网络的端口特性，再借助连接关系得到大型双口网络的端口特性，是研究双口网络连接的目的之一。双口网络的连接方式多种多样，本书研究级联、串联和并联，必须明确不论哪种连接方式，连接前后各子网络的端口特性不能被改变，这是子网络可以进行连接的前提条件。

1. 级联

图10-16所示的连接方式称为级联，特点是将前级子双口网络 N_1 的输出端口与后级子双口网络 N_2 的输入端口相连。虚线框内形成新的复合双口网络。

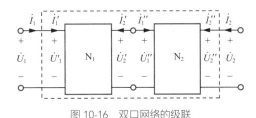

图 10-16　双口网络的级联

假设 N_1 和 N_2 两个子双口网络的传输参数分别为 $\boldsymbol{T}_1$ 和 $\boldsymbol{T}_2$，由双口网络的传输参数方程可得

$$\begin{bmatrix} \dot{U}_1' \\ \dot{I}_1' \end{bmatrix} = \boldsymbol{T}_1 \begin{bmatrix} \dot{U}_2' \\ -\dot{I}_2' \end{bmatrix} \qquad (10\text{-}13)$$

$$\begin{bmatrix} \dot{U}_1'' \\ \dot{I}_1'' \end{bmatrix} = \boldsymbol{T}_2 \begin{bmatrix} \dot{U}_2'' \\ -\dot{I}_2'' \end{bmatrix} \qquad (10\text{-}14)$$

由于 $\dot{U}_2' = \dot{U}_1''$，$-\dot{I}_2' = \dot{I}_1''$，因此可将式（10-14）代入式（10-13），得

$$\begin{bmatrix} \dot{U}_1' \\ \dot{I}_1' \end{bmatrix} = \boldsymbol{T}_1 \begin{bmatrix} \dot{U}_2' \\ -\dot{I}_2' \end{bmatrix} = \boldsymbol{T}_1 \begin{bmatrix} \dot{U}_1'' \\ \dot{I}_1'' \end{bmatrix} = \boldsymbol{T}_1 \boldsymbol{T}_2 \begin{bmatrix} \dot{U}_2'' \\ -\dot{I}_2'' \end{bmatrix} \qquad (10\text{-}15)$$

又由于 $\dot{U}_1' = \dot{U}_1$，$\dot{I}_1' = \dot{I}_1$，$\dot{U}_2'' = \dot{U}_2$，$\dot{I}_2'' = \dot{I}_2$，所以式（10-15）改写为

$$\begin{bmatrix} \dot{U}_1 \\ \dot{I}_1 \end{bmatrix} = \boldsymbol{T}_1 \boldsymbol{T}_2 \begin{bmatrix} \dot{U}_2 \\ -\dot{I}_2 \end{bmatrix} = \boldsymbol{T} \begin{bmatrix} \dot{U}_2 \\ -\dot{I}_2 \end{bmatrix}$$

于是得到虚线框内的复合网络的传输参数矩阵

$$\boldsymbol{T} = \boldsymbol{T}_1 \boldsymbol{T}_2 \qquad (10\text{-}16)$$

注意式（10-16）中是矩阵相乘，其结论也可推广到 n 个双口网络的级联。

在上述推导过程中，正是存在 $-\dot{I}_2' = \dot{I}_1''$ 的关系，才使得式（10-14）能方便地直接代入式（10-13），从而得到最终结论，这是在写 $\boldsymbol{T}$ 参数方程时自变量 $\dot{I}_2$ 前面要加负号的重要原因。

2. 串联

图10-17所示的连接方式称为串联。

假设 N_1 和 N_2 两个双口网络的开路阻抗参数分别为 $\boldsymbol{Z}_1$ 和 $\boldsymbol{Z}_2$，由双口网络的开路阻抗参数方程可得

$$\begin{bmatrix} \dot{U}_1' \\ \dot{U}_2' \end{bmatrix} = \boldsymbol{Z}_1 \begin{bmatrix} \dot{I}_1' \\ \dot{I}_2' \end{bmatrix}$$

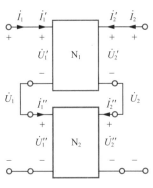

图 10-17　双口网络的串联

$$\begin{bmatrix} \dot{U}_1'' \\ \dot{U}_2'' \end{bmatrix} = \mathbf{Z}_2 \begin{bmatrix} \dot{I}_1'' \\ \dot{I}_2'' \end{bmatrix}$$

根据串联的特点及KVL方程，有 $\dot{I}_1 = \dot{I}_1' = \dot{I}_1''$，$\dot{I}_2 = \dot{I}_2' = \dot{I}_2''$，$\dot{U}_1 = \dot{U}_1' + \dot{U}_1''$，$\dot{U}_2 = \dot{U}_2' + \dot{U}_2''$。因此

$$\begin{bmatrix} \dot{U}_1 \\ \dot{U}_2 \end{bmatrix} = \begin{bmatrix} \dot{U}_1' + \dot{U}_1'' \\ \dot{U}_2' + \dot{U}_2'' \end{bmatrix} = \begin{bmatrix} \dot{U}_1' \\ \dot{U}_2' \end{bmatrix} + \begin{bmatrix} \dot{U}_1'' \\ \dot{U}_2'' \end{bmatrix} = \mathbf{Z}_1 \begin{bmatrix} \dot{I}_1' \\ \dot{I}_2' \end{bmatrix} + \mathbf{Z}_2 \begin{bmatrix} \dot{I}_1'' \\ \dot{I}_2'' \end{bmatrix} = \mathbf{Z}_1 \begin{bmatrix} \dot{I}_1 \\ \dot{I}_2 \end{bmatrix} + \mathbf{Z}_2 \begin{bmatrix} \dot{I}_1 \\ \dot{I}_2 \end{bmatrix} = (\mathbf{Z}_1 + \mathbf{Z}_2) \begin{bmatrix} \dot{I}_1 \\ \dot{I}_2 \end{bmatrix} = \mathbf{Z} \begin{bmatrix} \dot{I}_1 \\ \dot{I}_2 \end{bmatrix}$$

可得复合网络的开路阻抗参数矩阵

$$\mathbf{Z} = \mathbf{Z}_1 + \mathbf{Z}_2 \tag{10-17}$$

注意式（10-17）中是矩阵相加，其结论也可推广到 n 个双口网络的串联。

3. 并联

图10-18所示的连接方式称为并联。

假设 N_1 和 N_2 两个双口网络的短路导纳参数分别为 $\mathbf{Y}_1$ 和 $\mathbf{Y}_2$，由双口网络的短路导纳参数方程可知

$$\begin{bmatrix} \dot{I}_1' \\ \dot{I}_2' \end{bmatrix} = \mathbf{Y}_1 \begin{bmatrix} \dot{U}_1' \\ \dot{U}_2' \end{bmatrix}, \quad \begin{bmatrix} \dot{I}_1'' \\ \dot{I}_2'' \end{bmatrix} = \mathbf{Y}_2 \begin{bmatrix} \dot{U}_1'' \\ \dot{U}_2'' \end{bmatrix}$$

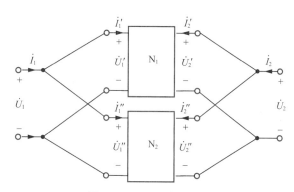

图 10-18 双口网络的并联

根据并联的特点及KCL方程，有 $\dot{U}_1 = \dot{U}_1' = \dot{U}_1''$，$\dot{U}_2 = \dot{U}_2' = \dot{U}_2''$，$\dot{I}_1 = \dot{I}_1' + \dot{I}_1''$，$\dot{I}_2 = \dot{I}_2' + \dot{I}_2''$。因此

$$\begin{bmatrix} \dot{I}_1 \\ \dot{I}_2 \end{bmatrix} = \begin{bmatrix} \dot{I}_1' + \dot{I}_1'' \\ \dot{I}_2' + \dot{I}_2'' \end{bmatrix} = \begin{bmatrix} \dot{I}_1' \\ \dot{I}_2' \end{bmatrix} + \begin{bmatrix} \dot{I}_1'' \\ \dot{I}_2'' \end{bmatrix} = \mathbf{Y}_1 \begin{bmatrix} \dot{U}_1' \\ \dot{U}_2' \end{bmatrix} + \mathbf{Y}_2 \begin{bmatrix} \dot{U}_1'' \\ \dot{U}_2'' \end{bmatrix} = \mathbf{Y}_1 \begin{bmatrix} \dot{U}_1 \\ \dot{U}_2 \end{bmatrix} + \mathbf{Y}_2 \begin{bmatrix} \dot{U}_1 \\ \dot{U}_2 \end{bmatrix} = (\mathbf{Y}_1 + \mathbf{Y}_2) \begin{bmatrix} \dot{U}_1 \\ \dot{U}_2 \end{bmatrix} = \mathbf{Y} \begin{bmatrix} \dot{U}_1 \\ \dot{U}_2 \end{bmatrix}$$

可得复合网络的短路导纳参数矩阵

$$\mathbf{Y} = \mathbf{Y}_1 + \mathbf{Y}_2 \tag{10-18}$$

注意式（10-18）中是矩阵相加，其结论也可推广到 n 个双口网络的并联。

10.3 双口网络的等效电路分析法

具有相同端口特性的双口网络有无穷多个，这些双口网络对外电路是等效的。设计满足特定条件的双口网络时，在不影响安全性、可靠性等的前提下，应尽量满足经济性要求，因此需要

寻找特定端口条件下的最简双口网络，这就是研究双口网络等效电路的目的。另外，等效电路可以使"抽象"的双口网络"具体化"，符合部分学习者的电路分析思维习惯。以下重点讨论已知 Z 参数和 Y 参数时双口网络的最简等效电路。

1. 已知 Z 参数时的等效电路

抽象双口网络 N_0 如图10-19所示。

用 Z 参数描述时，其端口方程为

$$\begin{cases} \dot{U}_1 = Z_{11}\dot{I}_1 + Z_{12}\dot{I}_2 \\ \dot{U}_2 = Z_{21}\dot{I}_1 + Z_{22}\dot{I}_2 \end{cases} \tag{10-19}$$

（1）当双口网络互易时。

此时有 $Z_{12} = Z_{21}$，将式（10-19）改写为

$$\begin{cases} \dot{U}_1 = Z_{11}\dot{I}_1 + Z_{12}\dot{I}_2 \\ \dot{U}_2 = Z_{21}\dot{I}_1 + Z_{22}\dot{I}_2 = Z_{12}\dot{I}_1 + Z_{22}\dot{I}_2 \end{cases} \tag{10-20}$$

作等效电路时只能改变网络内部的结构和参数，不能改变与外电路相连端子的位置，因此等效电路中端子 1、1′、2、2′ 与原电路位置相同。观察式（10-20）的两个方程，发现具有绕网孔列写电流方程的形式，通过参数配置，得 T 形最简等效电路如图10-20所示。

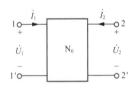
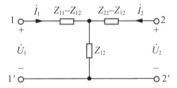

图 10-19　抽象双口网络 N_0　　图 10-20　双口网络互易时已知 Z 参数的最简等效电路

显然，图10-20中各处的 Z_{12} 都可以换成 Z_{21}。

（2）当双口网络不互易时。

此时有 $Z_{12} \neq Z_{21}$，将式（10-19）改写为

$$\begin{cases} \dot{U}_1 = Z_{11}\dot{I}_1 + Z_{12}\dot{I}_2 \\ \dot{U}_2 = Z_{21}\dot{I}_1 + Z_{22}\dot{I}_2 = Z_{12}\dot{I}_1 + Z_{22}\dot{I}_2 + (Z_{21} - Z_{12})\dot{I}_1 \end{cases} \tag{10-21}$$

与式（10-19）相比，式（10-20）仅在第二个方程处多了最后一项电压量 $(Z_{21} - Z_{12})\dot{I}_1$，该电压量对应的电路模型位于端口 2 处，且受电流 $\dot{I}_1$ 的控制，因此只需在图10-20中的端口 2 处增加一个值为 $(Z_{21} - Z_{12})\dot{I}_1$ 的CCVS即可，最简等效电路如图10-21所示。

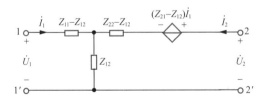

图 10-21　双口网络不互易时已知 Z 参数的最简等效电路

显然，图10-21中的 Z_{12} 与 Z_{21} 不能互换。

也可以通过改写式（10-19）中的第一个方程得到双口网络的等效电路，此时CCVS位于端口

1 处，具体电路和参数请读者自行推导。

2. 已知 Y 参数时的等效电路

当用 Y 参数描述图10-19所示的抽象双口网络 N_0 时，其端口方程为

$$\begin{cases} \dot{I}_1 = Y_{11}\dot{U}_1 + Y_{12}\dot{U}_2 \\ \dot{I}_2 = Y_{21}\dot{U}_1 + Y_{22}\dot{U}_2 \end{cases} \tag{10-22}$$

（1）当双口网络互易时。

此时有 $Y_{12} = Y_{21}$，将式（10-22）改写为

$$\begin{cases} \dot{I}_1 = Y_{11}\dot{U}_1 + Y_{12}\dot{U}_2 \\ \dot{I}_2 = Y_{21}\dot{U}_1 + Y_{22}\dot{U}_2 = Y_{12}\dot{U}_1 + Y_{22}\dot{U}_2 \end{cases} \tag{10-23}$$

观察式（10-23）的两个方程，发现具有对节点列写电压方程的形式，通过参数配置，得 ∏ 形最简等效电路如图10-22所示。

显然，图10-20中各处的 Y_{12} 都可以换成 Y_{21}。

（2）当双口网络不互易时。

此时有 $Y_{12} \neq Y_{21}$，将式（10-22）改写为

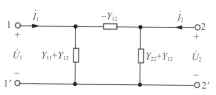

图 10-22　双口网络互易时已知 Y 参数的最简等效电路

$$\begin{cases} \dot{I}_1 = Y_{11}\dot{U}_1 + Y_{12}\dot{U}_2 \\ \dot{I}_2 = Y_{21}\dot{U}_1 + Y_{22}\dot{U}_2 = Y_{12}\dot{U}_1 + Y_{22}\dot{U}_2 + (Y_{21} - Y_{12})\dot{U}_1 \end{cases} \tag{10-24}$$

与式（10-23）相比，式（10-24）仅在第二个方程处多了最后一项电流量 $(Y_{21} - Y_{12})\dot{U}_1$，该电流量对应的电路模型位于端口 2 处，且受电压 $\dot{U}_1$ 的控制，因此只需在图10-22中的端口 2 处增加一个值为 $(Y_{21} - Y_{12})\dot{U}_1$ 的VCCS即可，最简等效电路如图10-23所示。

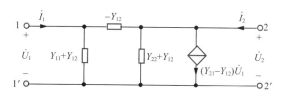

图 10-23　双口网络不互易时已知 Y 参数的最简等效电路

显然，图10-23中的 Y_{12} 与 Y_{21} 不能互换。

也可以通过改写式（10-22）中的第一个方程得到双口网络的等效电路，此时VCCS位于端口 1 处，具体电路和参数请读者自行推导。

3. 已知 T 参数或 H 参数时的等效电路

此时有两种方法获得其等效电路。

方法一：利用双口网络各参数之间的转换关系，将 T 参数或 H 参数转换为 Z 参数或 Y 参数，然后作其等效电路。

方法二：直接将方程中无法用阻抗或导纳模型表示的部分用受控源代替。

当用 H 参数描述图10-19所示的抽象双口网络 N_0 时，其端口方程为

$$\begin{cases} \dot{U}_1 = H_{11}\dot{I}_1 + H_{12}\dot{U}_2 \\ \dot{I}_2 = H_{21}\dot{I}_1 + H_{22}\dot{U}_2 \end{cases}$$

作等效电路如图10-24所示。

由于 **T** 参数方程的两个自变量位于同一端口，两个因变量也位于同一端口，因此已知 **T** 参数不便于用方法二进行等效变换。

将抽象双口网络用其具体等效电路替换之后再进行分析的方法，称为双口网络的等效电路分析法。

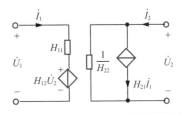

图 10-24 双口网络已知 **H** 参数时的等效电路

例10-8 如图10-25所示电路中，已知双口网络 N_0 的开路阻抗参数矩阵为 $\mathbf{Z} = \begin{bmatrix} 9 & 6 \\ 6 & 10 \end{bmatrix} \Omega$，输入端口所接电压源 $\dot{U}_s = 9\text{V}$。试求：当输出端口所接负载 R_L 值为多少时可获得最大功率，最大功率的值为多少？

解：由开路阻抗参数可得 N_0 的T形等效电路，将端口的电源和负载接入后电路如图10-26（a）所示。

（1）求开路电压 $\dot{U}_{oc}$，电路如图10-26（b）所示。

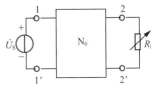

图 10-25 例 10-8 图

$$\dot{U}_{oc} = \frac{6}{3+6} \dot{U}_s = \frac{6}{3+6} \times 9 = 6\ \text{V}$$

（2）求等效电阻 R_{eq}，电路如图10-26（c）所示。

$$R_{eq} = (3//6) + 4 = 6\ \Omega$$

（3）由最大功率传输定理，当 $R_L = R_{eq} = 6\Omega$ 时，负载 R_L 可获得最大功率，最大功率

$$P_{Lmax} = \frac{U_{oc}^2}{4R_{eq}} = \frac{6^2}{4 \times 6} = 1.5\ \text{W}$$

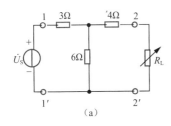
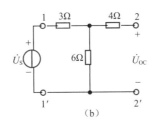
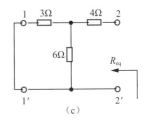

图 10-26 例 10-8 解图

10.4 双口网络的端口分析法

端口分析法

分析含双口网络的电路时除了等效电路分析法外，更加普适的方法是端口分析法。端口分析法是通过求解双口网络端口的 $\dot{U}_1$、$\dot{I}_1$、$\dot{U}_2$、$\dot{I}_2$ 4个变量，进而得到电路中其他感兴趣量的方法。4个变量的求解需要4个独立、完备的方程，不管用哪种网络参数描述双口网络，都可以获得2个方程，那么剩下的2个方程如何列写呢？

如图10-27（a）所示电路中，N_s 为接在双口网络 N_0 输入端口的线性含独立

源二端网络，N_L 为接在 N_0 输出端口的线性阻抗二端网络，当关注 N_0 端口处的4个变量时，图10-27（a）所示电路可被等效为图10-27（b）所示的电路。

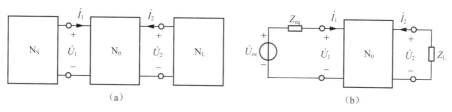

图 10-27　端口分析法示例

对图10-27（b）中 N_0 输入端口左侧列写方程

$$\dot{U}_1 = \dot{U}_{oc} - Z_{eq}\dot{I}_1 \qquad (10\text{-}25)$$

对图10-27（b）中 N_0 输出端口右侧列写方程

$$\dot{U}_2 = -Z_L\dot{I}_2 \qquad (10\text{-}26)$$

联立式（10-25）、式（10-26）及双口网络参数提供的2个方程即可求解4个端口变量。

例10-9　已知图10-28所示双口网络 N_0 的短路导纳参数矩阵 $\boldsymbol{Y} = \begin{bmatrix} 0.2 & 0.2 \\ 0.1 & 0.2 \end{bmatrix}$S，$\dot{U}_s = 10\text{V}$，

$Z_s = 5\Omega$，$R_L = 10\Omega$。试求：负载 R_L 消耗的功率。

解：由双口网络 N_0 的短路导纳参数矩阵可得其双口网络参数方程为

$$\begin{cases} \dot{I}_1 = 0.2\dot{U}_1 + 0.2\dot{U}_2 \\ \dot{I}_2 = 0.1\dot{U}_1 + 0.2\dot{U}_2 \end{cases}$$

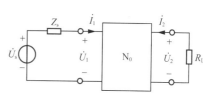

图 10-28　例 10-9 图

输入端口左侧可得方程

$$\dot{U}_1 = \dot{U}_s - Z_s\dot{I}_1 = 10 - 5\dot{I}_1$$

输出端口右侧可得方程

$$\dot{U}_2 = -R_L\dot{I}_2 = -10\dot{I}_2$$

联立上述方程，解得

$$\dot{I}_2 = 0.2\text{A}$$

负载 R_L 消耗的功率

$$P_L = I_2^2 R_L = 0.2^2 \times 10 = 0.4\ \text{W}$$

双口网络具有两个端口，分别用"输入阻抗"和"输出阻抗"定义输入端口和输出端口的阻抗。关联参考方向下输入端口的电压相量与电流相量的比值被定义为双口网络的输入阻抗，用 Z_{in} 表示，即 $Z_{in} = \dfrac{\dot{U}_1}{\dot{I}_1}$。当输出端口的端接网络包含独立源时，独立源应置零。关联参考方向下输出端口的电压相量与电流相量的比值被定义为双口网络的输出阻抗，用 Z_{out} 表示，即 $Z_{out} = \dfrac{\dot{U}_2}{\dot{I}_2}$。如果此时输入端口的端接网络包含独立源，独立源应置零。

例10-10 试求图10-29所示双口网络 N_0 的输入阻抗和输出阻抗。其中网络 N_0 的混合参数矩

阵 $H = \begin{bmatrix} 1\Omega & 1 \\ -3 & 1S \end{bmatrix}$，$Z_s = 1\Omega$，$Z_L = 2\Omega$。

解：由 H 参数可得方程

$$\begin{cases} \dot{U}_1 = \dot{I}_1 + \dot{U}_2 \\ \dot{I}_2 = -3\dot{I}_1 + \dot{U}_2 \end{cases} \quad （10\text{-}10\text{-}1）$$

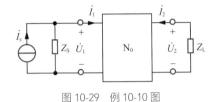

图 10-29　例 10-10 图

（1）输出端口右侧可得方程

$$\dot{I}_2 = -\frac{\dot{U}_2}{Z_L} = -\frac{\dot{U}_2}{2} \quad （10\text{-}10\text{-}2）$$

联立式（10-10-1）、式（10-10-2），可得输入阻抗

$$Z_{in} = \frac{\dot{U}_1}{\dot{I}_1} = \frac{3\dot{I}_1}{\dot{I}_1} = 3\,\Omega$$

（2）将输入端口的电流源 $\dot{I}_s$ 置零，此时输入端口左侧可得方程

$$\dot{U}_1 = -Z_s \dot{I}_1 = -\dot{I}_1 \quad （10\text{-}10\text{-}3）$$

联立式（10-10-1）、式（10-10-3），可得输出阻抗

$$Z_{out} = \frac{\dot{U}_2}{\dot{I}_2} = \frac{2}{5} = 0.4\,\Omega$$

例10-11 已知图10-30所示双口网络 N_0 的传输参数矩阵 $T = \begin{bmatrix} 2.5 & 40\Omega \\ 0.05S & 1 \end{bmatrix}$，$\dot{U}_s = 10V$，

$Z_s = 50\Omega$。试求端口ab的戴维南等效电路。

解：由 T 参数可得方程

$$\begin{cases} \dot{U}_1 = 2.5\dot{U}_2 - 40\dot{I}_2 \\ \dot{I}_1 = 0.05\dot{U}_2 - \dot{I}_2 \end{cases} \quad （10\text{-}11\text{-}1）$$

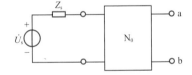

图 10-30　例 10-11 图

（1）求输出端口的开路电压 $\dot{U}_{2oc}$，如图10-31（a）所示。

输入端口左侧可得方程

$$\dot{U}_1 = \dot{U}_s - Z_s \dot{I}_1 = 10 - 50\dot{I}_1 \quad （10\text{-}11\text{-}2）$$

因为输出端口开路，可得

$$\dot{I}_2 = 0 \quad （10\text{-}11\text{-}3）$$

联立式（10-11-1）、式（10-11-2）、式（10-11-3），可得

$$\dot{U}_{2oc} = 2V$$

（2）求戴维南等效阻抗 Z_{eq}，输入端口所接独立源置零，如图10-31（b）所示。

输入端口左侧可得方程

$$\dot{U}_1 = -Z_s\dot{I}_1 = -50\dot{I}_1 \tag{10-11-4}$$

联立式（10-11-1）、式（10-11-4），可得

$$Z_{eq} = \frac{\dot{U}_2}{\dot{I}_2} = \frac{90}{5} = 18\,\Omega$$

（3）作戴维南等效电路，如图10-31（c）所示。

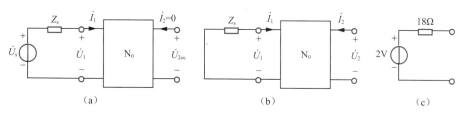

图 10-31　例 10-11 解图

例10-12　试求图10-32所示双口网络 N_0 消耗的功率。其中，N_0 的开路阻抗参数矩阵

$$\boldsymbol{Z} = \begin{bmatrix} 1 & 2 \\ -7 & 4 \end{bmatrix}\Omega, \quad \dot{U}_s = 8\text{V}, \quad Z_L = 10\Omega\,.$$

解：由 $\boldsymbol{Z}$ 参数可得方程

$$\begin{cases} \dot{U}_1 = \dot{I}_1 + 2\dot{I}_2 \\ \dot{U}_2 = -7\dot{I}_1 + 4\dot{I}_2 \end{cases}$$

输入端口左侧可得方程

$$\dot{U}_1 = \dot{U}_s = 8$$

输出端口右侧可得方程

$$\dot{U}_2 = -Z_L\dot{I}_2 = -10\dot{I}_2$$

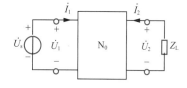

图 10-32　例 10-12 图

联立上述方程，得

$$\begin{cases} \dot{U}_1 = 8\text{V} \\ \dot{I}_1 = 4\text{A} \\ \dot{U}_2 = -20\text{V} \\ \dot{I}_2 = 2\text{A} \end{cases}$$

双口网络消耗的功率

$$P = U_1I_1\cos\theta_1 + U_2I_2\cos\theta_2 = 8\times4\cos0° + 20\times2\times\cos180° = 32 - 40 = -8\text{ W}$$

由例10-12可知，双口网络的功率为两个端口的功率之和。例10-12中双口网络消耗的功率为负值，说明双口网络实际对外电路提供功率。由于无源网络 N_0 中可以含受控源，因此 N_0 对外提供功率是可能的。

探索多一点

双口网络的连接与整体和局部。

分析电路如同对敌作战，当电路比较复杂，即对手过于强大时，应将其"分而解之"。生活中，不畏惧过于遥远宏大的目标，运用化整为零的方法，将其从整体分解为局部，在局部当中显现我们的优势并取得局部胜利，脚踏实地一步一步前进，循序渐进，就会离整体的终极目标越来越近。

诗词遇见电路

破阵子·双口网络参数

伴月挑灯苦练，双口网络细梳。

端口处有四变量，孰自孰因分参数。

方程由此出。

且记开路阻抗，短路对偶相助。

及至传输并混合，千变万化理如初。

双口亦坦途！

附：《破阵子·为陈同甫赋壮词以寄之》原文

破阵子·为陈同甫赋壮词以寄之

宋 辛弃疾

醉里挑灯看剑，梦回吹角连营。

八百里分麾下炙，五十弦翻塞外声。

沙场秋点兵。

马作的卢飞快，弓如霹雳弦惊。

了却君王天下事，赢得生前身后名。

可怜白发生！

📝 习题 10

10-1 求解题10-1图所示各双口网络的开路阻抗参数矩阵 Z 和短路导纳参数矩阵 Y 。

10-2 求解题10-2图所示双口网络的开路阻抗参数矩阵 Z 和短路导纳参数矩阵 Y 。

10-3 求解题10-3图所示双口网络的传输参数矩阵 T 。

10-4 求解题10-4图所示双口网络的混合参数矩阵 H 。

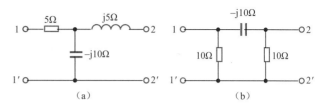

题 10-1 图

题10-3 视频讲解

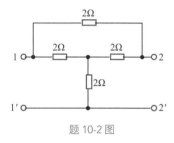

题 10-2 图

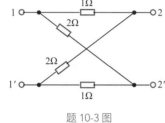

题 10-3 图

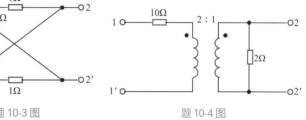

题 10-4 图

10-5 题10-5图所示电路中，标出了在对称电阻性双口网络 N 上进行的测量结果，试根据测量结果求出该双口网络的开路阻抗参数矩阵 Z 。

10-6 求解题10-6图所示双口网络的开路阻抗参数矩阵 Z 。

10-7 求解题10-7图所示双口网络的短路导纳参数矩阵 Y 。

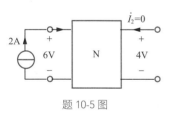

题 10-5 图

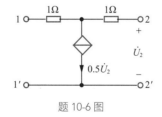

题 10-6 图

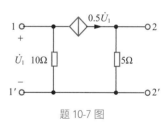

题 10-7 图

10-8 求解题10-8图所示双口网络的传输参数矩阵 T 和混合参数矩阵 H 。

10-9 题10-9图所示双口网络，可看成一个倒L形电路与理想变压器的级联，求复合双口网络的传输参数矩阵 T 。

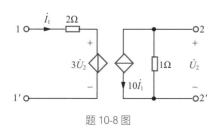

题 10-8 图

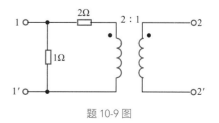

题 10-9 图

10-10 已知题10-10图所示电路中的双口网络 N 的短路导纳参数矩阵 $\boldsymbol{Y} = \begin{bmatrix} 1.25 & -1 \\ -1 & 1.1 \end{bmatrix}$ S。求 ab 端口的戴维南等效电路。

10-11 已知题10-11图所示电路中的双口网络 N 的传输参数矩阵 $\boldsymbol{T} = \begin{bmatrix} 1 & j1\Omega \\ 1S & 2 \end{bmatrix}$，负载 $Z_L = 1\Omega$。求负载 Z_L 上的电流 $\dot{I}_L$。

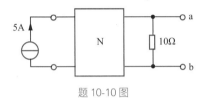

题 10-10 图

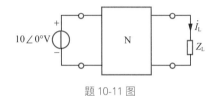

题 10-11 图

10-12 如题10-12图所示双口网络。（1）求该双口网络的短路导纳参数矩阵 $\boldsymbol{Y}$；（2）在左侧 ab 端口外加一个16V 的电压源，在右侧 cd 端口外加一个 3Ω 的电阻负载，求 3Ω 电阻负载吸收的功率 P。

10-13 如题10-13图所示电路，不含独立电源的双口网络 N 的传输参数矩阵 $\boldsymbol{T} = \begin{bmatrix} 1 & 2\Omega \\ 1S & 1 \end{bmatrix}$。

求：（1）虚线框内双口网络的传输参数矩阵；（2）用端口分析法求 2A 电流源提供的功率。

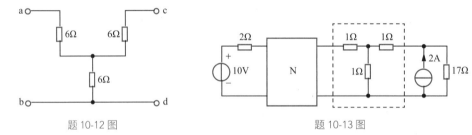

题 10-12 图   题 10-13 图

题10-14
视频讲解

10-14 如题10-14图所示电路，其中 N 是由3个线性电阻连接成∏形结构的对称互易双口网络，$\dot{U}_{oc} = 1V$，$\dot{U}_2 = 2V$。计算：（1）双口网络 N 的短路导纳参数矩阵 $\boldsymbol{Y}$；（2）双口网络 N 中∏形结构电路中各电阻的参数，并画出对应的等效电路；（3）若在 1-1′端接一个负载阻抗 Z_L，求负载可获得最大功率时的阻抗值。

10-15 如题10-15图所示电路中的双口网络 N 是一个对称互易双口网络，已知 $\dot{U}_s = 6V$，当端口 2 开路时，$\dot{I}_1 = 2A$，$\dot{U}_{oc} = 4V$。计算：（1）双口网络 N 的开路阻抗参数矩阵，画出其 T 形结构的等效电路；（2）当端口 2 的负载 Z_L 取何值时其可获得最大功率，最大功率值是多少？

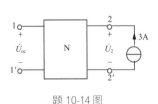

题 10-14 图

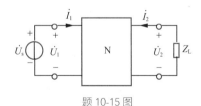

题 10-15 图

第 **11** 章

线性动态电路的时域分析

由独立源和电阻性元件（电阻、受控源等）组成的电路称为电阻电路，电阻性元件的VAR为代数形式，因此描述电阻电路的方程为代数方程。当电路中含有电容元件和电感元件等动态元件时，电路称为动态电路。由于电容和电感元件的VAR可表示为微分形式，因此描述动态电路的方程为微分方程。一般动态电路的阶数与微分方程的阶数一致。二阶及以上电路的动态过程通常要借助拉氏变换在复频域中分析求解，对此本书不做讨论。本章主要内容包括直流激励下一阶和二阶线性电路暂态过程的时域分析。

思考多一点

当线性动态电路中含有储能元件时，电路中的响应可看作由两部分组成：一部分是不考虑外加激励，仅由储能元件本身的起始储能引起的零输入响应；另一部分是不考虑储能元件本身的起始储能，仅由外加激励引起的零状态响应。零输入响应和零状态响应共同构成全响应。前者是由电路本身的状态决定的，后者是由外加激励决定的，因此，内部、外部因素都会对电路响应产生影响。那么，内部状态影响了什么？外加激励又影响了什么？通过学习动态电路的变化曲线，相信读者对自己人生走向的影响因素也会有一个深入的思考。

11.1 动态电路的经典分析法

11.1.1 动态电路的方程

1. 动态电路的暂态过程概述

在动态电路中，当电路结构或元件参数发生改变时，如电路中负荷投切、电路突发故障等，电路原本所处的稳定状态通常会被打破，在进入新的稳态之前电路所经历的随时间非周期性变化的阶段就是电路的暂态过程，也称为过渡过程、动态过程。

图11-1所示为纯电阻电路，开关闭合后，电阻两端电压 u_R 立即从开关闭合前的 0V 跳变到开关闭合后的 2.5V，即从开关前的稳态直接跳变到开关后的稳态，两个稳态之间不经历暂态过程，其波形如图11-2所示。图11-3所示为 RC 串联电路，开关闭合后，电容两端电压 u_C 从开关闭合前稳态的 0V 逐渐变化到开关闭合后稳态的 5V，但两个稳态之间的转换不是瞬时完成的，需要经历一定的过渡过程，波形如图11-4所示。由开关的动作等引起电路结构发生变化的过程称为"换路"。

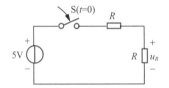

图 11-1　纯电阻电路

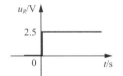

图 11-2　纯电阻电路 u_R 波形

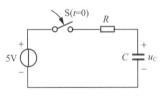

图 11-3　RC 串联电路

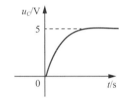

图 11-4　RC 串联电路 u_C 波形

2. 一阶电路的输入−输出方程

电容和电感的
充放电

在电路分析中，电压源和电流源等激励又称为输入；待求的电压和电流等响应也称为输出。为了分析电路的暂态过程，需要建立描述动态电路的动态方程。利用两类约束列写出的建立输入量和输出量之间关系的、以输出量为单一变量的方程，称为输入−输出方程。

能用一阶微分方程描述的动态电路称为一阶电路。当电路中仅含一个电容元件或一个电感元件时，电路是一阶电路；当电路中含多个电容，但独立电容仅一个时，或者当电路中含有多个电感，但独立电感仅一个时，电路也是一阶电路。本书主要讨论电路中仅含一个电容元件或一个电感元件的情况，其一般情形如图11-5和图11-7所示。为便于分析说明，首先将储能元件以外的电路简化为戴维南等效电路或诺顿等效电路，如图11-6和图11-8所示。

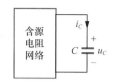

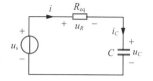

图 11-5　含一个电容元件的电路　　　图 11-6　图 11-5 戴维南等效后的电路

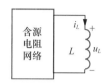

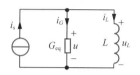

图 11-7　含一个电感元件的电路　　　图 11-8　图 11-7 诺顿等效后的电路

对于图11-6所示电路，若以电容电压 u_C 为输出变量，根据KVL可得

$$u_R + u_C = u_s \tag{11-1}$$

电阻元件和电容元件的VAR分别为

$$u_R = R_{eq} i \tag{11-2}$$

$$i_C = C \frac{\mathrm{d}u_C}{\mathrm{d}t} \tag{11-3}$$

由于 $i = i_C$，将式（11-3）代入式（11-2），可得

$$u_R = R_{eq} i = R_{eq} i_C = R_{eq} C \frac{\mathrm{d}u_C}{\mathrm{d}t} \tag{11-4}$$

将式（11-4）代入式（11-1）得

$$R_{eq} C \frac{\mathrm{d}u_C}{\mathrm{d}t} + u_C = u_s \tag{11-5}$$

式（11-5）即以 u_C 为变量的输入-输出方程。

对于图11-8所示电路，若以电压 u 为输出变量，根据KCL可得

$$i_G + i_L = i_s \tag{11-6}$$

电导元件的VAR为

$$i_G = G_{eq} u \tag{11-7}$$

将式（11-7）代入式（11-6），可得

$$G_{eq} u + i_L = i_s \tag{11-8}$$

为消去式中的非输出量 i_L，将式（11-8）两边对 t 进行求导，可得

$$G_{eq} \frac{\mathrm{d}u}{\mathrm{d}t} + \frac{\mathrm{d}i_L}{\mathrm{d}t} = \frac{\mathrm{d}i_s}{\mathrm{d}t} \tag{11-9}$$

电感元件的VAR为

$$u_L = L \frac{\mathrm{d}i_L}{\mathrm{d}t} \tag{11-10}$$

将式（11-10）变形，又由于 $u = u_L$，可得

$$\frac{\mathrm{d}i_L}{\mathrm{d}t} = \frac{u_L}{L} = \frac{u}{L} \tag{11-11}$$

将式（11-11）代入式（11-9）并整理，得

$$G_{eq}L\frac{\mathrm{d}u}{\mathrm{d}t} + u = L\frac{\mathrm{d}i_s}{\mathrm{d}t} \tag{11-12}$$

式（11-12）即以 u 为变量的输入-输出方程。

由于图11-5、图11-7所示电路具有一般性，观察式（11-5）和式（11-12），可得一阶电路的输入-输出方程具有如下一般形式

$$\tau\frac{\mathrm{d}f(t)}{\mathrm{d}t} + f(t) = f_s(t) \tag{11-13}$$

其中，$f_s(t)$ 为已知项，与电路输入有关；$f(t)$ 为电路输出。τ 称为一阶电路的时间常数，单位为秒（s），仅与电路结构和元件参数有关。因此同一电路的不同响应具有相同的时间常数。对于一阶 RC 电路，$\tau = R_{eq}C$；对于一阶 GL（RL）电路，$\tau = G_{eq}L = \dfrac{L}{R_{eq}}$。其中，$R_{eq}$ 或 G_{eq} 为从除去动态元件后的端口看进去求得的戴维南等效电阻或诺顿等效电阻，注意端口内独立源需要置零，且对象是换路以后的电路。时间常数是一阶电路特有的概念。

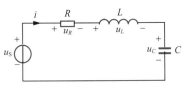

图 11-9　RLC 串联电路

3. 二阶电路的输入-输出方程

能用二阶微分方程描述的电路为二阶动态电路。含有一个电容和一个电感的电路、含有两个独立电容或两个独立电感的电路等都是二阶电路。图11-9所示的 RLC 串联电路就是一种典型的二阶电路。

若以电容电压 u_C 为输出变量，根据KVL可得

$$u_R + u_L + u_C = u_s \tag{11-14}$$

电阻元件、电感元件和电容元件的VAR分别为

$$u_R = Ri \tag{11-15}$$

$$u_L = L\frac{\mathrm{d}i}{\mathrm{d}t} \tag{11-16}$$

$$i = C\frac{\mathrm{d}u_C}{\mathrm{d}t} \tag{11-17}$$

所以电阻和电感电压分别为

$$u_R = Ri = RC\frac{\mathrm{d}u_C}{\mathrm{d}t} \tag{11-18}$$

$$u_L = LC\frac{\mathrm{d}^2 u_C}{\mathrm{d}t^2} \tag{11-19}$$

将式（11-18）和式（11-19）代入式（11-14），得

$$LC\frac{\mathrm{d}^2 u_C}{\mathrm{d}t^2} + RC\frac{\mathrm{d}u_C}{\mathrm{d}t} + u_C = u_s \tag{11-20}$$

式（11-20）即以 u_C 为变量的输入-输出方程，可进一步改写为

$$\frac{\mathrm{d}^2 u_C}{\mathrm{d}t^2} + \frac{R}{L}\frac{\mathrm{d}u_C}{\mathrm{d}t} + \frac{1}{LC}u_C = \frac{1}{LC}u_s \qquad (11\text{-}21)$$

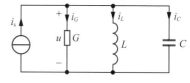

对于图11-10所示 GLC 并联电路，若以电压 u 为输出变量，最终可得二阶微分方程为

$$\frac{\mathrm{d}^2 u}{\mathrm{d}t^2} + \frac{1}{RC}\frac{\mathrm{d}u}{\mathrm{d}t} + \frac{1}{LC}u = \frac{1}{C}\frac{\mathrm{d}i_s}{\mathrm{d}t} \qquad (11\text{-}22)$$

图 11-10　GLC 并联电路

观察式（11-21）和式（11-22），可得二阶电路的输入-输出方程具有如下一般形式

$$\frac{\mathrm{d}^2 f(t)}{\mathrm{d}t^2} + 2\alpha\frac{\mathrm{d}f(t)}{\mathrm{d}t} + \omega_0^2 f(t) = f_s(t) \qquad (11\text{-}23)$$

其中，$f_s(t)$ 为已知项，与电路输入有关；$f(t)$ 为电路输出。α 称为阻尼系数，ω_0 称为振荡频率。由于 α 和 ω_0 仅与电路结构和元件参数有关，因此同一电路的不同响应具有相同的 α 和 ω_0。

11.1.2　初始值的确定

根据数学知识，微分方程建立以后，还需要知道边界条件，才能求解该微分方程。前面介绍了动态电路方程的建立方法，其边界条件应该如何确定呢？一般认为动态过程从 $t=0$ 时刻开始，因此换路也在该时刻发生，将换路前的瞬间时刻记为 $t=0_-$ 时刻，换路后的瞬间时刻记为 $t=0_+$ 时刻。响应在 0_+ 时刻的值即动态电路方程的边界条件，在电路中称为初始值。显然初始值为动态过程中某一瞬间时刻的值，不易直接求得。

第1章中提到电容元件和电感元件VAR的积分形式分别为

$$u_C(t) = u_C(t_0) + \frac{1}{C}\int_{t_0}^{t} i_C(\tau)\mathrm{d}\tau \qquad (11\text{-}24)$$

$$i_L(t) = i_L(t_0) + \frac{1}{L}\int_{t_0}^{t} u_L(\tau)\mathrm{d}\tau \qquad (11\text{-}25)$$

将 $t_0 = 0_-$、$t = 0_+$ 代入式（11-24）和式（11-25），得

$$u_C(0_+) = u_C(0_-) + \frac{1}{C}\int_{0_-}^{0_+} i_C(\tau)\mathrm{d}\tau \qquad (11\text{-}26)$$

$$i_L(0_+) = i_L(0_-) + \frac{1}{L}\int_{0_-}^{0_+} u_L(\tau)\mathrm{d}\tau \qquad (11\text{-}27)$$

注意到式（11-26）和式（11-27）等号右端的积分上下限为无穷小区间，当电容电流 $i_C(t)$ 和电感电压 $u_L(t)$ 在换路瞬间为有限值时，积分结果均为 0，于是得到

$$u_C(0_+) = u_C(0_-) \qquad (11\text{-}28)$$

$$i_L(0_+) = i_L(0_-) \qquad (11\text{-}29)$$

这说明电容电压 $u_C(t)$ 和电感电流 $i_L(t)$ 在换路前后瞬间均为时间的连续函数，不能突变，而换路前电路为稳态电路，其响应容易求得。因此可以通过求其换路前瞬间的值得到其换路后瞬间的值，即初始值。将式（11-28）和式（11-29）称为换路定则。

综上，对于换路前已处于稳态的直流电路，求解电容电压初始值 $u_C(0_+)$ 和电感电流初始值

$i_L(0_+)$ 的步骤如下：

（1）作出换路前瞬间即 $t=0_-$ 时的电路，此时为直流稳态电路，电容开路，电感短路，开关尚未动作；

（2）在该电路中求出 $u_C(0_-)$ 和 $i_L(0_-)$；

（3）运用换路定则，求出 $u_C(0_+)$ 和 $i_L(0_+)$。

例11-1 图11-11所示电路在开关S动作前处于稳态，$t=0$ 时开关S打开，求 $t=0_+$ 时电容两端的电压 $u_C(0_+)$。

解：$t=0_-$ 时，电容开路，开关S闭合相当于短路，电路如图11-12所示。

$$u_C(0_-) = 8 \times \frac{1}{1+1} = 4 \text{ V}$$

根据换路定则，可得

$$u_C(0_+) = u_C(0_-) = 4\text{V}$$

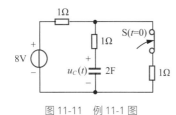

图 11-11　例 11-1 图

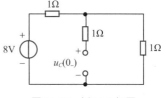

图 11-12　例 11-1 解图

例11-2 图11-13所示电路在开关S动作前处于稳态，$t=0_+$ 时开关S闭合，求 $t=0_+$ 时流过电感的电流 $i_L(0_+)$。

解：$t=0_-$ 时，电感短路，开关S打开相当于开路，电路如图11-14所示。

$$i_L(0_-) = \frac{6}{2+1} = 2 \text{ A}$$

根据换路定则，可得

$$i_L(0_+) = i_L(0_-) = 2\text{A}$$

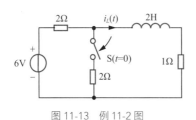

图 11-13　例 11-2 图

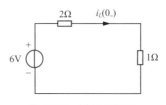

图 11-14　例 11-2 解图

根据换路定则，电容电压初始值 $u_C(0_+)$ 和电感电流初始值 $i_L(0_+)$ 分别是由 $u_C(t)$ 和 $i_L(t)$ 在 0_- 时刻的值决定的，与 0_+ 时刻电路的结构和参数无关，因此将 $u_C(0_+)$ 和 $i_L(0_+)$ 称为动态电路的独立初始条件。除此以外电路中其他变量的初始值不满足换路定则，而与 0_+ 时刻电路的结构和参数有关，需要在 0_+ 时刻电路中求解，这些变量的初始值称为动态电路的非独立初始条件。

非独立初始条件的求解步骤如下。

（1）根据独立初始条件求解方法求出 $u_C\left(0_+\right)$ 和 $i_L\left(0_+\right)$。

（2）作出换路后瞬间即 $t=0_+$ 时的电路。

注意这是一个处于动态过程中某一时刻的电路，由于已知此时刻的 $u_C\left(0_+\right)$ 和 $i_L\left(0_+\right)$，因此可将电容元件用值为 $u_C\left(0_+\right)$ 的电压源替代，将电感元件用值为 $i_L\left(0_+\right)$ 的电流源替代。特别地，当 $u_C\left(0_+\right)=0$ 时，电容相当于短路；当 $i_L\left(0_+\right)=0$ 时，电感相当于开路。

（3）求出感兴趣的非独立初始条件。

例11-3　图11-15所示电路在开关 S 动作前处于稳态，$t=0$ 时开关 S 打开，求 $t=0_+$ 时 $i_C\left(0_+\right)$、$u_R\left(0_+\right)$ 和 $i_R\left(0_+\right)$。

解：（1）计算独立初始条件 $u_C\left(0_+\right)$。

① 计算 $u_C\left(0_-\right)$。$t=0_-$ 时的电路如图11-16（a)所示。

$$u_C\left(0_-\right)=6\times\frac{1\times1}{1+1}=3\text{ V}$$

② 计算独立初始条件 $u_C\left(0_+\right)$。根据换路定则，可得

$$u_C\left(0_+\right)=u_C\left(0_-\right)=3\text{V}$$

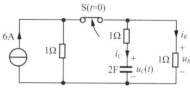

图 11-15　例 11-3 图

③ 计算非独立初始条件 $i_C\left(0_+\right)$、$u_R\left(0_+\right)$ 和 $i_R\left(0_+\right)$。$t=0_+$ 时的电路如图11-16（b）所示。

$$i_R\left(0_+\right)=\frac{3}{1+1}=1.5\text{ A}$$

$$u_R\left(0_+\right)=1.5\times1=1.5\text{ V}$$

$$i_C\left(0_+\right)=-i_R\left(0_+\right)=-1.5\text{A}$$

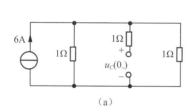
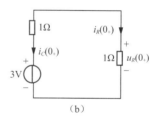

（a）　　　　　　　　　　（b）

图 11-16　例 11-3 解图

例11-4　图11-17所示电路在开关 S 动作前处于稳态，$t=0$ 时开关 S 由1打向2位置，求 $t=0_+$ 时 $u_L\left(0_+\right)$、$u_R\left(0_+\right)$ 和 $i_R\left(0_+\right)$。

解：（1）计算独立初始条件 $i_L\left(0_+\right)$。

① 计算 $i_L\left(0_-\right)$。$t=0_-$ 时的电路如图11-18（a）所示。

$$i_L\left(0_-\right)=\frac{6}{2}=3\text{ A}$$

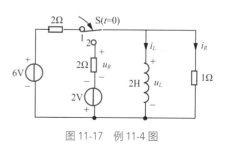

图 11-17　例 11-4 图

② 计算独立初始条件 $i_L\left(0_+\right)$。根据换路定则，可得

$$i_L\left(0_+\right)=i_L\left(0_-\right)=3\mathrm{A}$$

③ 计算非独立初始条件 $u_L\left(0_+\right)$、$u_R\left(0_+\right)$ 和 $i_R\left(0_+\right)$。$t=0_+$ 时的电路如图11-18（b）所示。

$$\left(\frac{1}{2}+\frac{1}{1}\right)u_L\left(0_+\right)=-\frac{2}{2}-3$$

$$u_L\left(0_+\right)=-\frac{8}{3}\mathrm{V}$$

$$i_R\left(0_+\right)=-\frac{8}{3}\mathrm{A}$$

$$u_R\left(0_+\right)=-\frac{8}{3}\times1+2=-\frac{2}{3}\mathrm{V}$$

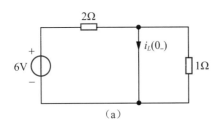 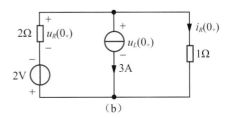

图 11-18　例 11-4 解图

例11-5　图11-19所示电路在开关S动作前处于稳态，$t=0$时开关S打开，求$t=0_+$时$u_L\left(0_+\right)$、$i_C\left(0_+\right)$和$\left.\dfrac{\mathrm{d}u_C}{\mathrm{d}t}\right|_{t=0_+}$、$\left.\dfrac{\mathrm{d}i_L}{\mathrm{d}t}\right|_{t=0_+}$。

解：（1）计算独立初始条件 $i_L\left(0_+\right)$ 和 $u_C\left(0_+\right)$。

① 计算 $i_L\left(0_-\right)$ 和 $u_C\left(0_-\right)$。$t=0_-$ 时的电路如图11-20（a）所示。

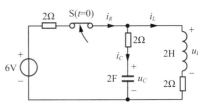

图 11-19　例 11-5 图

$$i_L\left(0_-\right)=\frac{6}{2+2}=1.5\ \mathrm{A}$$

$$u_C\left(0_-\right)=6\times\frac{2}{2+2}=3\ \mathrm{V}$$

② 计算独立初始条件 $i_L\left(0_+\right)$ 和 $u_C\left(0_+\right)$。根据换路定则，可得

$$i_L\left(0_+\right)=i_L\left(0_-\right)=1.5\mathrm{A}$$

$$u_C\left(0_+\right)=u_C\left(0_-\right)=3\mathrm{V}$$

③ 计算非独立初始条件 $u_L\left(0_+\right)$、$i_C\left(0_+\right)$ 和 $\left.\dfrac{\mathrm{d}u_C}{\mathrm{d}t}\right|_{t=0_+}$、$\left.\dfrac{\mathrm{d}i_L}{\mathrm{d}t}\right|_{t=0_+}$。

$t=0_+$ 时的电路如图11-20（b）所示。

$$i_C\left(0_+\right)=-1.5\mathrm{A}$$

$$u_L\left(0_+\right) = -2 \times 1.5 + 3 - 2 \times 1.5 = -3 \text{ V}$$

$$\left.\frac{\mathrm{d}u_C}{\mathrm{d}t}\right|_{t=0_+} = \frac{1}{C} i_C\left(0_+\right) = \frac{1}{2} \times \left(-1.5\right) = -0.75 \text{ V/s}$$

$$\left.\frac{\mathrm{d}i_L}{\mathrm{d}t}\right|_{t=0_+} = \frac{1}{L} u_L\left(0_+\right) = \frac{1}{2} \times \left(-3\right) = -1.5 \text{ A/s}$$

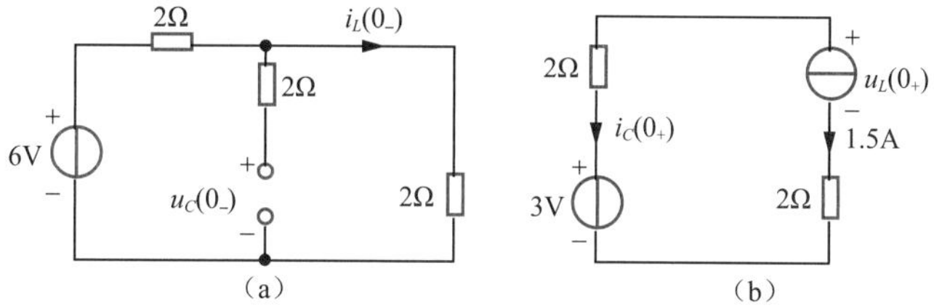

图 11-20　例 11-5 解图

11.1.3　一阶动态电路方程的解

线性一阶动态
电路的经典
解法

动态电路的方程和初始值都具备以后，就可以求解该微分方程了。由式（11-13）可知一阶线性电路方程具有如下一般形式

$$\tau \frac{\mathrm{d}f\left(t\right)}{\mathrm{d}t} + f\left(t\right) = f_s\left(t\right)$$

它的解由特解 $f_p\left(t\right)$ 及通解 $f_h\left(t\right)$ 组成，即

$$f\left(t\right) = f_p\left(t\right) + f_h\left(t\right) \tag{11-30}$$

微分方程的特解通常具有和外加激励相同的函数形式，因此称为强迫响应，当激励表现为直流或周期性变化的交流量时，也称为稳态响应。如对于直流一阶线性电路，$f_s\left(t\right)$ 为一常量 C，因此特解 $f_p\left(t\right)$ 也为一个常量，将特解代入式（11-13），得

$$f_p\left(t\right) = f_s\left(t\right) = C \tag{11-31}$$

微分方程的通解由以下齐次微分方程得到。

$$\tau \frac{\mathrm{d}f\left(t\right)}{\mathrm{d}t} + f\left(t\right) = 0 \tag{11-32}$$

令 $f_h\left(t\right) = K\mathrm{e}^{pt}$，代入式（11-32）有

$$\left(\tau p + 1\right) K\mathrm{e}^{pt} = 0$$

特征方程为

$$\tau p + 1 = 0$$

特征根为

$$p = -\frac{1}{\tau}$$

所以

$$f_h\left(t\right)=Ke^{-\frac{t}{\tau}}$$

可见通解是一个按指数规律衰减的函数，称为暂态响应（针对有损电路）。由于与外加激励无关，也称为自由响应。

由此可得方程的全解

$$f\left(t\right)=f_p\left(t\right)+Ke^{-\frac{t}{\tau}} \tag{11-33}$$

下面根据初始值确定常数 K。若电路在 t_0 时刻换路，则其初始值为 $f\left(t_{0+}\right)$，将 $t=t_{0+}$ 代入式（11-33），得

$$f\left(t_{0+}\right)=f_p\left(t_{0+}\right)+Ke^{-\frac{t_{0+}}{\tau}} \tag{11-34}$$

则可以获得常数 K 的值为

$$K=\left[f\left(t_{0+}\right)-f_p\left(t_{0+}\right)\right]e^{\frac{t_{0+}}{\tau}} \tag{11-35}$$

将式（11-35）代入式（11-33），得

$$f\left(t\right)=f_p\left(t\right)+\left[f\left(t_{0+}\right)-f_p\left(t_{0+}\right)\right]e^{-\frac{t-t_{0+}}{\tau}}\quad\left(t>t_0\right) \tag{11-36}$$

特别地，当电路在0时刻换路，即 $t_0=0$，可得

$$f\left(t\right)=f_p\left(t\right)+\left[f\left(0_+\right)-f_p\left(0_+\right)\right]e^{-\frac{t}{\tau}}\quad\left(t>0\right) \tag{11-37}$$

式（11-37）即一阶微分方程解的一般形式，也就是一阶动态电路的响应在过渡过程中随时间变化的函数表达式。

11.2 直流一阶线性动态电路的三要素法

观察式（11-37）可知，只要确定稳态响应 $f_p\left(t\right)$、初始值 $f\left(0_+\right)$、时间常数 τ，将其代入式（11-37），即可得到响应 $f\left(t\right)$ 的表达式，不再需要求解微分方程，将这种方法称为"三要素法"。

直流激励下，将式（11-31）代入式（11-37），得

三要素法

$$f\left(t\right)=C+\left[f\left(0_+\right)-C\right]e^{-\frac{t}{\tau}}\quad\left(t>0\right) \tag{11-38}$$

将 $t=\infty$ 代入式（11-38），得

$$f\left(\infty\right)=C$$

于是有

$$f\left(t\right)=f\left(\infty\right)+\left[f\left(0_+\right)-f\left(\infty\right)\right]e^{-\frac{t}{\tau}}\quad\left(t>0\right) \tag{11-39}$$

式（11-39）即直流一阶线性动态电路的三要素公式。其中，$f\left(0_+\right)$ 为待求量的初始值，$f\left(\infty\right)$ 为待求量的稳态值，τ 为时间常数。其中，初始值和时间常数的求法前面已经介绍，稳态值需要在 ∞ 时刻电路中求出。∞ 时刻电路为直流稳态电路，电容开路，电感短路，开关已经动作。

例11-6 图11-21所示电路在开关 S 动作前处于稳态，$t = 0$ 时开关 S 闭合，求 $t > 0$ 时电容电压 $u_C(t)$、电容电流 $i_C(t)$ 和电阻电流 $i_R(t)$。

解：（1）求初始值 $u_C(0_+)$、$i_C(0_+)$ 和 $i_R(0_+)$。

① 计算 $u_C(0_-)$。$t = 0_-$ 时的电路如图11-22（a）所示。

$$u_C(0_-) = 6 \times \frac{4}{4+2} = 4 \text{ V}$$

② 计算独立初始条件 $u_C(0_+)$。根据换路定则，可得

$$u_C(0_+) = u_C(0_-) = 4\text{V}$$

③ 计算非独立初始条件 $i_C(0_+)$ 和 $i_R(0_+)$。$t = 0_+$ 时的电路如图11-22（b）所示。

$$i_R(0_+) = \frac{6-4}{2} = 1 \text{ A}$$

$$i_C(0_+) = i_R(0_+) - \frac{4}{4} - \frac{4-2}{4} = -0.5\text{A}$$

（2）计算稳态值 $u_C(\infty)$ 和 $i_C(\infty)$。$t = \infty$ 时的电路如图11-22（c）所示。

$$\left(\frac{1}{2} + \frac{1}{4} + \frac{1}{4}\right)u_C(\infty) = \frac{6}{2} + \frac{2}{4}$$

$$u_C(\infty) = 3.5\text{V}$$

$$i_C(\infty) = 0\text{V}$$

$$i_R(\infty) = \frac{6-3.5}{2} = 1.25 \text{ A}$$

（3）计算时间常数 τ。求 R_{eq} 的电路如图11-22（d）所示。

图 11-21　例 11-6 图

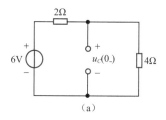
（a）

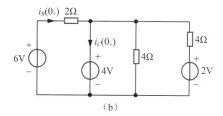
（b）

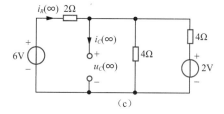
（c）

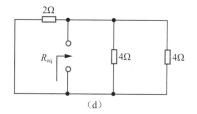
（d）

图 11-22　例 11-6 解图

$$R_{eq} = 4 // 4 // 2 = \frac{\frac{4 \times 4}{4+4} \times 2}{\frac{4 \times 4}{4+4} + 2} = 1\,\Omega$$

$$\tau = R_{eq}C = 1 \times 0.1 = 0.1\,\text{s}$$

（4）代入三要素公式。

$$u_C(t) = u_C(\infty) + \left[u_C(0_+) - u_C(\infty)\right]e^{-\frac{t}{\tau}} = 3.5 + (4 - 3.5)e^{-\frac{t}{0.1}} = (3.5 + 0.5e^{-10t})\,\text{V} \qquad (t>0)$$

$$i_C(t) = i_C(\infty) + \left[i_C(0_+) - i_C(\infty)\right]e^{-\frac{t}{\tau}} = 0 + (-0.5 - 0)e^{-\frac{t}{0.1}} = -0.5e^{-10t}\,\text{A} \qquad (t>0)$$

$$i_R(t) = i_R(\infty) + \left[i_R(0_+) - i_R(\infty)\right]e^{-\frac{t}{\tau}} = 1.25 + (1 - 1.25)e^{-\frac{t}{0.1}} = (1.25 - 0.25e^{-10t})\,\text{A} \qquad (t>0)$$

在例11-6中，解出 $u_C(t)$ 以后，$i_C(t)$ 和 $i_R(t)$ 也可以通过两类约束方程得出。

$$i_C(t) = C\frac{\mathrm{d}u_C(t)}{\mathrm{d}t} = 0.1 \times \left[0.5 \times (-10)e^{-10t}\right] = -0.5e^{-10t}\,\text{A} \qquad (t>0)$$

$$i_R(t) = \frac{6 - u_C(t)}{2} = \frac{2.5 - 0.5e^{-10t}}{2} = (1.25 - 0.25e^{-10t})\,\text{A} \qquad (t>0)$$

例11-7 图11-23所示电路在开关S动作前处于稳态，$t=0$ 时开关S由位置1合到位置2，求 $t>0$ 时电感电流 $i_L(t)$ 和电感电压 $u_L(t)$。

解：（1）求初始值 $i_L(0_+)$ 和 $u_L(0_+)$。

① 计算 $i_L(0_-)$。$t=0_-$ 时的电路如图11-24（a）所示。

$$i_L(0_-) = \frac{120}{60+60} = 1\,\text{A}$$

② 计算独立初始条件 $i_L(0_+)$。根据换路定则，可得

$$i_L(0_+) = i_L(0_-) = 1\text{A}$$

③ 计算非独立初始条件 $u_L(0_+)$。$t=0_+$ 时的电路如图11-24（b）所示。

$$u_L(0_+) = 120 - 60 \times 1 - 60 \times (1+1) = -60\,\text{V}$$

（2）计算稳态值 $i_L(\infty)$ 和 $u_L(\infty)$。$t=\infty$ 时的电路如图11-24（c）所示。

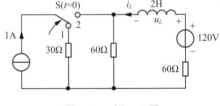

图 11-23　例 11-7 图

$$i_L(\infty) = \frac{120 - 60}{60 + 60} = 0.5\,\text{A}$$

$$u_L(\infty) = 0\text{V}$$

（3）计算时间常数 τ。求 R_{eq} 的电路如图11-24（d）所示。

$$R_{eq} = 60 + 60 = 120\,\Omega$$

$$\tau = \frac{L}{R_{eq}} = \frac{2}{120} = \frac{1}{60}\,\text{s}$$

（4）代入三要素公式。

$$i_L(t) = i_L(\infty) + \left[i_L(0_+) - i_L(\infty)\right]\mathrm{e}^{-\frac{t}{\tau}} = 0.5 + (1 - 0.5)\mathrm{e}^{-60t} = (0.5 + 0.5\mathrm{e}^{-60t})\ \mathrm{A} \qquad (t > 0)$$

$$u_L(t) = u_L(\infty) + \left[u_L(0_+) - u_L(\infty)\right]\mathrm{e}^{-\frac{t}{\tau}} = 0 + (-60 - 0)\mathrm{e}^{-60t} = -60\mathrm{e}^{-60t}\ \mathrm{V} \qquad (t > 0)$$

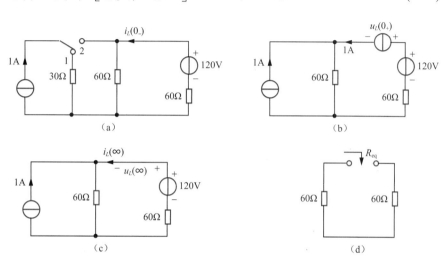

图 11-24 例 11-7 解图

同样，例11-7中的 $u_L(t)$ 也可以在 $i_L(t)$ 的基础上利用电感元件的VAR求出，请读者自行写出。

例11-8 如图11-25所示为换路后一阶动态电路，已知 $u_C(0_-) = 4\mathrm{V}$，试求：$t > 0$ 时的 $u_C(t)$。

解：（1）计算初始值 $u_C(0_+)$。

根据换路定则，得

$$u_C(0_+) = u_C(0_-) = 4\mathrm{V}$$

（2）计算稳态值 $u_C(\infty)$。$t = \infty$ 时的电路如图11-26（a）所示。

$$u_C(\infty) = \frac{4}{4 \times 4} \times 4 = 1\ \mathrm{V}$$

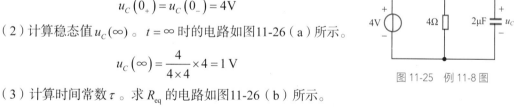

图 11-25 例 11-8 图

（3）计算时间常数 τ。求 R_{eq} 的电路如图11-26（b）所示。

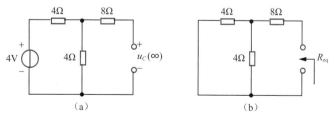

图 11-26 例 11-8 解图

$$R_{\mathrm{eq}} = (4 // 4) + 8 = \frac{4 \times 4}{4 + 4} + 8 = 10\ \Omega$$

$$\tau = R_{\text{eq}}C = 10 \times 2 \times 10^{-6} = 0.02 \text{ ms}$$

（4）代入三要素公式，得

$$u_C(t) = u_C(\infty) + \left[u_C(0_+) - u_C(\infty)\right]\mathrm{e}^{-\frac{t}{\tau}} = 2 + (4-2)\mathrm{e}^{-\frac{t}{0.02 \times 10^{-3}}} = (2 + 2\mathrm{e}^{-5 \times 10^4 t})\text{ V} \qquad (t > 0)$$

例11-9 电路如图11-27所示，开关动作前电路处于稳态，$t=0$时开关S闭合。求$t>0$时的$i_L(t)$。

解：（1）求初始值$i_L(0_+)$。

根据换路定则，有

$$i_L(0_+) = i_L(0_-) = 0\text{A}$$

（2）求稳态值$i_L(\infty)$。$t=\infty$时的电路如图11-28（a）所示。

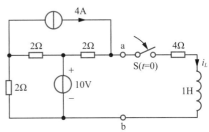

图 11-27　例 11-9 图

① 首先对ab端口左侧电路进行戴维南等效。

a. 求u_{oc}。电路如图11-28（b）所示。

$$u_{\text{oc}} = 4 \times 2 + 10 = 18\text{ V}$$

b. 求R_{eq}。电路如图11-28（c）所示。

$$R_{\text{eq}} = 2\Omega$$

c. 戴维南等效电路如图11-28（d）所示。

② 由$t=\infty$的简化电路即图11-28（d）所示电路可得电感电流

$$i_L(\infty) = \frac{18}{2+4} = 3\text{ A}$$

（3）求时间常数τ。求R_{eq}'的电路如图11-28（e）所示。

$$R_{\text{eq}}' = 2 + 4 = 6\ \Omega$$

$$\tau = \frac{L}{R_{\text{eq}}'} = \frac{1}{6}\text{s}$$

（4）由三要素法计算$i_L(t)$。

$$i_L(t) = i_L(\infty) + \left[i_L(0_+) - i_L(\infty)\right]\mathrm{e}^{-\frac{t}{\tau}} = 3 + (0-3)\mathrm{e}^{-6t} = (3 - 3\mathrm{e}^{-6t})\text{ A} \qquad (t > 0)$$

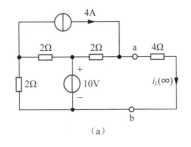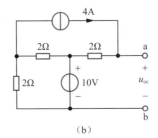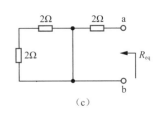

　　　　（a）　　　　　　　　　　　　　（b）　　　　　　　　　　　　　（c）

图 11-28　例 11-9 解图之一

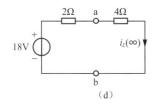
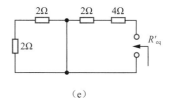

图 11-28 例 11-9 解图之二

11.3 线性动态电路的零输入响应和零状态响应

1. 线性动态电路的零输入响应

在暂态过程中，动态电路的响应由两类"电源"激发。一是真正的外加电源；二是因 L、C 等储能元件的初始储能等效而来的"电源"。把不考虑外加电源输入、仅在储能元件的初始储能作用下产生的响应称为零输入响应。以下以一阶电路为例分析动态电路的零输入响应。

（1）RC 电路的零输入响应。

电路如图11-29所示，假定电路换路前（$t<0$ 时）电容已充电，具有初始储能，$u_C(0_-)=U_0\neq 0$，当 $t=0$ 时，开关 S 闭合，换路后电路中的响应就是此电路的零输入响应。

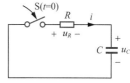

图 11-29　RC 电路的零输入响应

根据换路定则，电容电压初始值为

$$u_C(0_+)=u_C(0_-)=U_0$$

电容电压稳态值为

$$u_C(\infty)=0$$

时间常数为

$$\tau=RC$$

由三要素公式，可得 $u_C(t)$ 的零输入响应为

$$u_C(t)=0+(U_0-0)\mathrm{e}^{-t/RC}=U_0\mathrm{e}^{-t/RC} \qquad (t>0) \qquad （11-40）$$

由此可见，电容电压的零输入响应是一个从电压初始值开始衰减的指数函数。

由式（11-40）可以推出图11-29中的 i 和 u_R 的零输入响应为

$$i(t)=C\frac{\mathrm{d}u_C}{\mathrm{d}t}=-\frac{U_0}{R}\mathrm{e}^{-t/RC} \qquad (t>0) \qquad （11-41）$$

$$u_R(t)=Ri=-U_0\mathrm{e}^{-t/RC} \qquad (t>0) \qquad （11-42）$$

若电容初始电压 U_0 增大 N 倍或者减小为原来的$1/N$，则零输入响应也增大 N 倍或者减小为原来的$1/N$，这一结论可推广至二阶及以上的线性动态电路，它表明零输入响应与储能元件初始状态满足线性关系，这反映了零输入响应的线性特性。

观察式（11-40）、式（11-41）和式（11-42）可知，当一阶电路为零输入响应时，只需要计算响应的初始值和时间常数，然后代入如下零输入响应公式即可。

$$f(t) = f(0_+) e^{-t/\tau} \qquad (t > 0) \tag{11-43}$$

u_C、u_R 和 i 的暂态过程曲线如图11-30所示。

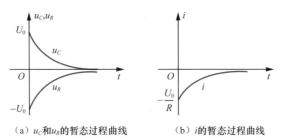

（a）u_C 和 u_R 的暂态过程曲线　　　（b）i 的暂态过程曲线

图 11-30　u_C、u_R 和 i 的暂态过程曲线

由表11-1可知，当 $t = 5\tau$ 时，$u_C(t)$ 已经不足初始值（U_0）的1%，工程上一般认为经过 $3\tau \sim 5\tau$ 时长以后，动态过程结束，电路进入新的稳态。

表 11-1　不同时刻的 $u_C(t)$ 值

t	0	τ	2τ	3τ	4τ	5τ	$\cdots$	∞
$u_C(t)$	U_0	$0.368U_0$	$0.135U_0$	$0.05U_0$	$0.018U_0$	$0.007U_0$	$\cdots$	0

在暂态过程曲线上 $t = 0$ 的点处作曲线的切线，切线与时间轴的交点到原点的距离即 τ，如图11-31所示。

图11-32所示为不同时间常数下电容电压 $u_C(t)$ 的曲线图，由图可以看出，动态过程持续时间的长短取决于 τ，τ 越大，动态过程持续时间越长。这反映了时间常数的物理意义。

（2）RL 电路的零输入响应。

如图11-33所示，换路前开关 S 合在位置1，并且电路已达到稳态，电感元件充电完成，具有初始储能，$i_L(0_-) = \dfrac{U}{R} = I_0 \neq 0$。$t = 0$ 时开关从位置1合到位置2，外加激励从电路中断开，电路中的响应就是 RL 电路的零输入响应。

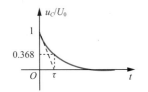

图 11-31　时间常数的几何意义

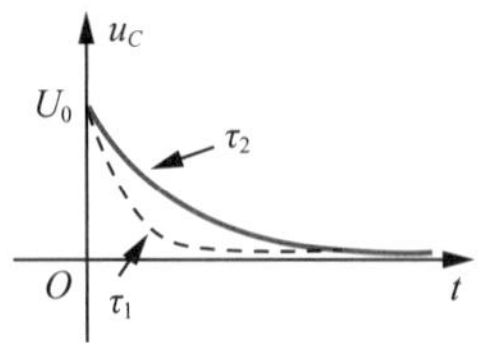

图 11-32　时间常数的物理意义

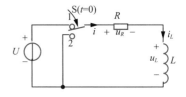

图 11-33　RL 电路的零输入响应

根据换路定则，电感电流初始值

$$i_L(0_+) = i_L(0_-) = I_0$$

电感电流稳态值

$$i_L(\infty) = 0$$

时间常数

$$\tau = \frac{L}{R}$$

由三要素公式，可得 $i_L(t)$ 的零输入响应

$$i_L(t) = 0 + (I_0 - 0)\mathrm{e}^{-\frac{R}{L}t} = I_0 \mathrm{e}^{-\frac{R}{L}t} \qquad (t > 0) \qquad (11\text{-}44)$$

由式（11-44）可以推出图11-33中的 u_L 和 u_R 的零输入响应为

$$u_L(t) = L\frac{\mathrm{d}i_L(t)}{\mathrm{d}t} = -RI_0 \mathrm{e}^{-\frac{R}{L}t} \qquad (t > 0)$$

$$u_R(t) = Ri = RI_0 \mathrm{e}^{-\frac{R}{L}t} \qquad (t > 0)$$

综上可知，RL 电路的零输入响应也满足式（11-43）给出的零输入响应公式，且电感初始电流 I_0 增大N倍或者减小为原来的$1/N$时，零输入响应也增大N倍或者减小为原来的$1/N$。

u_L、u_R 和 i 的暂态过程曲线如图11-34所示。

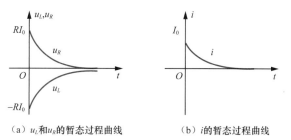

（a）u_L 和u_R的暂态过程曲线　　　（b）i的暂态过程曲线

图 11-34　u_L、u_R 和 i 的暂态过程曲线

例11-10　图11-35所示零输入响应电路中，已知 $u_C(0_-) = 6\mathrm{V}$，试求：$t > 0$ 时电容两端的电压 $u_C(t)$ 和流过电容的电流 $i_C(t)$。

解：由于是零输入响应电路，只需要计算初始值和时间常数即可。

（1）计算初始值 $u_C(0_+)$。

因为 $u_C(0_-) = 6\mathrm{V}$，根据换路定则，有

$$u_C(0_+) = u_C(0_-) = 6\mathrm{V}$$

$t = 0_+$ 时刻电路如图11-36（a）所示，有

$$i_C(0_+) = -\frac{6}{3} - \frac{6}{3+3} = -3\,\mathrm{A}$$

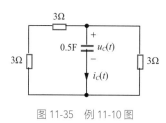

图 11-35　例 11-10 图

（2）计算时间常数 τ。求 R_{eq} 的电路如图11-36（b）所示，有

$$R_{\mathrm{eq}} = \big[(3+3)//3\big] = \frac{3 \times (3+3)}{3+3+3} = 2\,\Omega$$

$$\tau = R_{\mathrm{eq}}C = 2 \times 0.5 = 1\,\mathrm{s}$$

（3）代入零输入响应公式，得

$$u_C(t) = u_C(0_+)\mathrm{e}^{-\frac{t}{\tau}} = 6\mathrm{e}^{-t}\,\mathrm{V} \qquad (t > 0)$$

$$i_C(t) = i_C(0_+)e^{-\frac{t}{\tau}} = -3e^{-t} \text{ A} \qquad (t > 0)$$

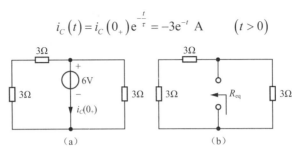

图 11-36 例 11-10 解图

例11-11 电路如图11-37所示，在换路前电路已处于稳态。在 $t=0$ 时，将开关S由位置1打向位置2，试求 $t>0$ 时电感电流 $i_L(t)$ 和电感电压 $u_L(t)$。

解：换路后电路无外加激励，响应为零输入响应，只需要计算初始值和时间常数即可。

（1）求初始值 $i_L(0_+)$ 和 $u_L(0_+)$。

① 计算 $i_L(0_-)$。 $t=0_-$ 时的电路如图11-38（a）所示。

$$i_L(0_-) = \frac{2}{1} = 2 \text{ A}$$

② 计算独立初始条件 $i_L(0_+)$。根据换路定则，可得

$$i_L(0_+) = i_L(0_-) = 2\text{A}$$

③ 计算非独立初始条件 $u_L(0_+)$。 $t=0_+$ 时的电路如图11-38（b）所示。

$$u_L(0_+) = -2 \times \left(\frac{2 \times 2}{2+2} + 1\right) = -4 \text{ V}$$

（2）计算时间常数 τ。求 R_{eq} 的电路如图11-38（c）所示，有

$$R_{eq} = (2//2) + 1 = \frac{2 \times 2}{2+2} + 1 = 2 \text{ } \Omega$$

$$\tau = \frac{L}{R_{eq}} = \frac{2}{2} = 1 \text{ s}$$

（3）代入零输入响应公式，得

$$i_L(t) = i_L(0_+)e^{-\frac{t}{\tau}} = 2e^{-t} = 2e^{-t} \text{ A} \qquad (t > 0)$$

$$u_L(t) = u_L(0_+)e^{-\frac{t}{\tau}} = -4e^{-t} \text{ V} \qquad (t > 0)$$

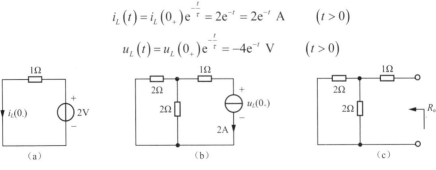

图 11-38 例 11-11 解图

2. 线性动态电路的零状态响应

储能元件的初始储能为零，仅在外加电源作用下产生的响应称为零状态响应。以下以一阶电路为例分析动态电路的零状态响应。

（1）RC 电路的零状态响应。

电路如图11-39所示，假定电路换路前（$t<0$ 时）电容已放电完毕，没有初始储能，$u_C(0_-)=0$，当 $t=0$ 时，开关 S 闭合，换路后电路中的响应就是此电路的零状态响应。

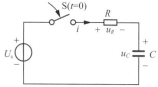

图 11-39　RC 电路的零状态响应

根据换路定则，电容电压初始值

$$u_C(0_+)=u_C(0_-)=0$$

电容电压稳态值

$$u_C(\infty)=U_s$$

时间常数

$$\tau=RC$$

由三要素公式，可得

$$u_C(t)=U_s+(0-U_s)e^{-t/RC}=U_s-U_se^{-t/RC}=U_s\left(1-e^{-t/RC}\right) \qquad (t>0) \qquad （11\text{-}45）$$

由此可见，电容电压的零状态响应是一个从零值开始逐渐增长的指数函数，最终达到稳态值。

由式（11-45）可以推出图11-39中的 u_R 和 i 分别为

$$u_R(t)=U_s-u_C(t)=U_se^{-t/RC} \qquad (t>0)$$

$$i(t)=\frac{u_R(t)}{R}=\frac{U_s}{R}e^{-t/RC} \qquad (t>0)$$

若外加激励 U_s 增大 N 倍或者减小为原来的1/N，则零状态响应也增大 N 倍或者减小为原来的 1/N，这一结论可推广至二阶及以上的线性动态电路，它表明零状态响应与外加激励满足线性关系，这反映了零状态响应的线性特性。

$u_C(t)$、$u_R(t)$ 和 $i(t)$ 的暂态过程曲线如图11-40所示。

（2）RL 电路的零状态响应。

电路如图11-41所示，假定电路换路前（$t<0$ 时）电感已放电完毕，没有初始储能，$i_L(0_-)=0$，当 $t=0$ 时，开关 S 闭合，换路后电路中的响应就是此电路的零状态响应。

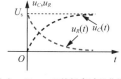

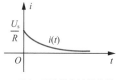

（a）$u_C(t)$、$u_R(t)$的暂态过程曲线　　（b）$i(t)$的暂态过程曲线

图 11-40　$u_C(t)$、$u_R(t)$ 和 $i(t)$ 的暂态过程曲线

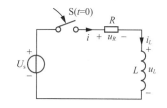

图 11-41　RL 电路的零状态响应

根据换路定则，电感电流初始值

$$i_L(0_+)=i_L(0_-)=0$$

电感电流稳态值

$$i_L(\infty) = \frac{U_s}{R}$$

时间常数

$$\tau = \frac{L}{R}$$

由三要素公式，可得

$$i_L(t) = \frac{U_s}{R} + \left(0 - \frac{U_s}{R}\right)e^{-\frac{R}{L}t} = \frac{U_s}{R} - \frac{U_s}{R}e^{-\frac{R}{L}t} = \frac{U_s}{R}\left(1 - e^{-\frac{R}{L}t}\right) \qquad (t > 0)$$

$$i(t) = i_L(t) = \frac{U_s}{R}\left(1 - e^{-\frac{R}{L}t}\right) \qquad (t > 0) \qquad (11\text{-}46)$$

由此可见，电感电流的零状态响应是一个从零值开始逐渐增长的指数函数，最终达到稳态值。

由式（11-46）可以推出图11-41中的 u_R 和 u_L 分别为

$$u_R(t) = Ri = U_s\left(1 - e^{-\frac{R}{L}t}\right) \qquad (t > 0)$$

$$u_L(t) = L\frac{\mathrm{d}i_L(t)}{\mathrm{d}t} = U_s\left(1 - e^{-\frac{R}{L}t}\right) \qquad (t > 0)$$

$u_L(t)$、$u_R(t)$ 和 $i(t)$ 的暂态过程曲线如图11-42所示。

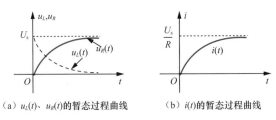

（a）$u_L(t)$、$u_R(t)$的暂态过程曲线　　　（b）$i(t)$的暂态过程曲线

图 11-42　$u_L(t)$、$u_R(t)$ 和 $i(t)$ 的暂态过程曲线

例11-12　换路后电路如图11-43所示，试求：电路的零状态响应 $u_C(t)$ 和 $i_C(t)$。

解：（1）计算初始值 $u_C(0_+)$ 和 $i_C(0_+)$。

因为电路为零状态响应，所以 $u_C(0_-) = 0\text{V}$，根据换路定则得

$$u_C(0_+) = u_C(0_-) = 0\text{V}$$

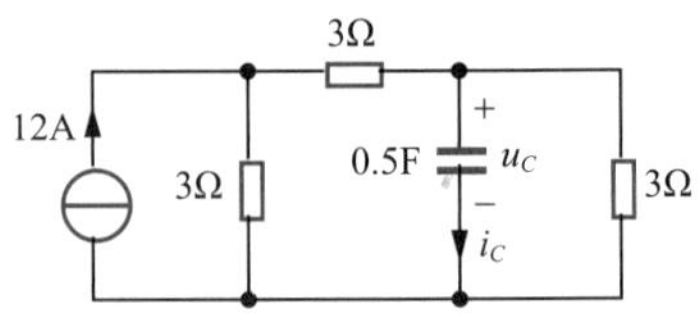

$t = 0_+$ 时刻电路如图11-44（a）所示。

$$i_C(0_+) = 12 \times \frac{3}{3+3} = 6\text{ A}$$

图 11-43　例 11-12 图

（2）计算稳态值 $u_C(\infty)$ 和 $i_C(\infty)$。$t = \infty$ 时的电路如图11-44（b）所示，则有

$$u_C(\infty) = 12 \times \frac{3}{3+3+3} \times 3 = 12\text{ V}$$

$$i_C(\infty) = 0\text{A}$$

（3）计算时间常数 τ。求 R_{eq} 的电路如图11-44（c）所示，则有

$$R_{eq} = \left[3 / / (3+3) \right] = \frac{3 \times (3+3)}{3+3+3} = 2\,\Omega$$

$$\tau = R_{eq}C = 2 \times 0.5 = 1\,\text{s}$$

（4）代入三要素公式，得

$$u_C(t) = u_C(\infty) + \left[u_C(0_+) - u_C(\infty) \right] e^{-\frac{t}{\tau}} = 12 + (0-12)e^{-\frac{t}{1}} = (12 - 12e^{-t})\,\text{V} \qquad (t > 0)$$

$$i_C(t) = i_C(\infty) + \left[i_C(0_+) - i_C(\infty) \right] e^{-\frac{t}{\tau}} = 0 + (6-0)e^{-\frac{t}{1}} = 6e^{-t}\,\text{A} \qquad (t > 0)$$

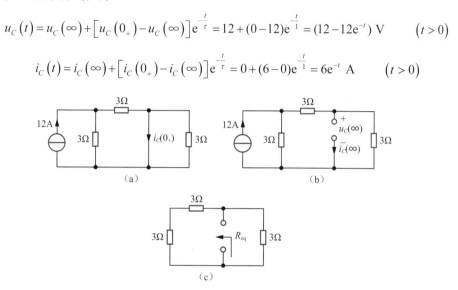

图 11-44 例 11-12 解图

例11-13 电路如图11-45所示，在换路前电路已处于稳态。在 $t=0$ 时，将开关S由位置1打向位置2，试求：$t>0$ 时电感电流 $i_L(t)$ 和电感电压 $u_L(t)$。

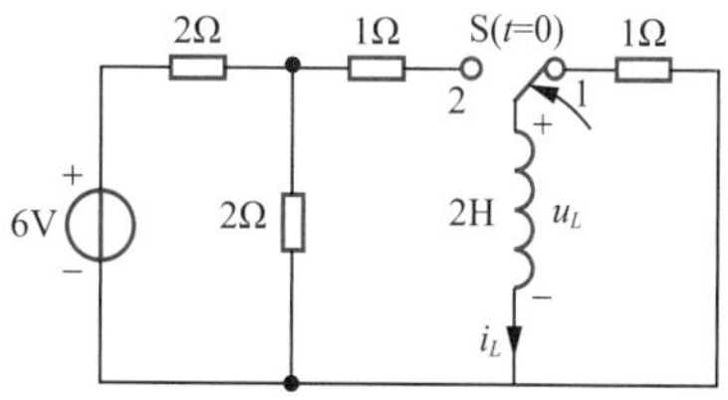

解：（1）求初始值 $i_L(0_+)$ 和 $u_L(0_+)$。

① 计算 $i_L(0_-)$。$t=0_-$ 时的电路如图11-46（a）所示。

$$i_L(0_-) = 0\text{A}$$

② 计算独立初始条件 $i_L(0_+)$。根据换路定则，可得

$$i_L(0_+) = i_L(0_-) = 0\text{A}$$

③ 计算非独立初始条件 $u_L(0_+)$。$t=0_+$ 时的电路如图11-46（b）所示，则有

$$u_L(0_+) = 6 \times \frac{2}{2+2} = 3\,\text{V}$$

图 11-45 例 11-13 图

（2）计算稳态值 $i_L(\infty)$ 和 $u_L(\infty)$。$t=\infty$ 时的电路如图11-46（c）所示，则有

$$i_L(\infty) = \frac{6}{2 + \dfrac{1 \times 2}{1+2}} \times \frac{2}{2+1} = 1.5\,\text{A}$$

$$u_L(\infty) = 0\text{V}$$

（3）计算时间常数 τ 。求 R_{eq} 的电路如图11-46（d）所示，则有

$$R_{eq} = (2 // 2) + 1 = \frac{2 \times 2}{2 + 2} + 1 = 2\ \Omega$$

$$\tau = \frac{L}{R_{eq}} = \frac{2}{2} = 1\ \text{s}$$

（4）代入三要素公式，得

$$i_L(t) = i_L(\infty) + \left[i_L(0_+) - i_L(\infty)\right]e^{-\frac{t}{\tau}} = 1.5 + (0 - 1.5)e^{-t} = (1.5 - 1.5e^{-t})\ \text{A} \qquad (t > 0)$$

$$u_L(t) = u_L(\infty) + \left[u_L(0_+) - u_L(\infty)\right]e^{-\frac{t}{\tau}} = 0 + (3 - 0)e^{-t} = 3e^{-t}\ \text{V} \qquad (t > 0)$$

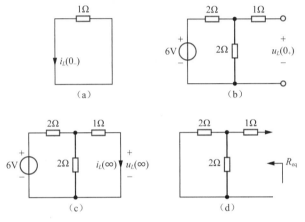

图 11-46　例 11-13 解图

3. 线性动态电路的全响应

线性动态电路微分方程的解即电路的全响应，它表现为"特解+通解"的形式，特解对应电路的稳态响应，通解对应电路的暂态响应，从这个角度看，全响应=稳态响应+暂态响应。

当把线性动态电路的"电源"来源分为外加激励和储能元件自身初始储能两类时，就可以按照叠加定理的思想将响应分为零输入响应和零状态响应，从这个角度看，全响应=零输入响应+零状态响应。在一阶电路中，全响应、零输入响应和零状态响应都可以按照三要素法求解。

例11-14　如图11-47所示电路中，N_0 为不含独立源的电阻性网络，开关在 $t = 0$ 时刻闭合。

（1）电感初始储能不变，当 $U_s = 8\text{V}$ 时，$u(t) = 8 + 5e^{-t}\text{V}(t > 0)$；当 $U_s = 2\text{V}$ 时，$u(t) = 2 + 2e^{-t}\text{V}(t > 0)$。求 $u(t)$ 的零输入响应。

（2）$U_s = 8\text{V}$ 不变，当 $i_L(0_-) = 10\text{A}$ 时，$u(t) = 6 + 3e^{-t}\text{V}$ $(t > 0)$；当 $i_L(0_-) = 20\text{A}$ 时，$u(t) = 6 + 5e^{-t}\text{V}(t > 0)$。求 $u(t)$ 的零状态响应。

解：利用"全响应=零输入响应+零状态响应"列方程求解。

（1）电感初始储能不变，意味着零输入响应不变，

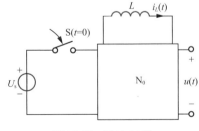

图 11-47　例 11-14 图

当外加激励成比例变化时，零状态响应也随之成相同比例变化。设全响应 $u(t)$ 的零输入响应为 $u_{zi}(t)$，当 $U_s = 2\text{V}$ 时的零状态响应为 $u_{zs}(t)$。列方程得

$$\begin{cases} \dfrac{8}{2}u_{zs}(t)+u_{zi}(t)=8+5\mathrm{e}^{-t} \\ u_{zs}(t)+u_{zi}(t)=2+2\mathrm{e}^{-t} \end{cases}$$

解得零输入响应

$$u_{zi}(t)=\mathrm{e}^{-t}\text{V}\,(t>0)$$

（2）外加激励不变，意味着零状态响应不变，当电感初始电流成比例变化时，零输入响应也随之成相同比例变化。设全响应 $u(t)$ 的零状态响应为 $u_{zs}(t)$，当 $i_L(0_-)=10\text{A}$ 时的零输入响应为 $u_{zi}(t)$。列方程得

$$\begin{cases} u_{zs}(t)+u_{zi}(t)=6+3\mathrm{e}^{-t} \\ u_{zs}(t)+\dfrac{20}{10}u_{zi}(t)=6+5\mathrm{e}^{-t} \end{cases}$$

解得零状态响应

$$u_{zs}(t)=6+\mathrm{e}^{-t}\text{V}\,(t>0)$$

11.4 阶跃响应和冲激响应

动态电路的输入除直流和正弦信号外，阶跃函数和冲激函数也是常见的输入函数形式，如借助阶跃函数描述分段恒定信号，借助冲激函数描述急剧变化的电压和电流等。下面讨论一阶动态电路在单位阶跃函数和冲激函数激励下的零状态响应。

1. 一阶动态电路的阶跃函数和阶跃响应

（1）阶跃函数。

在现代科技中，可能会出现分段常量信号作用于电路，如用于时钟的方波信号、开关控制信号等，为了描述这些分段变化的物理量，引入阶跃函数的概念。

单位阶跃函数用符号 $\varepsilon(t)$ 表示，其定义为

$$\varepsilon(t)=\begin{cases} 1 & (t>0) \\ 0 & (t<0) \end{cases}$$

波形如图11-48所示。阶跃函数 $\varepsilon(t)$ 为奇异函数，在 $t=0$ 处发生跃变，其值可取0或1。单位阶跃函数 $\varepsilon(t)$ 可以用来描述开关动作，因此也称为开关函数。开关电路如图11-49所示，$t \leqslant 0_-$ 时，开关在位置1，ab 端口电压为 0V；$t=0$ 时开关从位置1打到位置2，将1V 直流电压源接入电路，则使得 $t \geqslant 0_+$ 时 ab 端口电压为 1V。上述过程的开关动作可用阶跃函数来描述，等效电路如图11-50所示。

从任一时刻 t_0 起始的阶跃函数用 $\varepsilon(t-t_0)$ 表示，称为延时单位阶跃函数，表达式为

$$\varepsilon(t-t_0)=\begin{cases} 1 & (t>t_0) \\ 0 & (t<t_0) \end{cases}$$

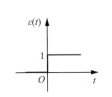

图 11-48　单位阶跃函数

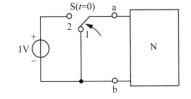

图 11-49　开关电路

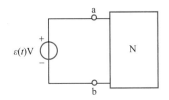

图 11-50　用阶跃函数表示的图 11-49 所示
电路的等效电路

波形如图11-51所示。一个在 $t = t_0$ 时刻接入电路的1V 直流电压源，可以用函数 $u_s(t) = \varepsilon(t - t_0)$ V 来描述。

若把单位阶跃函数 $\varepsilon(t)$ 乘以常数 K，可构成幅值为 K 的阶跃函数，表达式为

$$K\varepsilon(t) = \begin{cases} K & (t > 0) \\ 0 & (t < 0) \end{cases}$$

波形如图11-52所示。

图 11-51　延时单位阶跃函数

图 11-52　$K\varepsilon(t)$ 阶跃函数

单位阶跃函数 $\varepsilon(t)$ 可以用来"起始"任意一个函数 $f(t)$。设 $f(t)$ 波形如图11-53（a）所示，那么 $f(t)\varepsilon(t - t_0)$ 相当于 $f(t)$ 从 t_0 时刻开始取值，其波形如图11-53（b）所示。

单位阶跃函数 $\varepsilon(t)$ 可以用来"延迟"任意一个函数 $f(t)$。设 $f(t)$ 波形如图11-53（a）所示，那么 $f(t - t_0)\varepsilon(t - t_0)$ 相当于将 $f(t)$ 平移至 t_0 时刻开始，其波形如图11-53（c）所示。

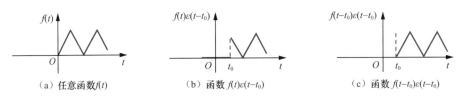

（a）任意函数 $f(t)$　　　　　（b）函数 $f(t)\varepsilon(t - t_0)$　　　　　（c）函数 $f(t - t_0)\varepsilon(t - t_0)$

图 11-53　单位阶跃函数的"起始""延迟"作用

在现代电路理论中，常遇到分段常量信号作用于电路的问题。利用阶跃函数和延时阶跃函数，可以将一些分段常量信号表示为若干个阶跃函数的叠加。例如，图11-54（a）所示的矩形脉冲 $f(t)$，可看成由图11-54（b）和图11-54（c）所示的两个阶跃函数叠加而成，即

$$f(t) = 2\varepsilon(t) - 2\varepsilon(t - t_0)$$

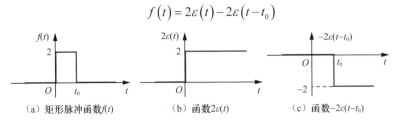

（a）矩形脉冲函数 $f(t)$　　　　　（b）函数 $2\varepsilon(t)$　　　　　（c）函数 $-2\varepsilon(t - t_0)$

图 11-54　矩形脉冲函数用阶跃函数表示

当分段常量信号作用于一阶电路时，可以将其分解为多个阶跃信号的合成，再运用叠加定理

可得其零状态响应。

（2）阶跃响应。

单位阶跃响应

电路对于阶跃激励的零状态响应称为电路的阶跃响应。单位阶跃函数 $\varepsilon(t)$ 作用下的零状态响应称为单位阶跃响应，记作 $s(t)$。

阶跃激励在某一时刻作用于零初始储能的电路（见图11-55），相当于电路在该时刻接入直流电源（见图11-56），因此，阶跃响应与直流激励的零状态响应求解方法相同，可以使用三要素法求解。作 0_- 时刻电路时，阶跃电压源短路处理，阶跃电流源开路处理；作 0_+ 时刻及 ∞ 时刻电路时，阶跃电压源为相应幅值的直流电压源，阶跃电流源为相应幅值的直流电流源。电容元件、电感元件在各时刻电路中的处理方式与之前所述直流激励下的情况相同。

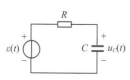

图 11-55　接至阶跃电源电路

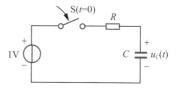

图 11-56　接至直流电源电路

下面采用三要素法求解图11-55所示电路中电容电压 $u_C(t)$ 的阶跃响应。

① 计算初始值 $u_C(0_+)$。由于阶跃响应为零状态响应，有

$$u_C(0_-) = 0\text{V}$$

根据换路定则，有

$$u_C(0_+) = u_C(0_-) = 0\text{V}$$

② 计算稳态值 $u_C(\infty)$。稳态时，有

$$u_C(\infty) = 1\text{V}$$

③ 计算时间常数 τ。此电路的时间常数

$$\tau = RC$$

④ 代入三要素公式，得

$$u_C(t) = u_C(\infty) + \left[u_C(0_+) - u_C(\infty)\right]\mathrm{e}^{-\frac{t}{t}} = \left(1 - \mathrm{e}^{-\frac{t}{RC}}\right)\varepsilon(t)\text{V} \tag{11-47}$$

需要说明的是，求解出阶跃响应的表达式后，应在其后乘以相应阶跃函数，如式（11-47）所示，一则表明该响应为阶跃响应，二则暗含适用时间范围，因此不必再标注 $(t>0)$。

如果电源由 $\varepsilon(t)$ 变为 $K\varepsilon(t)$，由零状态响应的线性特性可得，电路的零状态响应变为 $Ks(t)$。

如果电源由 $\varepsilon(t)$ 变为 $\varepsilon(t-t_0)$，由零状态响应的时不变特性可得，电路的零状态响应变为 $s(t-t_0)$。

例11-15　一阶 RL 电路如图11-57所示，输入电流源为图11-58所示矩形脉冲，电路处于零状态，求解该电路中的电感电流 $i_L(t)$。

解：（1）计算该电路电感电流的单位阶跃响应。电路如图11-59所示。

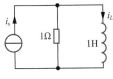

图 11-57　例 11-15　图

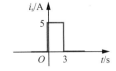
图 11-58　电流源波形

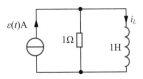
图 11-59　例 11-15 解图

① 计算初始值 $i_L\left(0_+\right)$。由于是零状态响应，有 $i_L\left(0_-\right)=0\text{A}$。根据换路定则，有

$$i_L\left(0_+\right)=i_L\left(0_-\right)=0\text{A}$$

② 计算稳态值 $i_L\left(\infty\right)$。稳态时，有

$$i_L\left(\infty\right)=1\text{A}$$

③ 计算时间常数 τ。此电路的时间常数为

$$\tau=\frac{L}{R}=\frac{1}{1}=1\,\text{s}$$

④ 代入三要素公式得

$$i_L\left(t\right)=i_L\left(\infty\right)+\left[i_L\left(0_+\right)-i_L\left(\infty\right)\right]\text{e}^{-\frac{t}{t}}=\left(1-\text{e}^{-t}\right)\varepsilon\left(t\right)\text{A}=s\left(t\right)$$

（2）计算矩形脉冲的阶跃响应。

① 写出阶跃脉冲函数。阶跃脉冲函数输入 $i_s\left(t\right)$ 可以用两个阶跃函数合成，即

$$i_s\left(t\right)=5\varepsilon\left(t\right)-5\varepsilon\left(t-3\right)\text{A}$$

② 根据叠加定理，$i_s\left(t\right)$ 产生的响应是 $5\varepsilon\left(t\right)\text{A}$ 产生的响应和 $5\varepsilon\left(t-3\right)\text{A}$ 产生响应的叠加。根据零状态响应的线性特性，$5\varepsilon\left(t\right)\text{A}$ 产生的响应为

$$i_{L1}\left(t\right)=5s\left(t\right)=5\left(1-\text{e}^{-t}\right)\varepsilon\left(t\right)\ \text{A}$$

根据零状态响应的线性和时不变性，$5\varepsilon\left(t-3\right)\text{A}$ 产生的响应为

$$i_{L2}\left(t\right)=5s\left(t-3\right)=5\left[1-\text{e}^{-(t-3)}\right]\varepsilon\left(t-3\right)\ \text{A}$$

故所求零状态响应为

$$i_L\left(t\right)=i_{L1}\left(t\right)-i_{L2}\left(t\right)=5\left(1-\text{e}^{-t}\right)\varepsilon\left(t\right)-5\left[1-\text{e}^{-(t-3)}\right]\varepsilon\left(t-3\right)\ \text{A}$$

例11-15也可把 $i_s\left(t\right)$ 按时间分段，将每个时间段看成不同的一阶动态电路，然后分别应用三要素法进行求解。

2. 一阶动态电路的冲激函数和冲激响应

在现代科技中，可能会出现作用时间很短、取值很大的物理量，比如力学中瞬间变化的冲击力、电学中瞬时放电电流等，为了描述这些快速变化的物理量，引入冲激函数的概念。

（1）冲激函数。

单位冲激函数用符号 $\delta\left(t\right)$ 表示，其定义为

$$\begin{cases}\delta\left(t\right)=0\quad\left(t>0,t<0\right)\\[2mm]\int_{-\infty}^{\infty}\delta\left(t\right)\text{d}t=1\end{cases}\tag{11-48}$$

波形如图11-60所示。冲激函数 $\delta(t)$ 在 $t \neq 0$ 时为 0，在 $t = 0$ 处其值为无限大，是奇异函数。单位冲激函数 $\delta(t)$ 可以看作单位脉冲函数 $p(t)$ 当脉冲宽度 $\Delta \to 0$ 时的极限。

单位脉冲函数用符号 $p(t)$ 表示，其定义为

$$p(t) = \begin{cases} \dfrac{1}{\Delta} & |t| < \dfrac{\Delta}{2} \\ 0 & |t| > \dfrac{\Delta}{2} \end{cases}$$

波形如图11-61所示。单位脉冲函数的宽度是 Δ，高度是 $\dfrac{1}{\Delta}$，具有大小为1的单位面积。随着脉冲宽度 Δ 的变窄，其高度 $\dfrac{1}{\Delta}$ 将变大，而面积 A 仍为1，如图11-62所示。当脉冲宽度 $\Delta \to 0$ 时，其高度 $\dfrac{1}{\Delta}$ 将趋于无限大，但面积 A 仍然持续为1，在此极限情况下，单位脉冲函数就趋近于式（11-48）所定义的单位冲激函数，可记为

$$\lim_{\Delta \to 0} p(t) = \delta(t)$$

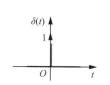

图 11-60　单位冲激函数

图 11-61　单位脉冲函数

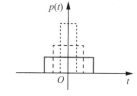

图 11-62　脉宽逐渐减小的单位脉冲函数

根据图11-62所示图形的理解，$t = 0$ 时刻 $\delta(t)$ 趋向于无穷大。从数学上推导，有

$$\int_{-\infty}^{\infty} \delta(t)\mathrm{d}t = \int_{-\infty}^{0_-} \delta(t)\mathrm{d}t + \int_{0_-}^{0_+} \delta(t)\mathrm{d}t + \int_{0_+}^{\infty} \delta(t)\mathrm{d}t = 0 + \int_{0_-}^{0_+} \delta(t)\mathrm{d}t + 0 = \int_{0_-}^{0_+} \delta(t)\mathrm{d}t = \int_{0_-}^{0_+} \delta(0)\mathrm{d}t = 1$$

由于积分区间 0_- ~ 0_+ 为无穷小，而积分结果为1，因此 $\delta(0) \to \infty$。需要注意冲激函数波形中的"1"用来表示强度而不是幅值。

若把单位冲激函数 $\delta(t)$ 在时间轴上移动 t_0，可得任一时刻 t_0 起始的冲激函数，用 $\delta(t - t_0)$ 表示，称为延时单位冲激函数，定义为

$$\begin{cases} \delta(t - t_0) = 0 & (t > t_0, t < t_0) \\ \displaystyle\int_{-\infty}^{\infty} \delta(t - t_0)\mathrm{d}t = 1 \end{cases} \tag{11-49}$$

波形如图11-63所示。

若把单位冲激函数 $\delta(t)$ 乘以常数 K，可构成强度为 K 的冲激函数，表达式为

$$\begin{cases} K\delta(t) = 0 & (t > 0, t < 0) \\ \displaystyle\int_{-\infty}^{\infty} K\delta(t)\mathrm{d}t = K \end{cases}$$

波形如图11-64所示。

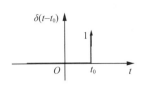

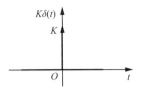

图 11-63　延迟单位冲激函数　　　　　图 11-64　$K\delta(t)$ 冲激函数

单位冲激函数 $\delta(t)$ 具有"筛分"性质，可以把任意一个函数 $f(t)$ 在某一时刻的值"筛"出来，又称取样性质。由于当 $t \neq 0$ 时，$\delta(t) = 0$，则对任意一个在当 $t = 0$ 时连续的 $f(t)$，有

$$f(t)\delta(t) = f(0)\delta(t)$$

因此

$$\int_{-\infty}^{\infty} f(t)\delta(t)\mathrm{d}t = \int_{-\infty}^{\infty} f(0)\delta(t)\mathrm{d}t = f(0)$$

同理，对于任意一个在 $t = t_0$ 时连续的 $f(t)$ 将有

$$\int_{-\infty}^{\infty} f(t)\delta(t - t_0)\mathrm{d}t = f(t_0) \tag{11-50}$$

其波形如图11-65所示。

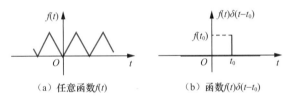

（a）任意函数 $f(t)$　　　　　（b）函数 $f(t)\delta(t - t_0)$

图 11-65　冲激函数的筛分性质

冲激响应

（2）冲激响应。

电路对于冲激激励的零状态响应称为电路的冲激响应。单位冲激函数 $\delta(t)$ 作用下的零状态响应称为单位冲激响应，记作 $h(t)$。

冲激函数 $t = 0$ 时作用于零状态电路，电路受到幅值无限大冲激激励作用，储能元件获得能量，电容电压和电感电流发生跃变，获得初始状态 $u_C(0_+)$ 和 $i_L(0_+)$。当 $t > 0$ 时，$\delta(t) = 0$，但是由于 $u_C(0_+)$ 和 $i_L(0_+)$ 已具有初始状态，电路在该初始状态作用下激发零输入响应。一阶电路的冲激响应可以通过三要素法求解，但电容电压和电感电流在0时刻前后瞬间发生跃变，换路定则不再成立，使独立初始条件 $u_C(0_+)$ 和 $i_L(0_+)$ 的确定变得困难。以下介绍两种求解一阶电路冲激响应的方法。

方法一：通过电容元件和电感元件的积分形式VAR获得 $u_C(0_+)$ 和 $i_L(0_+)$，从而解出冲激响应。

图11-66所示为一个在单位冲激函数 $\delta(t)$ 激励下的 RC 电路，根据KVL可得

$$u_R + u_C = \delta(t)$$

即

$$RC\frac{\mathrm{d}u_C}{\mathrm{d}t} + u_C = \delta(t) \tag{11-51}$$

现在考虑，当 $t = 0$ 时刻冲激电压作用于该电路时，电容电压会达到无穷大吗？或者说 u_C

表达式中会包含 $\delta(t)$ 吗？假如 u_C 中包含 $\delta(t)$，则电容电流 $i_C = C\dfrac{\mathrm{d}u_C}{\mathrm{d}t}$ 中包含冲激函数 $\delta(t)$ 的一阶导数 $\delta'(t)$，导致电阻电压 $u_R = Ri_C$ 中也会出现 $\delta'(t)$，这使得式（11-51）不再成立，而式（11-51）是电路必须满足的约束方程。因此电容电压 u_C 中不可能包含 $\delta(t)$，只能为有限值。于是在 $t=0$ 时，与电源电压和电阻电压这类无穷大电压相比，电容电压 u_C 可以忽略不计，取值为 0，电容相当于短路，0 时刻电路如图11-67所示，此时电容电流为

$$i_C(0) = \frac{\delta(t)}{R}$$

由于冲激响应为零状态响应，因此 $u_C(0_-) = 0\text{V}$，根据电容元件积分形式VAR，得

$$u_C(0_+) = u_C(0_-) + \frac{1}{C}\int_{0_-}^{0_+} i_C(t)\,\mathrm{d}t = u_C(0_-) + \frac{1}{C}\int_{0_-}^{0_+}\frac{\delta(t)}{R}\,\mathrm{d}t = 0 + \frac{1}{RC} = \frac{1}{RC}$$

当 $t>0$ 时，$\delta(t)=0$，冲激电压源相当于短路，其等效电路如图11-68所示，电容对电阻放电，$u_C(\infty) = 0\text{V}$，$\tau = RC$，代入三要素公式求得电容电压的冲激响应为

$$h(t) = u_C(t) = u_C(\infty) + \left[u_C(0_+) - u_C(\infty)\right]\mathrm{e}^{-\frac{t}{RC}} = \frac{1}{RC}\mathrm{e}^{-\frac{t}{RC}}\varepsilon(t)$$

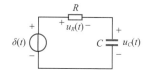

图 11-66　接至冲激电压源电路

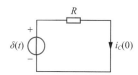

图 11-67　$t=0$ 时电路

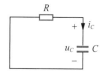

图 11-68　$t>0$ 时电路

电路中其他的冲激响应可以在 $u_C(t)$ 的基础上利用两类约束求解，例如利用 $i_C(t) = C\dfrac{\mathrm{d}u_C(t)}{\mathrm{d}t}$ 可求得电容电流的冲激响应，但需注意由于 $u_C(t)$ 表达式中含 $\varepsilon(t)$，因此对它求导为复合函数求导。

$$i_C(t) = C\frac{\mathrm{d}u_C(t)}{\mathrm{d}t} = C\frac{1}{RC}\left[-\frac{1}{RC}\mathrm{e}^{-\frac{t}{RC}}\varepsilon(t) + \mathrm{e}^{-\frac{t}{RC}}\delta(t)\right]$$

$$= -\frac{1}{R^2C}\mathrm{e}^{-\frac{t}{RC}}\varepsilon(t) + \frac{1}{R}\mathrm{e}^{-\frac{t}{RC}}\delta(t) = -\frac{1}{R^2C}\mathrm{e}^{-\frac{t}{RC}}\varepsilon(t) + \frac{1}{R}\delta(t)$$

也可以在求得 $u_C(0_+)$ 的基础上作出 0_+ 时刻的电路，求出非独立初始条件，再求出稳态值和时间常数，然后代入三要素公式得到其表达式。但是需要注意，若响应在 0 时刻为无穷大，使用三要素公式会使得响应在该时刻的冲激项丢失，此时应在其三要素表达式后补充冲激项。

同理，求解图11-69所示 GL 电路的冲激响应时，$t=0$ 时刻电路中需对电感元件做开路处理，如图11-70所示，利用电感元件积分形式VAR可得

$$i_L(0_+) = i_L(0_-) + \frac{1}{L}\int_{0_-}^{0_+} u_L(t)\,\mathrm{d}t = i_L(0_-) + \frac{1}{L}\int_{0_-}^{0_+}\frac{\delta(t)}{G}\,\mathrm{d}t = 0 + \frac{1}{GL} = \frac{1}{GL}$$

$t>0$ 时冲激电流源 $\delta(t)=0$，电路如图11-71所示，$i_L(\infty) = 0\text{A}$，$\tau = GL$，代入三要素公式求得电感电流的冲激响应为

$$h(t) = i_L(t) = i_L(\infty) + \left[i_L(0_+) - i_L(\infty)\right]\mathrm{e}^{-\frac{1}{GL}t} = \frac{1}{GL}\mathrm{e}^{-\frac{1}{GL}t}\varepsilon(t)$$

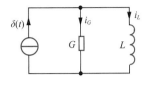 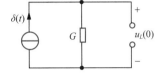 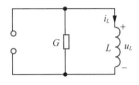

图 11-69　接至冲激电流源电路　　　图 11-70　$t=0$ 时的电路　　　图 11-71　$t>0$ 时的电路

方法二：先求出阶跃响应，再利用冲激响应和阶跃响应的关系解出冲激响应。

由冲激函数定义可知，单位冲激函数 $\delta(t)$ 可看作在 $t=0$ 处，脉冲宽度 $\Delta \to 0$、高度 $\dfrac{1}{\Delta} \to \infty$、具有单位面积1的单位脉冲函数 $p_\Delta(t)$，如图11-72所示。此时的单位冲激函数 $\delta(t)$ 可用两个阶跃函数合成，然后取极限实现，即

$$p_\Delta(t) = \frac{1}{\Delta}\left[\varepsilon(t) - \varepsilon(t-\Delta)\right]$$

$$\delta(t) = \lim_{\Delta \to 0}\frac{1}{\Delta}\left[\varepsilon(t) - \varepsilon(t-\Delta)\right] = \frac{\mathrm{d}\varepsilon(t)}{\mathrm{d}t}$$

因此，对单位阶跃函数 $\varepsilon(t)$ 求导可得单位冲激函数 $\delta(t)$。

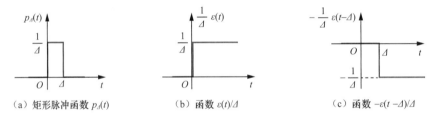

（a）矩形脉冲函数 $p_\Delta(t)$　　　（b）函数 $\varepsilon(t)/\Delta$　　　（c）函数 $-\varepsilon(t-\Delta)/\Delta$

图 11-72　矩形脉冲函数 $p_\Delta(t)$ 用阶跃函数表示

阶跃响应与冲激响应之间是否满足类似关系呢？

设脉冲函数 $p_\Delta(t) = \dfrac{1}{\Delta}\left[\varepsilon(t) - \varepsilon(t-\Delta)\right]$ 在电路中激发的零状态响应为 $h_\Delta(t)$，若单位阶跃响应为 $s(t)$，则

$$h_\Delta(t) = \frac{1}{\Delta}\left[s(t) - s(t-\Delta)\right]$$

对 $h_\Delta(t)$ 取 $\Delta \to 0$ 的极限，可得

$$h(t) = \lim_{\Delta \to 0}\frac{1}{\Delta}\left[s(t) - s(t-\Delta)\right] = \frac{\mathrm{d}s(t)}{\mathrm{d}t}$$

因此，对单位阶跃响应 $s(t)$ 求导可得单位冲激响应 $h(t)$。

例11-16　试求：图11-73所示电路的冲激响应 $u_C(t)$。

解：（1）先求 $u_C(t)$ 的阶跃响应，如图11-74所示，用三要素法不难求出电容电压的单位阶跃响应

$$u_C(t)_{\text{阶跃}} = \left(1 - \mathrm{e}^{-\frac{t}{RC}}\right)\varepsilon(t)$$

（2）对单位阶跃响应求导得单位冲激响应：

$$u_C(t) = \frac{\mathrm{d}u_C(t)_{\text{阶跃}}}{\mathrm{d}t} = \frac{\mathrm{d}}{\mathrm{d}t}\left[\left(1-\mathrm{e}^{-\frac{t}{RC}}\right)\varepsilon(t)\right] = \frac{1}{RC}\mathrm{e}^{-\frac{t}{RC}}\varepsilon(t) + \left(1-\mathrm{e}^{-\frac{t}{RC}}\right)\delta(t) = \frac{1}{RC}\mathrm{e}^{-\frac{t}{RC}}\varepsilon(t)$$

图 11-73　例 11-16 图　　　　　　　　　　　图 11-74　例 11-16 解图

（3）卷积积分。

冲激函数在数值上的特殊性使得电路中单纯求解冲激响应的场景并不多见。利用冲激响应求解出任意表现形式的激励作用下电路的零状态响应，这是冲激响应在电路中更加重要的意义。

任意两个函数 $f_1(t)$ 和 $f_2(t)$ 的卷积积分运算定义为

$$f_1(t)*f_2(t) = \int_{-\infty}^{+\infty} f_1(\tau)f_2(t-\tau)\,\mathrm{d}\tau$$

设电路任意激励 $e(t)$ 在 $t=t_0$ 时刻作用于电路，电路冲激响应为 $h(t)$，可以证明 $e(t)$ 作用下电路的零状态响应

$$r(t) = \int_{t_0}^{t} e(\tau)h(t-\tau)\,\mathrm{d}\tau = e(t)*h(t)$$

因此，电路在任意激励下的零状态响应等于该激励与该电路的冲激响应的卷积。

例11-17　若图11-73所示电路中的电压源值为 $u_s(t) = 12\mathrm{e}^{-t}\varepsilon(t)\mathrm{V}$，$R = 4\Omega$，$C = 1\mathrm{F}$。试求：电容电压 $u_C(t)$ 的零状态响应。

解：（1）求冲激响应。根据例11-16的结果，代入本例数据，得 $u_C(t)$ 的冲激响应

$$h(t) = \frac{1}{RC}\mathrm{e}^{-\frac{t}{RC}}\varepsilon(t) = 0.25\mathrm{e}^{-0.25t}\varepsilon(t)\mathrm{V}$$

（2）求激励 $u_s(t) = 12\mathrm{e}^{-t}\varepsilon(t)\mathrm{V}$ 作用下的零状态响应 $u_C(t)$。

$$u_C(t) = \int_0^t u_s(\tau)h(t-\tau)\mathrm{d}\tau = \int_0^t 12\mathrm{e}^{-\tau}\times 0.25\mathrm{e}^{-0.25(t-\tau)}\mathrm{d}\tau = 3\mathrm{e}^{-0.25t}\int_0^t\mathrm{e}^{-0.75\tau}\mathrm{d}\tau = 4\left(\mathrm{e}^{-0.25t}-\mathrm{e}^{-t}\right)\varepsilon(t)\mathrm{V}$$

11.5　二阶线性动态电路的零输入响应

时域中可以用经典法求解二阶线性动态电路的全响应，列出微分方程，结合输出量初始值和输出量一阶导数的初始值，就可以解出输出量随时间变化的函数表达式。这种求解微分方程的方法求解过程比较复杂，因此对二阶及以上动态电路全响应的求解通常不在时域中进行，而是借助拉氏变换在复频域中分析，本书对此不做介绍。以下以 RLC 串联二阶电路

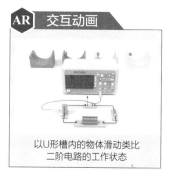

AR　交互动画

以U形槽内的物体滑动类比二阶电路的工作状态

二阶动态电路响应实验视频

为例，分析二阶电路的零输入响应，得到电路自身结构、参数等和暂态过程的变化趋势之间的联系。

图11-75所示零输入响应电路为 RLC 串联电路，设 $u_C(0_-)=U_0$、$i_L(0_-)=0$、$t=0$ 时开关闭合，电容通过电阻和电感放电。

由KVL，得

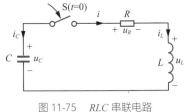

图 11-75　RLC 串联电路

$$u_R + u_L - u_C = 0$$

电阻、电感和电容的VAR为

$$u_R = Ri = -RC\frac{\mathrm{d}u_C}{\mathrm{d}t}$$

$$u_L = L\frac{\mathrm{d}i_L}{\mathrm{d}t} = -LC\frac{\mathrm{d}^2 u_C}{\mathrm{d}t^2}$$

将上述VAR方程代入KVL方程，可得

$$LC\frac{\mathrm{d}^2 u_C}{\mathrm{d}t^2} + RC\frac{\mathrm{d}u_C}{\mathrm{d}t} + u_C = 0$$

$$\frac{\mathrm{d}^2 u_C}{\mathrm{d}t^2} + \frac{R}{L}\frac{\mathrm{d}u_C}{\mathrm{d}t} + \frac{1}{LC}u_C = 0 \tag{11-52}$$

令 $\dfrac{R}{L}=2\alpha$，$\dfrac{1}{LC}=\omega_0^2$，得

$$\frac{\mathrm{d}^2 u_C(t)}{\mathrm{d}t^2} + 2\alpha\frac{\mathrm{d}u_C(t)}{\mathrm{d}t} + \omega_0^2 u_C(t) = 0 \tag{11-53}$$

式（11-53）的特征方程为

$$p^2 + 2\alpha p + \omega_0^2 = 0$$

特征根（又称为固有频率）为

$$p_{1,2} = -\alpha \pm \sqrt{\alpha^2 - \omega_0^2} = -\frac{R}{2L} \pm \sqrt{\left(\frac{R}{2L}\right)^2 - \frac{1}{LC}}$$

二阶电路的
4种工作状态

其中，p_1 和 p_2 完全由电路结构和电路参数决定。由微分方程可知，电路零输入响应的性质取决于特征根，也就是取决于 α 和 ω_0 的大小关系。当 R、L 和 C 取不同数值时，两个特征根 p_1 和 p_2 分不等实根、重实根、共轭复根和共轭虚根4种情况，分别对应动态电路的4种暂态过程：过阻尼、临界阻尼、欠阻尼、无阻尼。

1. 过阻尼

当 $\alpha > \omega_0 > 0$，即 $R > 2\sqrt{\dfrac{L}{C}}$ 时，两个特征根 p_1 和 p_2 为一对不相等的负实数，零输入响应

$$u_C = A_1\mathrm{e}^{p_1 t} + A_2\mathrm{e}^{p_2 t} \tag{11-54}$$

由给定条件，根据换路定则，$u_C(0_+)=u_C(0_-)=U_0$，$i_L(0_+)=i_L(0_-)=0$，由于 $i=i_L=-i_C=-C\dfrac{\mathrm{d}u_C}{\mathrm{d}t}$，所以 $\left.\dfrac{\mathrm{d}u_C}{\mathrm{d}t}\right|_{t=0_+} = -\dfrac{i_L(0_+)}{C} = 0$，代入式（11-54），得

$$U_0 = A_1 + A_2$$

$$0 = A_1 p_1 + A_2 p_2$$

解之得

$$A_1 = \frac{p_2 U_0}{p_2 - p_1}$$

$$A_2 = \frac{p_1 U_0}{p_1 - p_2}$$

则

$$u_C = \frac{U_0}{p_2 - p_1}\left(p_2 e^{p_1 t} - p_1 e^{p_2 t}\right)$$

　　根据两类约束，可在 u_C 表达式的基础上得到电流 i 及电感电压 u_L 的零输入响应。u_C、i 和 u_L 随时间变化的曲线如图11-76所示。

　　由图11-76可知，u_C 从 U_0 处开始单调下降且不改变方向，表明电容在整个过程中一直释放储存的能量，称为非振荡放电，又称为过阻尼放电。电流经历从零增大到最大值、衰减放电结束恢复为零的放电过程，表明电感首先吸收能量，建立磁场，然后释放能量，磁场逐渐衰减至消失的能量变化过程。电流达到最大值的时刻，可由 $\dfrac{\mathrm{d}i_L}{\mathrm{d}t} = 0$ 进行分析，其大小为

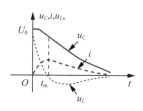

图 11-76　过阻尼下 u_C、i 和 u_L 随时间变化曲线

$$t_{\mathrm{m}} = \frac{\ln\left(\dfrac{p_2}{p_1}\right)}{p_1 - p_2}$$

　　$0 < t < t_{\mathrm{m}}$ 时，u_C 减小，i 增大，电容能量一部分转换为电感的磁场储能，另一部分被电阻消耗。$t > t_{\mathrm{m}}$ 时，u_C 减小，i 减小，因此电容和电感都释放能量，直至所有能量均被电阻消耗完。

2. 临界阻尼

当 $\alpha = \omega_0$，即 $R = 2\sqrt{\dfrac{L}{C}}$ 时，两个特征根 p_1 和 p_2 为一对相等的负实根，于是

$$p_{1,2} = -\alpha = -\frac{R}{2L}$$

零输入响应为

$$u_C = A_1 e^{pt} + A_2 t e^{pt} = e^{-\alpha t}\left(A_1 + A_2 t\right) \tag{11-55}$$

由给定条件，根据换路定则，$u_C(0_+) = U_0$，$\left.\dfrac{\mathrm{d}u_C}{\mathrm{d}t}\right|_{t=0_+} = 0$，代入式（11-55），得

$$U_0 = A_1$$

$$0 = -\alpha A_1 + A_2$$

解得

$$A_1 = U_0$$

$$A_2 = \alpha U_0$$

则

$$u_C = U_0 e^{-\alpha t}\left(1 + \alpha t\right)$$

根据两类约束，可进一步求得电流 i 及电感电压 u_L 的零输入响应。u_C、i 和 u_L 随时间变化曲线与过阻尼的相似，但能量变化更快，如图11-77所示。

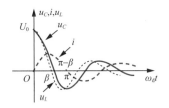

3. 欠阻尼

当 $0 < \alpha < \omega_0$，即 $R < 2\sqrt{\dfrac{L}{C}}$ 时，两个特征根 p_1 和 p_2 为一对共轭复根，于是

$$p_1 = -\alpha + j\omega_d$$

$$p_2 = -\alpha - j\omega_d$$

图 11-77 临界阻尼下 u_C、i 和 u_L 随时间变化曲线

其中，$\alpha = \dfrac{R}{2L}$，$\omega_d = \sqrt{\omega_0^2 - \alpha^2}$，$\omega_d$ 称为固有振荡角频率。

零输入响应为

$$u_C = A_1 e^{p_1 t} + A_2 e^{p_2 t} = e^{-\alpha t}\left(A_1 e^{j\omega_d t} + A_2 e^{-j\omega_d t}\right) = A e^{-\alpha t} \sin\left(\omega_d t + \beta\right) \tag{11-56}$$

由给定条件，根据换路定则，$u_C\left(0_+\right) = U_0$，$\left.\dfrac{\mathrm{d}u_C}{\mathrm{d}t}\right|_{t=0_+} = 0$，代入式（11-56），得

$$U_0 = A \sin\beta$$

$$\tan\beta = \frac{\omega_d}{\alpha} \tag{11-57}$$

考虑式（11-57）中的直角三角形关系，如图11-78所示，解得

$$A = \frac{\omega_0}{\omega_d} U_0$$

$$\beta = \arctan\frac{\omega_d}{\alpha}$$

则

$$u_C = \frac{\omega_0}{\omega_d} U_0 e^{-\alpha t} \sin\left(\omega_d t + \beta\right) \tag{11-58}$$

根据两类约束，可进一步求得电流 i 及电感电压 u_L 的零输入响应。u_C、i 和 u_L 随时间变化曲线如图11-79所示。

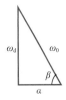

图 11-78 欠阻尼下 ω_d、α 和 ω_0 的关系　　图 11-79 欠阻尼下 u_C、i 和 u_L 随时间变化曲线

由式（11-58）和图11-79可知，u_C 为按照指数规律衰减的正弦函数且周期性地改变方向，表明电容在整个过程中的能量与外界进行周期性交换，称为振荡放电，又称为欠阻尼放电。电流经历从零增大到最大值，然后周期性衰减振荡，表明电感首先吸收能量，建立磁场，然后在衰减过程中周期性地与外界进行能量交换，直至能量为零。

4. 无阻尼

当 $\alpha = 0$，即 $R = 0$ 时，两个特征根 p_1 和 p_2 为一对共轭虚根，于是

$$p_1 = \mathrm{j}\omega_\mathrm{d}$$

$$p_2 = -\mathrm{j}\omega_\mathrm{d}$$

零输入响应为

$$u_C = A_1 \mathrm{e}^{p_1 t} + A_2 \mathrm{e}^{p_2 t} = A_1 \mathrm{e}^{\mathrm{j}\omega_\mathrm{d} t} + A_2 \mathrm{e}^{-\mathrm{j}\omega_\mathrm{d} t} = A \sin\left(\omega_\mathrm{d} t + \beta\right) \tag{11-59}$$

由给定条件，根据换路定则，$u_C\left(0_+\right) = U_0$，$\left.\dfrac{\mathrm{d}u_C}{\mathrm{d}t}\right|_{t=0_+} = 0$，代入式（11-59），得

$$A = U_0$$

$$\beta = \frac{\pi}{2}$$

则

$$u_C = U_0 \sin\left(\omega_\mathrm{d} t + \frac{\pi}{2}\right) \tag{11-60}$$

根据两类约束，可进一步求得电流 i 的零输入响应。u_C 和 i 随时间变化曲线示意如图11-80所示。

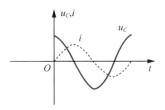

图 11-80　u_C 和 i 随时间变化曲线示意

由式（11-60）和图11-80可知，u_C 和 i 均为振幅不衰减的正弦函数，是等幅振荡过程，又称为无阻尼过程。电容的电场能量和电感的磁场能量进行周期性转换。

综上所述，二阶线性动态电路的零输入响应根据电路结构和电路参数的不同，具有不同的能量状态，也正是因为其不同的能量变化情况，可以被应用于不同能量需求的工程电路，比如试验高压开关灭弧能力的振荡电路，受控热核研究中产生强大脉冲电流的电路等，其能量变化情况需要具体问题具体分析。

例11-18　电路如图11-81所示，电路在开关 S 动作前处于稳态，$t = 0$ 时开关 S 打开，求下列3种情况下 $t > 0$ 时电容两端的电压 $u_C(t)$：$R = 5\Omega$，$R = 3\Omega$，$R = 1\Omega$。

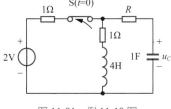

图 11-81　例 11-18 图

解：（1）计算初始值 $u_C(0_+)$ 和 $\left.\dfrac{\mathrm{d}u_C}{\mathrm{d}t}\right|_{t=0_+}$。

① 计算 $u_C(0_-)$ 和 $i_L(0_-)$。$t=0_-$ 时的电路如图11-82（a）所示，则有

$$u_C(0_-)=2\times\frac{1}{1+1}=1\,\mathrm{V}$$

$$i_L(0_-)=\frac{2}{1+1}=1\,\mathrm{A}$$

② 计算独立初始条件 $u_C(0_+)$ 和 $i_L(0_+)$。根据换路定则，可得

$$u_C(0_+)=u_C(0_-)=1\mathrm{V}$$

$$i_L(0_+)=i_L(0_-)=1\mathrm{A}$$

③ 计算初始条件 $\left.\dfrac{\mathrm{d}u_C}{\mathrm{d}t}\right|_{t=0_+}$。$t=0_+$ 时的电路如图11-82（b）所示，则有

$$i_C(0_+)=-i_L(0_-)=-1\mathrm{A}$$

$$\left.\frac{\mathrm{d}u_C}{\mathrm{d}t}\right|_{t=0_+}=\frac{1}{C}i_C(0_+)=\frac{1}{1}\times(-1)=-1\,\mathrm{V/s}$$

（2）换路后，电路为 RLC 串联电路，如图11-82（c）所示。由KVL，得

$$u_R+u_C-u_L=0$$

代入电阻、电感和电容的VAR方程，有

$$u_R=R_{\text{总}}i_C=R_{\text{总}}C\frac{\mathrm{d}u_C}{\mathrm{d}t}=(R+1)\frac{\mathrm{d}u_C}{\mathrm{d}t}$$

$$u_L=L\frac{\mathrm{d}i_L}{\mathrm{d}t}=-L\frac{\mathrm{d}i_C}{\mathrm{d}t}=-LC\frac{\mathrm{d}^2u_C}{\mathrm{d}t^2}=-4\frac{\mathrm{d}^2u_C}{\mathrm{d}t^2}$$

可得

$$4\frac{\mathrm{d}^2u_C}{\mathrm{d}t^2}+(R+1)\frac{\mathrm{d}u_C}{\mathrm{d}t}+u_C=0$$

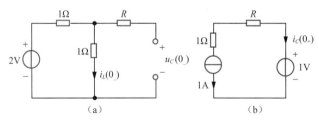 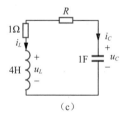

（a）　　　　　　　　　　（b）　　　　　　　　　　（c）

图 11-82　例 11-18 解图

（3）计算3种情况下的 $u_C(t)$。

① $R=5\Omega$。输入-输出方程为

$$4\frac{\mathrm{d}^2u_C}{\mathrm{d}t^2}+6\frac{\mathrm{d}u_C}{\mathrm{d}t}+u_C=0$$

特征方程为

$$4p^2 + 6p + 1 = 0$$

特征根为

$$p_{1,2} = \frac{-6 \pm \sqrt{6^2 - 4 \times 4 \times 1}}{2 \times 4} = -\frac{3}{4} \pm \frac{\sqrt{5}}{4} = \frac{-3 \pm \sqrt{5}}{4}$$

则 $p_1 \approx -0.191$，$p_2 \approx -1.309$，特征根为一对不相等的负实根，表明该响应为过阻尼非振荡形式。其零输入响应表达式为

$$u_C = A_1 \mathrm{e}^{p_1 t} + A_2 \mathrm{e}^{p_2 t} \qquad\qquad (\underline{11\text{-}18}\text{-}1)$$

由初始状态知，$u_C(0_+) = 1\mathrm{V}$，$\left.\dfrac{\mathrm{d}u_C}{\mathrm{d}t}\right|_{t=0_+} = -1\mathrm{V}/\mathrm{s}$，代入式（$\underline{11\text{-}18}$-1）并解之，得

$$A_1 = \frac{1}{2} - \frac{\sqrt{5}}{10} \approx 0.276$$

$$A_2 = \frac{1}{2} + \frac{\sqrt{5}}{10} \approx 0.724$$

则

$$u_C = (0.276\mathrm{e}^{-0.191t} + 0.724\mathrm{e}^{-1.309t})\ \mathrm{V} \qquad (t > 0)$$

② $R = 3\Omega$。输入-输出方程为

$$4\frac{\mathrm{d}^2 u_C}{\mathrm{d}t^2} + 4\frac{\mathrm{d}u_C}{\mathrm{d}t} + u_C = 0$$

特征方程为

$$4p^2 + 4p + 1 = 0$$

特征根为

$$p_{1,2} = \frac{-4 \pm \sqrt{4^2 - 4 \times 4 \times 1}}{2 \times 4} = -\frac{1}{2}$$

特征根为一对相等实根，表明该响应为临界阻尼非振荡形式。其零输入响应表达式为

$$u_C = \mathrm{e}^{-\frac{1}{2}t}\left(A_1 + A_2 t\right) \qquad\qquad (\underline{11\text{-}18}\text{-}2)$$

由初始状态知，$u_C(0_+) = 1\mathrm{V}$，$\left.\dfrac{\mathrm{d}u_C}{\mathrm{d}t}\right|_{t=0_+} = -1\mathrm{V}/\mathrm{s}$，代入式（$\underline{11\text{-}18}$-2）并解之，得

$$A_1 = 1$$

$$A_2 = -\frac{1}{2}$$

则

$$u_C = \mathrm{e}^{-\frac{1}{2}t}\left(1 - \frac{1}{2}t\right)\mathrm{V} \qquad (t > 0)$$

③ $R = 1\Omega$。输入-输出方程为

$$4\frac{\mathrm{d}^2 u_C}{\mathrm{d}t^2} + 2\frac{\mathrm{d}u_C}{\mathrm{d}t} + u_C = 0$$

特征方程为

$$4p^2 + 2p + 1 = 0$$

特征根为

$$p_{1,2} = \frac{-2 \pm \sqrt{2^2 - 4 \times 4 \times 1}}{2 \times 4} = -\frac{1}{4} \pm \mathrm{j}\frac{\sqrt{3}}{4}$$

特征根为一对共轭复根，表明该响应为欠阻尼衰减振荡形式。其零输入响应表达式为

$$u_C(t) = A\mathrm{e}^{-\frac{1}{4}t}\sin\left(\frac{\sqrt{3}}{4}t + \beta\right) \tag{11-18-3}$$

由初始状态知，$u_C(0_+) = 1\mathrm{V}$，$\left.\dfrac{\mathrm{d}u_C}{\mathrm{d}t}\right|_{t=0_+} = -1\mathrm{V/s}$，代入式（11-18-3）并解之，得

$$A = -2$$

$$\beta = -\frac{\pi}{6}$$

则

$$u_C = -2\mathrm{e}^{-\frac{1}{4}t}\sin\left(\frac{\sqrt{3}}{4}t - \frac{\pi}{6}\right)\mathrm{V} \qquad (t > 0)$$

探索多一点

　　零输入响应、零状态响应和内因、外因的辩证关系。

　　零输入响应可看成线性动态电路内因影响的结果，动态电路的变化趋势与其息息相关；零状态响应可看成线性动态电路外因影响的结果，动态电路变化趋势的稳态点与此有关。我们每一个人的人生走向也都可看作内因和外因共同作用的结果，毫无疑问我们自身的综合素养（包括态度和能力等）是决定大方向的根本原因，因此任何时候提升自我都是最重要的，但是外部环境也不可忽视，我们最终停留的高度离不开外部环境的支撑。但是内因和外因也不是一成不变的，在一定的条件下也会转化，如同随着动态电路的起始时刻的不同，外部激励（外因）注入的能量会随之改变，电路本身的起始储能（内因）也会因此不同。在成长的过程中，许多人和事等外部因素对我们产生的影响最终可能内化为我们自身的改变，成为内因的一部分，所谓"近朱者赤，近墨者黑"就是这个道理。

诗词遇见电路

仿《将进酒》之动态电路

君不见，电路动态寻常事，几曾稳定始到终？
君不见，负荷投切或故障，因容因感动态生。
稳时易解神自若，动时遇挫心不崩。
分析亦自方程始，容感特性致微分。
高阶拉式来助力，一阶求解时域中。
初始值，稳态值，时常数，法具名。
名曰三要素，请君牢记勿相轻。
独立初始之条件，换路定则显神通。
非独初始之条件，替代定理彰其用。
无穷时刻呼稳态，时间常数分感容。
学子为何言难懂，状态相异理相同。
三更月，五更星，夜夜照君读书影，与尔同迎大前程。

附：《将进酒》原文

将进酒

唐 李白

君不见，黄河之水天上来，奔流到海不复回。
君不见，高堂明镜悲白发，朝如青丝暮成雪。
人生得意须尽欢，莫使金樽空对月。
天生我材必有用，千金散尽还复来。
烹羊宰牛且为乐，会须一饮三百杯。
岑夫子，丹丘生，将进酒，杯莫停。
与君歌一曲，请君为我倾耳听。
钟鼓馔玉不足贵，但愿长醉不愿醒。
古来圣贤皆寂寞，惟有饮者留其名。
陈王昔时宴平乐，斗酒十千恣欢谑。
主人何为言少钱，径须沽取对君酌。
五花马，千金裘，呼儿将出换美酒，与尔同销万古愁。

📝 **习题 11**

11-1 试列写题11-1图所示各电路中以标示变量为输出的输入-输出方程。

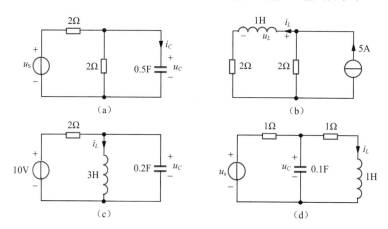

题 11-1 图

11-2 题11-2图所示电路中，开关S在$t=0$时闭合，闭合前电路处于稳态，求该电路初始值电压$u_C(0_+)$和电流$i_C(0_+)$，以及电阻电压$u_R(0_+)$。

11-3 电路如题11-3图所示，在换路前开关S断开，且电路已处于稳态。在$t=0$时，将开关S闭合，试求开关S闭合后电感电流$i_L(0_+)$和电阻电流$i(0_+)$。

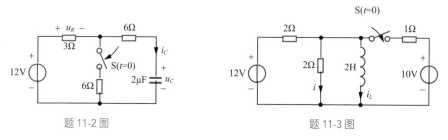

题 11-2 图   题 11-3 图

11-4 题11-4图所示电路在开关S动作前处于稳态，$t=0$时开关S闭合，求$t=0$时$u_L(0_+)$、$i_C(0_+)$和$\left.\dfrac{du_C}{dt}\right|_{t=0_+}$、$\left.\dfrac{di_L}{dt}\right|_{t=0_+}$。

11-5 题11-5图所示电路在开关S闭合前处于稳态，$t=0$时开关S闭合，求$t>0$时电容两端的电压$u_C(t)$和电阻电流$i_R(t)$。

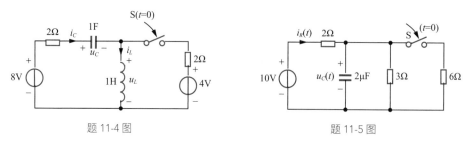

题 11-4 图   题 11-5 图

11-6 题11-6图所示电路，开关S动作前电路已达稳态，$t=0$时开关闭合。求$t>0$时的电

流 $i_C(t)$。

11-7　一阶动态电路如题11-7图所示，开关 S 动作前电路处于稳态，当 $t = 0$ 时开关断开。求 $t > 0$ 时的电压 $u_C(t)$ 和 $u_R(t)$。

题11-6
视频讲解

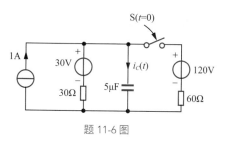

题 11-6 图

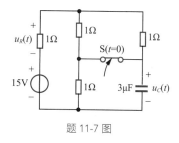

题 11-7 图

11-8　题11-8图所示电路中，开关 S 在 $t = 0$ 时打开，打开前电路处于稳态，求 $t > 0$ 时电阻两端的电压 $u_R(t)$。

11-9　题11-9图所示电路中，开关 S 在 $t = 0$ 时闭合，闭合前电路处于稳态，求 $t > 0$ 时电感两端的电压 $u_L(t)$ 和流过电感的电流 $i_L(t)$。

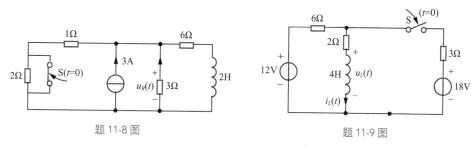

题 11-8 图　　　　　　　　　　　　题 11-9 图

11-10　题11-10图所示电路中，开关 S 在 $t = 0$ 时打开，打开前电路处于稳态，求 $t > 0$ 时电感两端的电压 $u_L(t)$。

11-11　一阶动态电路如题11-11图所示，已知电容电压 $u_C(0_-) = 8\text{V}$，求电阻电流的零输入响应 $i_R(t)$。

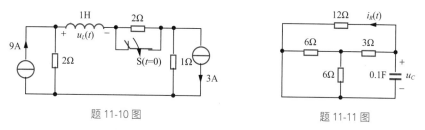

题 11-10 图　　　　　　　　　　　题 11-11 图

11-12　一阶动态电路如题11-12图所示，已知电感电流 $i_L(0_-) = 12\text{A}$，求电阻电流的零输入响应 $i_R(t)$。

11-13　电路如题11-13图所示，开关 S 在 $t = 0$ 时闭合，闭合前电路处于稳态，求 $t > 0$ 时电容两端的电压 $u_C(t)$ 和流过电容的电流 $i_C(t)$。

11-14　电路如题11-14图所示，开关 S 在 $t = 0$ 时打开，打开前电路处于稳态，求 $t > 0$ 时电感两端的电压 $u_L(t)$ 和流过电感的电流 $i_L(t)$。

11-15　一阶动态电路如题11-15图所示，求电阻电流的零状态响应 $i_R(t)$。

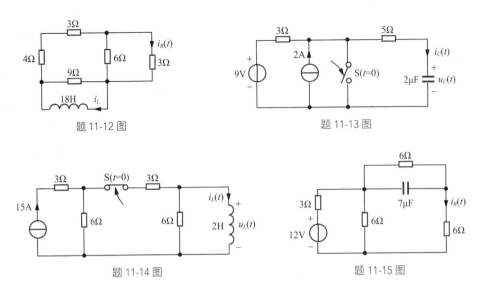

题 11-12 图

题 11-13 图

题 11-14 图

题 11-15 图

11-16 一阶动态电路如题11-16图所示，已知 $R_1 = 3\Omega$，$R_2 = 3\Omega$，$R_3 = 6\Omega$，$i_s = 8A$，$u_s = 12V$，$L = 0.1H$，求电阻电压的零状态响应 $u_R(t)$。

11-17 电路如题11-17图所示，开关S合于位置1时，电路处于稳态，若在 $t = 0$ 时将开关S由位置1切换到位置2，求 $t > 0$ 时电容两端的电压 $u_C(t)$ 和流过电容的电流 $i_C(t)$。

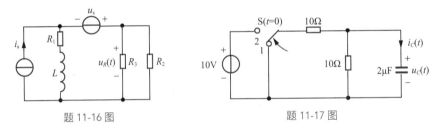

题 11-16 图

题 11-17 图

11-18 题11-18图所示电路，电路原已处于稳态，$t = 0$ 时开关S闭合，求 $t > 0$ 时的 $i(t)$。

11-19 题11-19图所示电路，电路原已处于稳态，$t = 0$ 时开关S闭合，求 $t > 0$ 时的 $u_C(t)$ 和 $i_C(t)$。

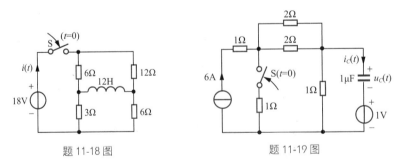

题 11-18 图

题 11-19 图

11-20 题11-20图所示电路，电路原已处于稳态，$t = 0$ 时开关S闭合，求 $t > 0$ 时的 $i_L(t)$ 和 $u_L(t)$。

11-21 电路如题11-21图所示，已知 $R_1 = 1\Omega$，$R_2 = 2\Omega$，$C = 2\mu F$。试求：该电路的阶跃响应 $u_C(t)$ 和 $u_1(t)$。

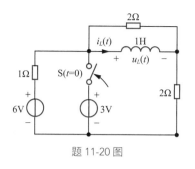

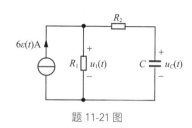

题 11-20 图　　　　　　　　　　　　题 11-21 图

11-22　试求：题11-22图所示动态电路的阶跃响应 $i_L(t)$ 和 $u_L(t)$。

11-23　试求：题11-23图所示动态电路在以下两种情况下的响应 $u_C(t)$ 和 $i_C(t)$。（1）$u_s(t)=10\varepsilon(t)$ V；（2）$u_s(t)=2\varepsilon(t)+3\varepsilon(t-5)$ V。

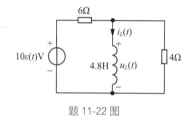

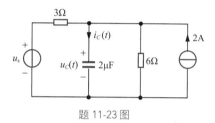

题 11-22 图　　　　　　　　　　　　题 11-23 图

11-24　电路如题11-24图（a）所示，电压的波形如题11-24图（b）所示，试求：电感电流 $i_L(t)$。

11-25　一阶动态电路如题11-25图所示，试用两种方法求冲激响应 $u_C(t)$ 和 $i_C(t)$。

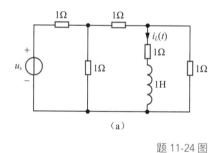

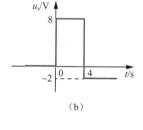

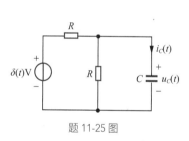

（a）　　　　　　　　　　（b）

题 11-24 图　　　　　　　　　　　　题 11-25 图

11-26　一阶动态电路如题11-26图所示，试用两种方法求冲激响应 $u_L(t)$ 和 $i_L(t)$。

11-27　电路如题11-27图所示，电路在开关 S 动作前处于稳态，$t=0$ 时开关 S 闭合，求 $t>0$ 时电感的电流 $i_L(t)$。

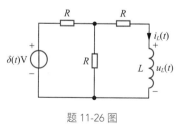

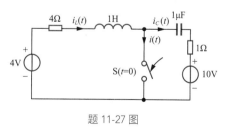

题 11-26　视频讲解

题 11-26 图　　　　　　　　　　　　题 11-27 图

附录 诗词遇见电路之全书总结

仿《梦游天姥吟留别》之电路分析基础

电路若集总，距离于它水中影；

方程有约束，基尔霍夫或安伏。

拓扑约束看连接，节点支路来解决。

伏安关系看元件，时域区分阻容感。

我欲因之梦频域，三者皆以阻抗居。

阻抗有角度，性质分清楚。

电流电压初相同，端口对外现阻性。

电压若超前，等效为电感。

反之为电容，对偶好助攻。

藕断丝连是互感，磁场彼此相交链。

去耦等效为首选，避陷阱兮谐振现。

头懵懵兮心乱，手颤颤兮胆寒。

三相霹雳，储备崩摧。

单相等值，天使样美。

非正弦深不见底，傅神空降来助力。

有效值兮方均根，求功率兮压流须同频。

处频域兮勿求和，返时域兮叠加得。

忽目瞪以口呆，开关动而暂态。

惟一阶之可控，失高阶之懵懂。

一阶时域三要素，高阶拉氏来帮助。

非线性兮何其难？曲线相交工作点。小信号做线性观。

盼能云淡风轻学电路，使我尽展开心颜！

附:《梦游天姥吟留别》原文

梦游天姥吟留别

唐 李白

海客谈瀛洲，烟涛微茫信难求；
越人语天姥，云霞明灭或可睹。
天姥连天向天横，势拔五岳掩赤城。
天台四万八千丈，对此欲倒东南倾。
我欲因之梦吴越，一夜飞度镜湖月。
湖月照我影，送我至剡溪。
谢公宿处今尚在，渌水荡漾清猿啼。
脚著谢公屐，身登青云梯。
半壁见海日，空中闻天鸡。
千岩万转路不定，迷花倚石忽已暝。
熊咆龙吟殷岩泉，栗深林兮惊层巅。
云青青兮欲雨，水澹澹兮生烟。
列缺霹雳，丘峦崩摧。
洞天石扉，訇然中开。
青冥浩荡不见底，日月照耀金银台。
霓为衣兮风为马，云之君兮纷纷而来下。
虎鼓瑟兮鸾回车，仙之人兮列如麻。
忽魂悸以魄动，恍惊起而长嗟。
惟觉时之枕席，失向来之烟霞。
世间行乐亦如此，古来万事东流水。
别君去兮何时还？且放白鹿青崖间。须行即骑访名山。
安能摧眉折腰事权贵，使我不得开心颜！

参考文献

[1] 李瀚荪. 电路分析基础[M]. 4版. 北京：高等教育出版社，2006.

[2] 邱关源，罗先觉. 电路[M]. 6版. 北京：高等教育出版社，2022.

[3] 梁贵书，董华英，王涛. 电路理论基础[M]. 4版. 北京：中国电力出版社，2020.

[4] 朱桂萍，于歆杰，陆文娟. 电路原理[M]. 北京：高等教育出版社，2016.

[5] 颜秋容. 电路理论：基础篇[M]. 北京：高等教育出版社，2017.

[6] 颜秋容. 电路理论：高级篇[M]. 北京：高等教育出版社，2018.

[7] CHUA L O，DESOER C A，KUH E S. Linear and Nonlinear Circuits[M]. New York: McGraw-Hill Inc.，1987.

[8] 胡翔骏. 电路分析[M]. 3版. 北京：高等教育出版社，2016.

[9] 丁巧林. 电工技术基础[M]. 北京：中国电力出版社，2019.

[10] 俎云霄，李巍海，侯宾，等. 电路分析基础[M]. 3版. 北京：电子工业出版社，2020.